2012—2013

兵器科学技术

学科发展报告

（含能材料）

REPORT ON ADVANCES IN ORDNANCE SCIENCE AND TECHNOLOGY

中国科学技术协会　主编

中国兵工学会　编著

中国科学技术出版社

·北　京·

图书在版编目（CIP）数据

2012—2013 兵器科学技术学科发展报告（含能材料）／中国科学技术协会主编；中国兵工学会编著．—北京：中国科学技术出版社，2014.2

（中国科协学科发展研究系列报告）

ISBN 978－7－5046－6539－3

Ⅰ．①2… Ⅱ．①中… ②中… Ⅲ．①武器－技术发展－研究报告－中国－2012—2013 Ⅳ．①TJ-12

中国版本图书馆 CIP 数据核字（2014）第 010813 号

策划编辑 吕建华 赵 晖
责任编辑 夏凤金
责任校对 王勤杰
责任印制 王 沛
装帧设计 中文天地

出 版 中国科学技术出版社
发 行 科学普及出版社发行部
地 址 北京市海淀区中关村南大街 16 号
邮 编 100081
发行电话 010-62103354
传 真 010-62179148
网 址 http://www.cspbooks.com.cn

开 本 787mm × 1092mm 1/16
字 数 288 千字
印 张 15
版 次 2014 年 4 月第 1 版
印 次 2014 年 4 月第 1 次印刷
印 刷 北京市凯鑫彩色印刷有限公司
书 号 ISBN 978－7－5046－6539－3/TJ·7
定 价 49.00 元

2012—2013
兵器科学技术学科发展报告
（含能材料）

REPORT ON ADVANCES IN ORDNANCE SCIENCE AND TECHNOLOGY

首席科学家 徐更光 王泽山

专 家 组

组 长 覃光明

副组长 （按姓氏笔画排序）

刘大斌 肖忠良 赵凤起 黄 辉 焦清介

成 员 （按姓氏笔画排序）

王伯良 王晓峰 王晶禹 邓少生 朱顺官
朱晨光 乔小晶 许毅达 李凤生 杨 利
杨光成 何卫东 宋秀铎 张玉成 张光全
张同来 陆 明 罗运军 周 霖 庞思平
赵省向 姜 炜 聂福德 黄振亚 盛涤纶
彭翠枝 葛忠学 褚恩义 谭惠民 潘仁明
潘功配

学术秘书 潘仁明 安玉德 祝 翠 李 莹

序

科技自主创新不仅是我国经济社会发展的核心支撑，也是实现中国梦的动力源泉。要在科技自主创新中赢得先机，科学选择科技发展的重点领域和方向、夯实科学发展的学科基础至关重要。

中国科协立足科学共同体自身优势，动员组织所属全国学会持续开展学科发展研究，自2006年至2012年，共有104个全国学会开展了188次学科发展研究，编辑出版系列学科发展报告155卷，力图集成全国科技界的智慧，通过把握我国相关学科在研究规模、发展态势、学术影响、代表性成果、国际合作等方面的最新进展和发展趋势，为有关决策部门正确安排科技创新战略布局、制定科技创新路线图提供参考。同时因涉及学科众多、内容丰富、信息权威，系列学科发展报告不仅得到我国科技界的关注，得到有关政府部门的重视，也逐步被世界科学界和主要研究机构所关注，显现出持久的学术影响力。

2012年，中国科协组织30个全国学会，分别就本学科或研究领域的发展状况进行系统研究，编写了30卷系列学科发展报告（2012—2013）以及1卷学科发展报告综合卷。从本次出版的学科发展报告可以看出，当前的学科发展更加重视基础理论研究进展和高新技术、创新技术在产业中的应用，更加关注科研体制创新、管理方式创新以及学科人才队伍建设、基础条件建设。学科发展对于提升自主创新能力、营造科技创新环境、激发科技创新活力正在发挥出越来越重要的作用。

此次学科发展研究顺利完成，得益于有关全国学会的高度重视和精心组织，得益于首席科学家的潜心谋划、亲力亲为，得益于各学科研究团队的认真研究、群策群力。在此次学科发展报告付梓之际，我谨向所有参与工作的专家学者表示衷心感谢，对他们严谨的科学态度和甘于奉献的敬业精神致以崇高的敬意！

是为序。

2014 年 2 月 5 日

前 言

中国兵工学会于2008—2009年、2010—2011年分别组织编写出版了两本《兵器科学技术学科发展报告》，报告比较全面地反映了我国兵器科学技术的发展现状、优势和特点，分析了与国际先进水平之间存在的差距，在国内外引起了较大反响，受到从事兵器及相关学科研究设计、生产使用、教学和管理的科技工作者的欢迎。

含能材料作为武器装备核心材料之一，主要应用于陆、海、空及二炮各类武器系统，是完成发射、推进和毁伤的能源材料，是决定武器先进性的关键因素之一。自上世纪80年代，我国的含能材料进入了快速发展期，以高能低感和绿色制造为主要方向的发展趋势日趋明朗。

近五年，我国含能材料学科领域的研究十分活跃，基础理论方面的新观点、新原理和新方法，应用技术方面的新发明和新突破，研究成果的推广和成功转化等时有报道。为此，中国兵工学会在中国科协学会学术部的直接指导下，在中国兵器工业集团公司科技部、中国兵器科学研究院的大力支持下，组织了北京理工大学、南京理工大学、中北大学、中国兵器204所、中国兵器213所、中国兵器210所、中国工程物理研究院903所等单位的50多位专家学者开展含能材料学科发展研究，编制了由1份综合报告和5份专题报告组成的含能材料学科发展研究报告，回顾总结了我国近五年含能材料学科领域的研究进展，展示了我国该学科领域的自身优势、与国际先进水平间存在的差距和学科发展趋势，提出了我国含能材料重点发展的方向及其策略和建议。从一个侧面反映了我国兵器科学与技术领域近年来在提升自身实力、提高自身水平、增强自身活力的同时，对我国国防现代化建设所作出的重要贡献。

我们希望本报告能够为兵器科技未来发展的预测和导向，为重组兵器产业、促进专业整合、提升创新能力提供帮助，能够为相关大专院校专业建设、人才培养以及相关科研技术人员提供参考。

徐更光院士和王泽山院士是本报告的首席专家。国防科学技术大学、总装预研管理中心、总装炮兵技术研究所、中国兵器科学研究院等单位的专家参加了学科发展报告的研讨，并提出了许多宝贵意见。在此，谨向为含能材料学科发展研究工作的开展和报告的撰写给予关心、支持、帮助的单位和人士致以衷心的感谢！

中国兵工学会
2014年1月

目 录

综合报告

专题报告

ABSTRACTS IN ENGLISH

Comprehensive Report

Reports on Special Topics

综合报告

含能材料学科发展报告

一、引言

含能材料是一类含有爆炸性基团或含有氧化剂和可燃剂、能独立进行化学反应的化合物或混合物。含能材料主要应用于陆、海、空及二炮各类武器系统，是完成发射、推进和毁伤的能源材料。

黑火药是中国古代四大发明之一，是现代含能材料的始祖，是高功率化学能应用的先驱。黑火药的出现促成了武器从冷兵器时代向热兵器时代的跨越。

随着近代兵器科学技术的发展，含能材料在兵器中的做功形式、组成和功能出现了差异，逐步被细分为发射药、固体推进剂、炸药和火工烟火药剂，并在军事上和民间应用的需求驱动下逐步形成了各自的研究与应用领域。发射药是枪炮弹丸的发射能源，固体推进剂是火箭和导弹的运载动力能源，炸药是爆炸做功能源，火工药剂主要用于火炸药燃烧或爆炸的引发，烟火药剂用于产生光、烟等特种效应。

发射药、推进剂、炸药和火工烟火药剂均为亚稳态类物质，它们主要以燃烧或爆炸方式进行化学反应，而且即使在隔绝大气条件下，燃烧或爆炸仍能顺利进行，并能瞬间输出巨大功，体现了含能材料的“含能”特征。

含能材料是武器装备的核心材料之一，在国防工业中发挥着重要作用。含能材料以压力推进、反作用力推进和爆炸毁伤等方式应用于武器，含能材料的能量输出特点使得武器结构简单，使用机动灵活，反应敏捷，突防和攻击性能高效。作为武器的能源，含能材料性能与武器性能密切相关，它是决定武器先进性的关键因素之一。综合考虑兵器先进性、相容性、生存能力、机动性、工艺性以及性价比等因素，与其他能源相比，含能材料化学能在兵器上的应用具有明显的优越性。在民用领域，含能材料被广泛用作矿业、建筑、石油、冶金等机械加工和工程施工的能源，或用作热、光、烟的能源，在国民经济领域的应用范围正在不断拓展。作为军用和民用的含能材料，在今后相当长的时间里，仍无法被其他能源所取代。

武器与含能材料相互依存与促进。武器的需求牵引与技术进步为含能材料发展和创新提供条件和机遇；含能材料性能的进一步提高，促进武器发射能力、精确打击能力、机动性和毁伤威力的增强，可促进和引领新一代武器及新概念武器的发展和创新。含能材料通过与武器的合理优化组合，可以使武器获得更优的战术技术性能，同时也可使含能材料的能量获得高效发挥。

鉴于国防的重要性，世界各国对含能材料进行了长期持续的研究，至20世纪70年代，逐步发展并形成了以具有能独立进行化学反应并输出能量为特征的含能材料知识体系，并被世界军械领域所接受和公认。这一领域的学术交流和学科建设不断推进，专业学会和研发机构相继建立和完善，例行的国际学术会议定期举行，专业期刊和书籍不断发行，高校设立相关专业招收学生进行培养。我国的含能材料学科也在发展中逐步形成，在 1995 年版国务院学位办《授予博士、硕士学位和培养研究生的学科、专业总览》中，将含能材料归为我国兵器科学与技术一级学科的 17 个二级学科之一。

我国含能材料学科自 20 世纪 80 年代以来进入了快速发展时期，以高能低感和绿色制造为主要方向的含能材料发展趋势日趋明朗。近 5 年，我国含能材料学科领域的研究十分活跃，基础理论方面的新观点、新原理和新方法，应用技术方面的新发明和新突破，研究成果的推广和成功转化等时有报道。我国相继开展了以提高含能材料能量为目标的高能量密度化合物、含能黏合剂、高热值可燃剂、高效能氧化剂的合成与制备及其应用研究；以提高含能材料能量利用率为目标的低温感发射装药、高渐增性燃烧发射装药、温压和贫氧药剂及其与大气环境的优化耦合等理论与技术研究；以降低弹药敏感性为目标的不敏感炸药及其应用研究；以提高工艺安全性、降低能耗和减少 / 消除环境污染为目标的绿色硝化、污水废气治理、远程控制—人机隔离—连续化—自动化生产、报废火炸药无害化处理与资源化利用等理论与技术研究，并取得了高增面和低温感发射装药、全等模块装药、CL-20等高能量密度化合物合成与工程应用、温压炸药、高能 NEPE 类推进剂、高固含量 HTPB 及 CMDB 推进剂、面源红外诱饵剂、全频谱发烟剂等重大研究成果，丰富和充实了含能材料学科的基础理论，扩展了含能材料的应用范畴，推动和引领了新一代大口径火炮、远程战术火箭、高威力毁伤弹药的发展，也促进了含能材料设计原理与方法、工艺原理与技术、应用技术和测试评估技术的同步进展。其中，全等模块装药技术及 CL-20 的工程化放大技术是我国近 5 年来含能材料研究领域取得的重大突破及标志性亮点。

纵观我国含能材料学科近年的快速发展和所取得的丰硕成果，从一个侧面反映了我国兵器科学与技术领域在提升自身实力、提高自身水平、增强自身活力的同时，对我国国防现代化建设所作出的重要贡献。

本报告分别从含能材料设计、制备 / 合成工艺技术、应用技术、性能测试与评估等方面回顾总结我国近五年含能材料学科领域的研究进展，并与国外该学科领域的发展现状进行了比较。可以看到，我国的含能材料学科体系已经发展并形成了自身的优势和特点，与国际先进水平之间的差距逐步缩小，部分领域已进入国际先进行列。报告还分析了含能材料的未来需求背景，展望了含能材料学科的发展趋势，提出了我国含能材料重点发展的方向及其策略和建议。

“含能材料学科发展研究”课题的开展和研究报告的撰写得到了中国科协学会学术部

的直接指导，北京理工大学、南京理工大学、中北大学、中国兵器 204 所、中国兵器 213 所、中国兵器 210 所、中国工程物理研究院 903 所等单位的 50 多位专家学者参与了该课题的研究。国防科技大学、总装预研管理中心、总装炮兵技术研究所、中国兵器科学研究院等单位的专家参加了学科报告的研讨，并提出了许多宝贵意见。南京理工大学牵头开展了课题研究与报告的撰写。中国兵器科学研究院和南京理工大学组织专家对报告进行了保密审查。

二、含能材料学科的最新研究进展

（一）发射药

1. 发射药设计

（1）设计方法

近年来，我国学者应用计算机仿真技术，开发了发射药配方设计与优化软件、支撑数据库等系列设计平台。比如采用人工干预优化算法，开发了发射药配方优化设计 EMATRIX 模块，采用动态链接库的方式实现了资源共享和混合编程，实现了发射药配方优选及其能量优化设计；又如基于逼近武器高压应用环境条件的求解模型，编制了具有离解和非离解特点的发射药配方热力学性质参数的计算软件。这些成果的应用，有利于发射药设计效率的提高和研制周期的缩短。

烟、焰、残渣被称为发射装药燃烧的有害现象。近年来，我国从发射药高压燃烧时凝聚态产物的形成机制入手，考察了发射药原料质量、配方氧平衡、发射药尺寸偏差、燃烧场等因素与凝聚态产物之间的定性与定量关系，以此为基础提出了诸如使用优质黏合剂、控制配方氧平衡、强化装药点火一致性等技术措施来抑制发射药燃烧凝聚态物质的生成。这些基础研究成果对“洁净燃烧发射药”的设计和消除或减弱身管武器发射时遇到的烟、焰、残渣等有害燃烧现象提供了指导性建议。

（2）发射药配方

1）高能发射药。主要采用混合含能增塑剂、混合含能黏合剂、高能量密度化合物等技术途径，获得高能发射药。比如使用以 NG/DIANP 为混合含能增塑剂、RDX 为高能氧化剂的高能发射药，在爆温 $\leqslant$ 3500K 时，火药力可达 1275kJ/kg，该发射药试用于 30mm 口径火炮，从常温、低温内弹道试验效果看，在 550MPa 高压下膛内燃烧稳定。使用 GAP/NC/N100 为混合含能黏合剂、RDX 为高能氧化剂的高能发射药，在爆温 $\leqslant$ 3600K 的条件下，火药力可达 1270kJ/kg，低温抗冲强度 $>$ 7kJ/m^2；在发射药配方中引入 CL-20、DNTF、TNAZ 等高能量密度化合物，明显提高了发射药的能量，火药力可达 1300kJ/kg 左右。与原有最高能量的发射药相比，火药力提高了 5% 以上。

2）高强度发射药。发射药的力学性能高膛压、高初速身管武器中备受关注，因为它与发射安全戚戚相关。我国科研人员采取了调节黏合剂体系的低温力学性能、控制高能固体填料颗粒结构及其在黏合剂体系中分散的均一性、加入键合剂等技术途径，有效地改善了发射药的力学性能，部分高强度发射药的低温冲击强度提高了 50% 以上。比如在太根发射药设计时，在配方中添加热塑性弹性体和高能添加剂 RDX，低温冲击强度达到 10kJ/m^2 以上，燃烧稳定。

3）高燃速发射药。近年来我国科研人员重点研究了功能材料和预制微孔结构对发射药燃速的影响。其中使用高燃速功能材料的途径，发射药的正比式燃速系数至 3mm/（s·MPa）以上，是传统高能发射药的 3 倍左右，且高温、低温、常温燃烧性能稳定。基于内溶法球形药工艺条件的控制技术和超临界流体发泡原理制备的表观高燃速发射药，其内部均匀分布了一定数量和孔径的气孔，燃烧时表观燃速获得大幅提高。

4）低敏感发射药。也称 LOVA 发射药，是为适应高过载作用而发展起来的新型发射药品种。近年来我国学者看好硝化棉（NC）基低敏感发射药和含能热塑性弹性体（ETPE）基低敏感发射药。其中开发的以硝化棉（NC）为黏合剂、丁基硝氧基乙基硝胺（BuNENA）为含能增塑剂、黑索今（RDX）为高能氧化剂的低敏感发射药，即使火药力高达 1205kJ/kg，但它对热作用、射流撞击、快速烤燃、慢速烤燃和子弹撞击等敏感度明显低于传统三基发射药，在 30mm 火炮上内弹道性能稳定。

5）改性单基发射药。单基发射药虽然是传统品种，但因其力学强度良好，仍然在使用。不过近年来我国开始重视了单基发射药的改性，目标是提高发射药能量、增强发射药燃烧渐增性和降低装药温度系数。技术途径包括浸渍增能、钝感和包覆处理。此外，还结合新型有机消焰剂和低烟雾功能材料的应用，以期降低发射装药炮口火焰和烟雾。比如在单基发射药中引入高能炸药和低爆温增塑剂，得到的复合改性单基发射药，其火药力 > 1170kJ/kg，在常温内弹道试验时对比单樟发射药，弹丸初速提高 3% 左右。

2. 发射药制造工艺技术

我国在发射药制备工艺技术方面，近年来，我国重视生产安全、环保和产品质量，“安全”、“环保”等理念在行业中得到了进一步强化。工艺创新成果时有报道，这些成果在发射药生产中的应用，缩小了与国外发射药制造工艺的技术水平差距，这些成果包括自动喷射吸收工艺、剪切压延工艺、多层变燃速发射药挤出工艺、双螺杆挤出成型工艺等。其中，双螺旋连续高效塑化技术与装备，解决了传统间断法制备 NC 氮量大于 13.0% 的高氮量单基药时难以塑化的关键技术，实现了人机隔离、远距离控制、连续自动化制造；自动化喷射吸收工艺基本实现了吸收工序的连续化和自动化；连续剪切压延塑化造粒技术，用于硝胺发射药产品工业生产，实现了吸收药脱水、混合、预塑化以及造粒工艺过程的人机隔离、远距离控制、安全、连续化和自动化，燃爆事故率降为零；双螺杆挤出柔性工艺技术进入工程化试验研究；多层变燃速发射药挤出工艺已进行小批量试制；为满足武器应用对高燃速、高渐增性和燃烧洁净性的需求，利用微胶囊技术结合传统的球形药工艺，研制了一类具有核壳结构的微孔球形药制造工艺技术。

针对发射药生产过程的环保问题，开展了大量工艺环保技术研究，在废酸处理技术、硝烟回收技术、溶剂回收技术以及废水处理技术方面取得了很大进展，并应用这些技术实施了生产线改造，实现了发射药生产废物排放量的大幅度削减和排放物的达标。

3. 发射药应用技术

（1）发射药装药数字化仿真

配合低温感装药技术的推广应用，我国着力研究了低温感装药条件对装药燃烧的影响规律，以此为基础，开发了低温感组合装药的内弹道模型和可逆的装药设计仿真软件，对低温感装药技术在型号的应用起到促进应用。

（2）提高弹道效率和炮口动能的发射装药新技术

发射装药能量的渐增性释放能够提高发射武器的内弹道效率。近年来，我国在高渐增性燃烧发射药装药技术方面开展不少研究，并取得了多项成果。

在解决驱溶、非均等弧厚等制造工艺难题基础上，设计并制备了高增面性的 37 孔粒状发射药，与现有 19 孔发射药相比，燃烧增面性提高了 5% ~ 12%。针对 155mm 火炮的远程发射指标要求，开发了组合低温感装药，在降低膛压的情况下提高了炮口动能。开发了由程序控制燃面预分裂发射药结构和颗粒固结结构，其 L_m/L_0 可达到 3 以上，B_m 值在 0.5 左右。研制的中心开孔式双层结构变燃速发射装药，具有明显的燃烧渐增效应，目前在装备上已获应用。设计了中间为快燃速层、两边为慢燃速的“快芯”层状发射药，采用压片成型工艺进行加工，并完成了装填密度大于 1.0g/cm^3 的 30mm 火炮内弹道试验，结果表明，在不增加最大膛压的条件下可提高弹丸炮口动能 8% ~ 14%。

（3）提高武器机动性能和勤务处理能力的发射装药新技术

这里主要是指模块装药技术，它是针对大口径压制火炮提出的、近年来国内外都很关注的新型发射装药技术，该技术的应用便于火炮发射的自动装填，提高射速。我国经过近几年的研究，技术推进十分明显。主要表现在：

研制的单元全等模块装药，与双模块装药相比，其勤务处理效率明显提高，火炮自动装填系统、弹药贮运系统以及火控系统的设计均可大大简化，该技术解决了兼顾小号装药燃尽性和大号装药膛压限制的世界性技术难题，可兼容现装备的弹丸和引信，实现全射程覆盖，火炮射速能够明显提高，同时为发展精确弹药提供了优良的弹道环境。

发展了一种高增面、低温感的远程模块装药，可在不使用加长身管和提高膛压等手段的条件下提高火炮射程，同时其勤务操作更为便利。如，该装药应用于 52 倍口径、155mm 火炮后，在不提高膛压的条件下可提高火炮射程 20% 以上，超过了目前世界上先进的 G6 高膛压火炮的炮口动能。该技术具有通用性，可在 122mm 榴弹炮等型号上推广应用，简化射击条件，提高勤务处理的效率。

4. 发射药性能测试与评估

基于密闭爆发器燃烧实验，选择恒面燃烧的发射药试样，采用精确压力测试手段和分段数据处理，建立了发射药燃速的精确测试方法，可直接获得压力指数（n）随压力（p）的变化曲线。同时也建立了不同压力范围测量与校准方法的技术规范，以及 ~ 400MPa 压力范围内的测压装置和测压元件的标准。开发了测量发射药动态力学性能的动态挤压试验装置和模拟膛内力学环境的多次撞击试验装置，为发射药及其装药的高压动态力学强度和高膛压发射安全性研究提供了新手段。

（二）固体推进剂

1. 固体推进剂设计

近年我国主要开展了含能黏合剂与增塑剂的分子模拟、固体推进剂力学性能、能量性能、燃烧性能等性能参数值的预估以及推进剂配方设计。

（1）推进剂设计方法

开发了通过单质含能材料组分的量子化学参量预测其性质和性能的神经网络法、非线性模拟法；建立了双基和改性双基推进剂燃烧、力学和机械感度特性预估模型；研制了基于配方组元数据库的固体推进剂专家系统，并用于固体推进剂配方的优化设计。

（2）新型推进剂

1）螺压复合改性推进剂（CMDB）。

CMDB 是我国战术导弹、火箭弹装药的主要品种之一。近期的研究重点是提高 CMDB 的能量和改善其力学与燃烧性能。

在提高 CMDB 推进剂能量方面，采用了提高高能炸药含量和在配方中引入新型高能单质炸药等方法。其中，高固体含量 CMDB 推进剂的能量水平与法国“飞鱼”导弹所用的无烟硝胺类 CMDB 推进剂的能量水平相当，燃烧性能良好，压力指数（n）维持在 $n<0.4$ 的水平。HMX 高含量的高能 CMDB 推进剂，密度高，比冲达到了 2500N · s/kg 以上，目前已在宇航工程和多个型号武器上得到应用。引入 CL–20 的 CMDB 推进剂，当控制金属燃料铝粉含量在一定范围时，获得了 19.6 ~ 39.2N · s/kg 的比冲增益。

在改善力学性能方面，主要方法是使用高性能增塑剂和黏合剂。比如使用二缩二乙二醇二硝酸酯 /NG 的混合增塑剂和共混聚氨酯弹性体及纤维素甘油醚，将 DINA 取代 DNT，用螺压工艺制备的 CMDB 推进剂，其力学性能达到高温（50℃）抗压强度≥ 8MPa，压缩率≥ 25% 的水平。

在改善 CMDB 推进剂燃烧性能方面，探索了纳米有机金属盐类催化剂的使用效果，结果表明，该途径可使推进剂的燃速提高 2 ~ 10mm/s。

2）交联改性双基（XLDB）推进剂。

XLDB 推进剂能量仅次于 NEPE 推进剂，是各国竞相发展的高能推进剂品种之一。近年的研究重点是改善 XLDB 推进剂的力学性能，以提高装药在较大尺寸下工作的结构完整性。在以下方面取得了进展：在 XLDB 推进剂中直接使用 HDI 对 NC 大分子实现交联，获得了常温下 30% 左右的延伸率；应用不同的聚醚预聚物通过异氰酸酯与 NC 进行交联，分

别获得 -40℃时 $\varepsilon_m \geq 30\% \sim 40\%$ 的延伸率；使用键合剂及 RDX 包覆后，解决了 XLDB 的“脱湿”现象；利用交联和防“脱湿”措施，使 XLDB 推进剂低温伸长率 $\varepsilon_m \geq 40\%$。

3）端羟基聚丁二烯（HTPB）推进剂。

HTPB 推进剂是应用于火箭导弹装药主要品种。近年的工作侧重于推进剂能量潜力的挖掘和力学性能的进一步改善。近年来取得主要进展如下：

将现有四组元 HTPB 推进剂中的固含量提高到了 90%，10MPa 压力下的实测比冲达 2475N · s/kg。在力学性能调节方面，通过优化大分子网络结构和高效功能助剂的使用，将丁羟四组元 HTPB 推进剂低温延伸率提高到了 58% 以上。在燃烧性能调节方面，通过化学催化剂优选与物理因素的控制，实现了 HTPB 推进剂燃速在 2.5 ~ 120mm/s 范围可调，其中燃速为 110mm/s 的推进剂已应用于姿态控制发动机的装药。

在装药工艺技术方面，尝试了加压插管浇注与真空浇注的有机结合，解决了固含量 S ≥ 88% 时药浆浇注困难的问题，并提高了装药的密实度。

HTPB 推进剂应用于火炮底排与火箭复合增程弹药时，研制成功了自带点火药的药型，避免了使用点火具对底排药表面冲击造成的射程散布，提高了炮弹复合增程的密集度。自带点火药的底排药及实现二者稳固黏结的“铸—压”工艺技术使我国 HTPB 底排推进剂应用于火炮增程的技术达到了一个新水平。

4）硝酸酯增塑聚醚（NEPE）推进剂。

NEPE 推进剂的研究重点是结合战术固体发动机单室多推力装药的应用要求，优化推进剂的燃烧性能和提高力学稳定性。近年来我国研制成功的高能 NEPE 推进剂，燃烧稳定，常、高温力学性能优异，实测比冲超过 2500N · s/kg。而高能低燃速 NEPE 实用配方，5MPa 下的燃速 < 5.00mm/s，动态压力指数 < 0.5，并能维持优异的力学性能。

5）含贮氢合金复合固体推进剂探索。

贮氢合金复合固体推进剂探索的目标是提高固体推进剂能量水平至今已开展的研究仅仅是探索性的。如，将贮氢合金应用于 HTPB 推进剂得到的配方，7MPa 下发动机实测比冲为 2308.8N · s/kg，与以 Al 为金属燃料的相同配方相比，比冲提高了 42.53N · s/kg，证实贮氢金属在复合推进剂中取代铝粉时对提高推进剂的能量水平具有明显作用。

6）水反应金属燃料推进剂及富燃料推进剂。

水反应金属燃料推进剂是水冲压发动机系统的动力源，能量密度是一般固体推进剂的 4 倍以上，是目前能量密度最高的推进剂。我国通过利用高效能燃烧催化剂和金属活化剂，提高了镁粉与水的反应活性；采用模压与浇铸相结合的工艺，制备了金属燃料含量 ≥ 75% 的推进剂，通过了水冲压发动机中燃烧测试，实测比冲达 4606N · s/kg（470s）以上。

在含硼富燃料推进剂方面，解决了硼粉团聚问题；在此基础上制备的含硼富燃料推进剂燃烧热值达到 35MJ。

7）低燃速低燃温推进剂。

随着导弹、火箭飞行距离的增加和控制精度的提高，需要工作时间更长、燃气温度更低的燃气发生器装药，由此促进了低温缓燃推进剂的发展。近年来，基于降速剂的优化设计和应用，目前我国双基/改性双基推进剂，10MPa燃速可降到2mm/s，燃温降至1100K以下，燃气残渣低于3%。

2. 固体推进剂原材料合成与制备技术

（1）含能黏合剂

含能黏合剂目前主要有分为含能预聚物黏合剂和含能热塑性弹性体黏合剂。近年来含能黏合剂合成研究取得了较大成果，主要进展如下：

1）含能预聚物黏合剂。

采用AM和ACE混合机理并通过相转移催化合成了高官能度的支化聚叠氮缩水甘油醚；采用阳离子开环聚合法，成功合成了缩水甘油硝酸酯（GN）、3-硝酸酯甲基-3-甲基氧杂环丁烷（NIMMO）均聚物PGN和PNIMMO，以及3-硝酸酯甲基-3-甲基氧杂环丁烷与四氢呋喃、AMMO与四氢呋喃的共聚醚；通过相转移催化法合成了3-叠氮甲基-3′-甲基环氧丁烷均聚物（PAMMO）；采用间接法成功合成了PAMMO、3,3-二叠氮甲基环氧丁烷均聚物（PBAMO）和BAMO/GAP无规共聚物，该法提高了合成工艺安全性；采用微波技术合成了BAMO-AMMO无规共聚物，同时发现合成工艺安全性也得到了提高；以3-丁烯-1-醇为起始单体，经过环氧化、硝化两步反应合成了含能黏合剂单体3,4-环氧基丁醇硝酸酯（NEO）。

2）含能热塑性弹性体黏合剂。

通过熔融缩聚法以及预聚体法和降温扩链法合成了GAP基热塑性聚氨酯弹性体；PBAMO经2,4-甲苯二异氰酸酯（2,4-TDI）与1,4-丁二醇（1,4-BDO）扩链制备了扩链的PBAMO（CE-PBAMO），所合成的CE-PBAMO可作为高能热塑性黏合剂；通过阳离子开环聚合及叠氮化反应制备了GAP-HTPB-GAP嵌段共聚物；通过官能团预聚体偶联法合成了BAMO/GAP基含能热塑性弹性体；通过活性顺序聚合法及相转移催化法实现了BAMO-AMMO三嵌段共聚物的间接法合成；采用一步法溶液聚合工艺制备了BAMO/AMMO基热塑性弹性体；通过熔融预聚二步法合成了以3,3-双（叠氮甲基）环氧丁烷-四氢呋喃共聚醚（BAMO-THF）基热塑性聚氨酯弹性体；通过原子转移自由基聚合和叠氮取代反应合成了聚甲基丙烯酸叠氮乙酯嵌段的新型含能热塑性弹性体。

通过自由基聚合法合成了含能黏合剂聚2,2-二硝基丁基丙烯酸酯；通过丙烯酸偕二硝基丙酯（DNPA）、α-甲基丙烯酸偕二硝基丙酯（DNPMA）两种偕二硝基化合物与聚甲基氢硅氧烷发生硅氢化反应，制备出了两种含偕二硝基的有机硅接枝聚合物。

（2）含能增塑剂

通过缩聚反应合成了端羟基超支化聚酯，然后将端羟基经磺酰化改性和叠氮化改性后得到了不同代数的端叠氮基超支化聚酯；通过乙酸酐/硝酸法合成了甲基硝氧乙基硝胺、乙基硝氧乙基硝胺、丁基硝氧乙基硝胺；通过环化、氧化还原、氯化及取代反应制备了新型钝感含能增塑剂3-硝基呋咱-4-甲醚；通过缩合、环化、氧化耦合、脱缩酮及硝化等5步反应合成了2,3-二羟甲基-2,3-二硝基-1,4-丁二醇四硝酸酯增塑剂。

（3）新型氧化剂

氧化剂是固体推进剂的主要组分，在复合炸药中也有应用。由于在用的氧化剂选择范围十分有限，制约了固体推进剂的发展，对复合炸药发展也有影响。近年来，我国比较重视高性能氧化剂研究，并取得了一些进展：以对甲苯磺酰胺和环氧氯丙烷为起始原料，成功合成了新型氧化剂偕二氟氨基类氧化剂 1, 5– 二硝基 –3, 3, 7, 7– 四（二氟氨基）–1, 5– 二氮杂环辛烷（HNFX）；针对新型氧化剂 AND 纯度不足，开展了活性炭法分离纯化混酸法合成工艺研究，制备的 ADN 纯度达到了 99.5%。

（4）含能离子液体

在含能离子液体方面，近五年我国学者主要关注其合成技术，取得的进展包括：采用离子交换法合成了 4 种六烷基胍 NTO 离子液体；利用三唑类、咪唑类化合物以及乙二胺与二硝基脲反应，合成了一系列二硝基脲含能离子盐；以乙二醛、水合肼为起始原料，经加成 – 消除、环化、甲基化、置换 4 步反应合成了 1– 氨基 –3– 甲基 –1, 2, 3– 三唑硝酸盐；以肼基四唑盐酸盐为原料，采用复分解反应合成了肼基四唑硫酸盐、硝酸盐、硝基四唑盐以及硝氨基四唑盐；将 3– 硝基 –1, 2, 4– 三唑 –5– 酮（NTO）的钠盐水溶液与硝酸银水溶液反应，制备了 3– 硝基 –1, 2, 4– 三唑 –5– 酮银盐；以 N，N– 二烷基咪唑为阳离子、NTO 为阴离子合成了 4 种离子液体。

（5）金属燃烧剂

金属燃烧剂的研究侧重于金属氢化物燃烧剂和准合金燃烧剂的制备工艺。其中金属氢化物燃烧剂 AlH_3 制备方法最为重视，尝试的新方法包括：用催化剂定向控制 LiH 和 $AlCl_3$ 反应合成 AlH_3；用 $LiAlH_4$ 还原 $AlCl_3$ 制备 AlH_3；通过电子束蒸发铝和磁控溅射铝方法制备 AlH_3。应用这些方法，都成功制得了 AlH_3。对准合金燃烧剂，尝试了以活性金属锆、钛、铝等粉末为主要原料，以高分子树脂为黏合剂，制备得到了准合金燃烧剂。

（6）纳米复合含能材料

复合含能材料的研究主要关注了铝热剂制备方法与改性、复合催化剂设计与制备和复合介孔材料制备方法。铝热剂的制备尝试了真空干燥法、超声超声分散复合法和原位置换法，分别成功制备了纳米铝热剂 Al/Fe_2O_3、纳米超级铝热剂（Al/PbO、Al/CuO 和 Al/Bi_2O_3）和包覆 Ni、Co、Fe 或 Cu 纳米粒子的微米 Al 粉与 WO_3、SnO_2、PbO、CuO 和 Fe_2O_3 组成的铝热剂；还尝试溶胶—凝胶法与超临界流体干燥技术的结合，成功制备了 $Fe_2O_3/Al/RDX$ 纳米复合含能材料。复合催化剂方面，采用溶胶浸渍法制备了 CuO/CNTs 复合纳米催化剂；通过缩合反应将二茂铁（Fc）接枝到了 SBA–15 和碳纳米管的表面，制备出了复合催化剂 Fc–SBA–15 和 Fc–CNT。复合介孔材料方面，以 SBA–15（或原粉 AS–SBA–15）为载体，采用了等体积浸渍—焙烧法制备，得到的复合介孔材料有 Fe_2O_3/SBA –15、Fe_2O_3/AS–SBA–15、CuO/AS–SBA–15、（Fe_2O_3–CuO）/AS–SBA–15 和 CuO/SBA–15。

3. 固体推进剂制备新工艺技术

我国主要针对固体推进剂生产在制品量大、安全隐患大、劳动强度大、能耗高、产品质量不稳定等问题开展新工艺研究，以实现固体推进剂安全、高品质、连续化制造，并取得了较大的进展。

（1）改性双基推进剂

开展了高固体含量硝胺改性双基推进剂的连续吸收、连续混合、连续驱水及连续压延塑化、连续干燥、连续造粒的新工艺技术及螺压新工艺技术研究，初步实现了固体推进剂制备工艺连续化、人机隔离、计算机远程控制完成，生产效率、工艺安全性及产品质量均有较大提高；研制出了我国拥有自主知识产权的连续压延造粒的双螺旋剪切压延机，该设备解决了高固含量改性双基推进剂生产过程中压延塑化困难、易掉片、易着火、燃爆、不能连续操作、不能远程控制等诸多难题，为我国高固体含量推进剂研制和生产提供了技术支撑。

（2）复合推进剂

近五年来，复合推进剂工艺的研究保持活跃，并取得了不少成果。在浇铸工艺中实现了药浆流动的可视化；尝试了固体推进剂的无缸浇注工艺，为大型固体助推发动机装药提供了药柱成型新途径；研制了复合推进剂双螺杆挤注浇铸工艺样机；采用内溶法及模压成型工艺探索了一条高固含量推进剂较安全的成型工艺路线；采用“点击化学”方法进行了GAP 基固体推进剂的制备研究，得到了含 ADN 的固含量为 72% 的推进剂药柱，证实了“点击”化学在复合固体推进剂中的应用可行性。

4. 固体推进剂的应用技术

（1）固体推进剂装药仿真设计

将仿真技术应用于固体火箭发动机研究中，既可以充分考虑根据飞行条件、结构和使用方法等决定的各种参数，又能节省大量计算时间、人力和物力，而且还可以提供在极端条件（辐射、超高压和超高温）下的“实验数据”，代替一些很难或根本不可能完成的实验。近期固体推进剂装药仿真设计主要集中于借助黏弹性理论、采用有限元方法进行内弹道、载荷作用、老化、缺陷等对固体推进剂装药结构完整性分析以及固体推进剂装药仿真理论研究，具体表现为：

内弹道对推进剂装药结构完整性影响方面，采用 SRM 湍流模型对内孔燃烧、内孔与端面同时燃烧管状装药旋转固体火箭发动机统一流场进行了仿真研究；分析了 HTPB 推进剂因贮存老化引起的 SRM 内弹道性能偏差，建立了性能偏差计算模型；采用数值仿真技术对自由装填固体火箭发动机装药在点火燃气冲击作用下的药柱载荷特性进行了分析研究。

载荷作用对推进剂装药结构完整性影响方面，开展了复杂型面固体推进剂装药结构的快速建模技术研究，数值模拟了固化降温过程中固体装药结构的应力应变场特征；通过建立固体发动机推进剂药柱的极限状态方程，采用响应平面法和蒙特卡洛模拟随机载荷和固体推进剂药柱初始强度，获取了推进剂药柱的可靠度；采用有限元法对固体火箭发动机的药柱结构在复杂载荷作用下的瞬态响应进行了数值模拟。

老化对推进剂装药结构完整性影响方面，应用神经网络理论建立了评估复合推进剂老化失效的结构状态参数与力学性能参数之间的定量关系模型。

缺陷对推进剂装药结构完整性影响方面，结合 ABAQUS 二次开发技术对裂纹扩展过程进行了数值仿真；建立了研究复合推进剂 AP/ 基体界面脱湿机理、基于黏聚力界面模型的双尺度有限元损伤分析平台；采用 CFX 和 ANSYS 模拟了固体推进剂裂纹内点火阶段的流固耦合过程。

固体推进剂装药仿真理论方面，研究了基于热黏弹性接触理论计算固体装药结构界面应力的数值方法，建立了一种快速判断界面是否脱黏的工程实用方法；利用黏聚区模型理论构建了复合固体推进剂断裂过程的物理和数学模型；提出了可以有效地用来分析界面对推进剂力学性能影响研究的 Mori-Tanaka 有限元法和含非线性界面脱粘的数值仿真法；将遗传算法和神经网络相结合，建立了预估固体推进剂力学性能的遗传神经网络（GA-BP）模型。

（2）固体推进剂装药技术

通过推进剂装药结构设计，实现了推进剂能量释放的精确控制，可准确模拟推进剂装药工作过程的推力 - 时间曲线。

掌握了单室多推力装药技术，实现了单室双推力、单室三推力和单室四推力装药设计和应用技术。其中单室多推力装药技术的应用，在发动机结构不变条件下发动机总冲可提高 15% 以上；掌握了 300s 长航时装药工艺及热防护技术。

5. 固体推进剂性能及其测试评估

（1）燃烧性能

近年来围绕 NEPE 推进剂，探讨了影响高压燃烧特性的因素及作用机制，揭示了燃速催化剂对推进剂中高压燃烧性能的影响规律，为 NEPE 类推进剂高压燃烧性能的调节提供了基础。

针对高燃速丁羟推进剂的燃速可调节性，建立了高燃速丁羟推进剂定量化调节燃速的预示方法；进行了叠氮复合推进剂燃烧特性研究，初步揭示了叠氮推进剂燃烧性能调节的关键；对含硼富燃料推进剂进行了爆热、燃烧温度和成气率测试，对比研究了金属组分对含硼富燃料推进剂燃烧性能的影响；通过燃速测试及高压差示扫描量热法研究了某含能硝基化合物对推进剂燃烧性能和热分解特性的影响；通过理论计算和实验测试进行了 AP 颗粒尺度对复合底排推进剂燃速的影响研究；提出了一种燃面自适应燃烧组织模式，设计了一次燃烧组织试验系统，进行了膏体推进剂冲压发动机一次燃烧试验；开展了以 CL-20、HMX、RDX 及其混合物为氧化剂的 XLDB 推进剂的燃烧性能研究；进行了新型燃烧稳定剂对浇铸 RDX-CMDB 推进剂燃烧性能的影响研究；开展了铝粉粒径对高铝含量富燃料推进剂一次燃烧性能的影响研究；开展了 PGN/ADN 推进剂配方的燃烧性能研究；利用固体火箭发动机离心试验方法，研究了低燃速、高铝粉含量的 HTPB 复合推进剂在过载情况下的燃烧加速度敏感性；用高压反应釜实时监测系统原位研究了铝 / 水反应的放热过程，建立关于铝 / 水体系应用于固体推进剂的评价体系，开展了铝 / 水反应特性研究。

（2）力学性能

研究了低温条件下 HTPB 推进剂力学性能变化规律；在多种相对湿度条件下 HTPB 推进剂湿老化速度、力学性能的变化规律；采用单向拉伸试验研究了 2 类键合剂对硝酸酯增塑 BAMO-THF 推进剂力学性能的影响；开展了改性双基推进剂组合药柱的界面力学性能研究；通过 NEPE 推进剂老化试验测试及理论计算，进行了 NEPE 高能固体推进剂贮存寿命可靠性评估；提出了以动态热机械分析（DMA）测定双基推进剂的 α 松弛 tanδ 峰温为双基推进剂玻璃化温度，以评估双基推进剂的低温性能方法；建立了一套适合于固体推进剂微观观测的原位加载扫描电镜系统。

（3）安全性能

系统研究了 HTPB 推进剂的静电放电危险性，建立了固体推进剂静电感度精确测试装置，推断了静电放电对 HTPB 推进剂的作用机制，开展了 HTPB 推进剂静电放电危险性影响因素的研究；通过高速同步脉冲恒流源向负载供电，利用分流原理，瞬态测试负载电压的变化，建立了推进剂燃烧或爆炸产物的内阻和电导率测试方法，为燃烧、爆轰产物电学性能表征提供科学手段，也为等离子推进剂的研制和炸药瞬态电学测试技术进步提供了支撑。

（4）爆轰性能

开展了不同种类推进剂残余装药对模拟战斗部装药 / 残余推进剂体系爆炸毁伤效果的影响研究，重点分析了被模拟战斗部装药间接引燃或引爆的丁羟推进剂对战斗部装药 / 残余推进剂体系毁伤效果的作用及其影响因素；进行了 4 类典型固体推进剂的燃烧转爆轰实验研究，揭示了影响固体推进剂发生燃烧转爆轰的因素，证明推进剂在特定条件下可以发生燃烧转爆轰；开展了填充物对非整体式圆环形双基推进剂装药爆轰性能的影响研究；研究了不同双基推进剂装药结构的爆速及其对钢板的破坏影响，可为双基推进剂爆轰反应机理研究提供技术支撑。

（5）钝感性能

建立了固体推进剂 IM 钝感全部 7 项试验的评价装置及安全性分级方法；探讨了热刺激、机械刺激和冲击波刺激对低燃速 HTPB 推进剂、高燃速 HTPB 推进剂和 4 组元 HTPB 推进剂危险性的影响；采用慢速烤燃试验装置结合热电偶测温及传感器测压技术，揭示了 HTPE 推进剂、GAP 固体推进剂慢速烤燃特性及影响因素；采用 HTPE 为黏合剂和低感度的含能增塑剂 BuNENA，并添加适量低感度氧化剂制成固含量为 82% 的钝感 HTPE 推进剂通过了慢速燃烧、子弹撞击、殉爆等 7 项钝感性能测试，表明在推进剂的钝感性能关键技术上取得了重要突破；在钝感推进剂评价技术等方面取得较大进展。针对能量较高而钝感性能较好的叠氮聚醚推进剂进行了黏合剂分子结构选择（以 BAMO-THF 代替 GAP）、感度远低于 AP 的相稳定性硝酸铵的应用等研究，目前设计的推进剂可通过钝感弹药性能 7 项要求中的 5 项考核。

（6）特征信号

基于固体推进剂标准实验条件的测试数据，提出了低特征信号推进剂的火箭发动机排气羽流烟雾信号和火焰辐射信号的组合分类方法，编制了分类代码；在 BAMO-THF/PSAN 低特征信号推进剂中引入发泡剂偶氮二甲酰胺（ADA），研究了 ADA 对 BAMO-THF/PSAN 推进剂性能的影响；开展了含 3, 4- 二氨基呋咱（DAF）低特征信号富燃料推进剂特征信号分析研究，发现含有 10%DAF 配方的特征信号较低；尝试将 DNTF、CL-20 等高能量密度材料引入双基和改性双基推进剂中，一方面能量提高了 20% 左右，配合消烟剂的应用，可基本消除二次烟焰，特征信号达到了 AA 级；建立了推进剂催化剂组分微波消解—原子吸收光谱法检测技术，实现了推进剂中催化剂等小组分金属盐成分的精确测量；建立了推进剂羽流特性的微波干涉测试方法，实现了推进剂尾烟尾焰电子云密度分布的测试；研究了改性双基推进剂、富燃料推进剂等推进剂标准物质，并测试了标准物质的能量特性，建立了其特征信号测试标准方法。

（三）单质炸药

1. 新型单质炸药的设计

随着计算机技术的快速发展和高能量密度化合物（HEDC）合成难度的增加，近年来我国学者更加重视采用量子化学方法和 QSPR 模型对关注的芳烃类、唑类、富氮类、嗪类等 HEDC 的密度、生成热、能量、稳定性、爆速、爆压等关键性能参数进行预估，指导含能化合物合成。主要进展如下：

（1）密度的计算

主要采用量子化学和 QSPR 法对含能化合物密度进行了预估，预估精度得到了提高。在量子化学方法中，先后尝试了 M06，M06-2X，M11-L，M06-L 等法，计算结果表明，基于密度泛函理论（DFT）的 B3LYP 方法在 6-31G、6-31G* 或 6-31G** 基组水平上所得的理论密度与实验值吻合较好。QSPR 法中主要采用偏最小二乘（PLS）法，该法根据含能化合物的结构特点，先对化合物进行分类（如硝基芳香类、呋咱类、硝胺类等），然后根据分类选择合适的计算程序（如 Gaussian、Cerius2、CODESSA、DRAGON、PreADME、MOPAC 等）计算该类化合物的结构描述符，并对结构描述符进行选择与预处理，最后建立合理、可靠的 QSPR 模型，对化合物密度进行预估，结果表明，用该法计算得到的理论密度与实验值吻合较好。

（2）生成焓的计算

生成焓的计算在方法上也主要采用量子化学和 QSPR 法。在量子化学法中，将第一性原理计算（从头计算和密度泛函）逐渐取代半经验分子轨道法，从计算结果看，比以前使用的半经验分子轨道方法的计算精度明显提高。使用 QSPR 法计算含能化合物标准生成焓，主要基于分子子图法、人工神经网络法和拓扑指数法，计算对象为硝基呋咱类、多硝基烷烃类等化合物，计算结果看，只要选取合适的结构描述符或分子子图码，预测的标准生成热令人满意，其回归方程的相关系数均达到了 0.99。

（3）爆轰性能计算

近年来国内的工作在于 Explo、Cheetah 等新型专业软件的应用开发。从对含能化合物的爆热、爆速和螺压计算结果看，应用这些新型软件的爆轰性能计算精度明显高于传统方法。目前我国的一些研究机构已开始使用这些软件用于多氮等新型含能化合物爆轰性能的预估，并取得了令人满意的结果。

（4）安全性能计算

近年来，我国在含能化合物，特别是高能量密度化合物安定性、感度估算和判定方法方面均有所发展。我国开展的研究涉及含能化合物分子轨道能级差计算、NBO 能级及二阶微扰稳定化能计算、键离解能计算、热分解机理计算等。安全性能判定依据：分子轨道能级差越大,NBO 能级越大，二阶微扰稳定化能越大，键离解能越高，热分解活化能越高，预测判定该化合物越稳定。其中键解离能的计算在保证计算精度的同时，计算效率也得到了进一步提高。有关撞击感度的预测，国内学者采用 QSPR 法，全面系统地研究了描述符与各类含能材料撞击感度之间的内在关系，建立相应的预测模型，但所用的描述符都集中在经验、半经验水平，不甚精确。

2. 新型单质炸药的合成

近 5 年来我国在新型单质炸药的合成方面，主要集中在研究合成新型高能量密度化合物，主要包括嗪类、呋咱、唑类、胍类等非杂环、富氮含能盐类和全氮类高能量密度化合物。

（1）嗪类含能化合物

从近年来国内报道看，我国成功合成的嗪类含能化合物包括：多硝基吡啶酮化合物（如 4– 氨基 –3, 5– 二硝基 –2– 吡啶酮、3, 5– 二硝基 –4– 吡啶酮及其氧化物和这些多硝基吡啶酮的一些高氮含能盐）、吡啶类炸药（如 ANPyO 及其氨基衍生物 TANPyO）、吡啶并氧化呋咱含能化合物（如 5– 氨基 –6– 硝基 –［1, 2, 5］噁二唑并［3, 4–b］吡啶 –1– 氧化物）、三嗪类含能化合物（如 2, 4, 6– 三（4– 氨基 –3, 5– 二硝基吡唑 –1– 基）–1, 3, 5– 均三嗪、2, 4, 6– 三（3′, 5′ – 二氨基 –2′, 4′, 6′ – 三硝基苯胺基）–1, 3, 5– 均三嗪（PL–1）和 2, 4, 6– 三（三硝基乙基）氨基 –1, 3, 5– 三嗪）。

（2）呋咱类含能化合物

我国以 DNTF 为原料，成功合成了双呋咱并（3,4–b：3′, 4′ –f）氧化呋咱并（3″, 4″ –d）氧杂环庚三烯（BFFO）；以 DNTF 未氧化化合物 3, 4– 双（3′ – 硝基呋咱 –4′ – 基）呋咱（BNTF）为原料，成功合成 BFFO 未氧化的三呋咱并氧杂环庚三烯（TFO）。4, 4′ – 二硝基双呋咱醚（FOF–1）是一种呋咱醚类高能量密度化合物，国内跟踪合成得到了它。这几种炸药的熔点较低，可用于混合熔铸炸药和固体火箭推进剂中的增塑剂。FOF-1 正氧平衡，还可作氧化剂。

呋咱并三唑是含氮量很高的并环结构，国内跟踪国外报道成功合成出两个呋咱并三唑衍生物 5-［4- 硝基呋咱基］-5H-［1, 2, 3］三唑并［4, 5-c］［1, 2, 5］呋咱（NOTO）和 N，N′ - 二硝基 - N，N′ - 二（3-(［1, 2, 3］- 三唑并［4, 5-c］呋咱 -4, 5- 内盐 -5- 基）呋咱 -4- 基）二氨基甲烷（MNOTO）。其中 NOTO 密度为 1.92g/cm^3，计算爆速为 9100m/s，爆压 36.6GPa，与 HMX 相当。MNOTO 的密度为 1.90g/cm^3，爆速 9250m/s，爆压 40.7GPa，含氮质量分数约 51%，比容大，可作为固体推进剂组分和高能炸药。

在呋咱类高能量密度化合物中，我国成功合成了 3, 3′ - 二硝基 -4, 4′ - 偶氮二氧化呋咱（DNAFO），它是目前爆速最高的高能化合物之一，其密度达 2.002g/cm^3，生成焓为 667kJ/mol，实测爆速为 10km/s。

我国成功合成的噁二唑（异呋咱）类化合物包括 3- 硝基 -5- 胍基 -1, 2, 4- 噁二唑（NOG）、3- 硝基 -5- 氨基 -1, 2, 4- 噁二唑（NOA）、3- 硝基 -5- 硝氨基 -1, 2, 4- 噁二唑（NON）等。

（3）唑类含能化合物

近年来我国研究人员跟踪国外技术合成的吡唑类炸药，包括：3, 4- 二硝基吡唑（3, 4-DNP）、3, 4, 5- 三硝基吡唑（TNP）、1- 苦基 -4- 氨基 -3, 5 二硝基吡唑（PADNP）和 1, 4- 二氨基 -3, 6- 二硝基吡唑［4, 3-c］并吡唑（LLM-119）及其前体 3, 6- 二硝基吡唑［4, 3-c］并吡唑（DNPP）。LLM-119、3, 4-DNP 和 TNP 这三个化合物都是应用前景看好的低感含能材料。

成功合成的咪唑类炸药有 2, 4- 二硝基咪唑（2, 4-DNI）、2, 4, 5- 三硝基咪唑（2, 4, 5-TNI）、1- 甲基 -2, 4, 5- 二硝基咪唑（MTNI）和 1- 甲基 -4, 5- 二硝基咪唑（MDNI）。2, 4-DNI 是一种早期详细研究过的不敏感炸药，2, 4, 5-TNI 是 MTNI 的合成前体。MTNI 熔点 82℃是近年研究最多的咪唑类炸药，其爆轰性能与 RDX 相当，感度接近 B 炸药，有望成为 TNT 的替代品。MDNI 的熔点 77℃，可望用于熔铸炸药的载体，撞击感度 87.5cm，比 MTNI 钝感，能量与 TNT 相当，MDNI 的前体 4, 5- 二硝基咪唑也呈酸性，可以制备其含能有机铵盐。

我国跟踪合成了三唑类钝感炸药 NTO、5- 氨基 -3- 硝基 -1, 2, 4- 三唑（ANTA）和 4- 氨基 -5- 硝基 -1, 2, 3- 三唑（ANTZ）。它们的钠盐具有亲核性，能得到连有 ANTA 和 ANTZ 基团的新炸药，目前也已被成功合成，如 6- 双（5- 氨基 -3- 硝基 -1, 2, 4- 三唑基）-5- 硝基嘧啶（DANTNP）、1- 苦基 -3- 氨基 -5- 硝基 -1, 2, 4- 三唑（ANTA-TNB）和 2, 4, 6- 三（3- 氨基 -5- 硝基 -1, 2, 4- 三唑）-1, 3, 5- 均三嗪（ANTA-TCT）。

在氮杂环的氮原子引入偶氮键，对高氮化合物的密度和生成焓都具有更大的改善，在三唑环上引入叠氮基等含能基团可以进一步提高其能量。这类化合物中，我国最近成功合成的四叠氮偶氮三唑，该化合物的氮含量达到 85.36%，其生成焓达到 6933kJ/kg，超过 3, 6- 二叠氮基 -1, 2, 4, 5- 四嗪，是目前生成焓最高的含能化合物。

（4）胍类等非杂环含能化合物

在新型胍类炸药方面，国内跟踪合成了 1, 7- 二氨基 -1, 7- 二硝胺基 -2, 4, 6- 三硝基 -2, 4, 6- 三氮杂庚烷（APX）和 1, 2- 二硝基胍铵（ADNG），其中 APX 是一种很敏感的高能炸药，可用作起爆药。

二硝基脲（DNU）密度 1.98g/cm^3，是硝酰胺的优良母体，也是 K-6 合成的关键原料。2011 年我国以尿素为原料，经过硝化成功合成了二硝基脲，进而制得了一系列二硝基化合物的含能盐。

（5）富氮含能盐类化合物

国内近来在三唑四唑含能盐方面取得不少突破，如设计合成了氨基修饰的 1, 2, 3- 三唑阳离子，制备了一系列 1- 氨基 -1, 2, 3- 三唑和 3- 甲基 -1- 氨基 -1, 2, 3- 三唑的含能离子盐衍生物，其熔点范围在 80 ~ 150℃，分解温度在 150 ~ 250℃，显示出良好的热稳定性和较低的熔点，其爆速在 7.2 ~ 9.0km/s 之间，爆压在 21.2 ~ 32.6GPa 之间，能量水平均高于 TNT，且感度较低，可作为 TNT 的替代物使用。还设计合成了肼基修饰的四唑阳离子和一系列 5- 肼基 -1, 2, 3, 4- 四唑的含能离子盐衍生物，该系列含能盐具有较高的能量水平，其爆速在 8.6 ~ 9.6km/s 之间，爆压在 31.3 ~ 46.8GPa 之间，能量水平与 HMX 相当，且由于肼基高含氮量、高生成焓的特点，其计算比冲高于 CL-20。

（6）全氮含能材料

全氮类物质最突出的特性是分解产物全部为极其稳定的 N_2，因而分子中蕴含有巨大的能量；又因 N 的电负性（3.04）仅次于 F 和 O，所以能形成较强的化学键，即全部或部分由氮元素组成的全氮类衍生物具有一定的稳定性。因此，它们有希望作为新一代超高能含能材料应用于炸药、发射药和推进剂等领域。

近 5 年来我国开始了全氮化合物的研究，其工作以量化计算为主，在合成工作方面也取得一些突破。

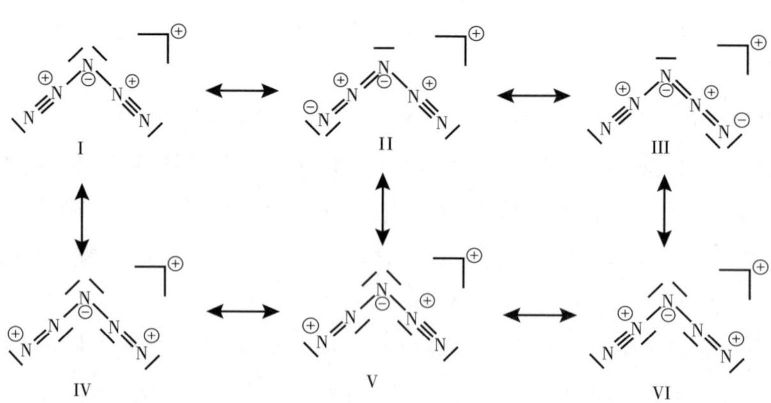

3. 单质炸药的制备工艺优化

（1）低成本制造技术

出于对成本的考虑，近几年我国学者重视高能炸药，特别是高能量密度化合物的低成本制造技术研究。

1）RDX。

添加酸性功能离子液体等物质，在 N_2O_5–HNO_3 体系中硝解乌洛托品制备 RDX，产率从 59.5% 提高到了 72.6%。

在现有直接硝解法生产工艺的基础上，通过采用多点加料及提高细度，使 RDX 的收率由 78%提高到了 85%以上。

干燥工艺经技改实现了连续化，提高了干燥效率和工艺安全性。

2）HMX。

开发了二硝基脲法、离子液体催化等 HMX 新工艺制备，丰富了 HMX 的制备方法；研究了用 DADN、TAT、DPT、DAPT 等 4 种原料在 N_2O_5–HNO_3 体系中绿色硝解制备 HMX，提高了 HMX 的产率和纯度。

3）CL–20。

CL–20 是继 RDX、HMX 之后开发的更高能量的单质炸药。目前能够实现工程化的 CL–20 制造路线均以六苄基六氮杂异伍兹烷（HBIW）为前体。为了降低 CL–20 成本，我国近期主要研究了 CL–20 无氢解合成路线，采用氧化的方法脱除了 HBIW 的苄基，实现了 CL–20 的无氢解制造。开展了 CL–20 两步法的研究，合成了多种新型异伍兹烷衍生物，相关研究与国际同步。

4）DNTF。

DNTF 是呋咱类新型单质炸药，其熔点低、密度高、爆速高、威力大、安定性好、感度适中、爆发点高，其综合性能超过 HMX。我国研究了采用新型原料，经亚硝化、重排、肟化、脱水环化、分子间缩合环化以及氧化等反应合成 DNTF 的工艺路线，总收率可以达到 43%。

5）TATB 及其他钝感含能化合物。

TATB 是一种重要的钝感高能炸药，原有路线制备的 TATB 都含氯，直接影响产品的热安定性及应用。目前，我国采用亲核取代（VNS）法和间苯三酚法制备无氯 TATB。其中以苦基氯与氨水反应得到的 2, 4, 6– 三硝基苯胺为原料的亲核取代反应合成的 TATB，总收率超过了 95.7%；以间苯三酚为原料，经过硝化、乙基化和胺化合成无氯 TATB 的改进工艺，各步收率可达到 91%以上，在胺化反应中采用低毒乙醇替代高毒甲苯作为反应介质，减小了对操作人员的损害。

2, 6– 二氨基 –3, 5– 二硝基 –1– 氧吡嗪（LLM–105），其能量比 TATB 高 20%，是 HMX 的 81%，并且是一种相当钝感的含能材料。以 2, 6– 二氯吡嗪为原料，经过甲氧基化、硝化、氨化、氧化 4 步反应，合成了 LLM–105，收率为 54%。

FOX-12 是一种钝感含能材料，可广泛用于弹药和推进剂的装药。我国吸收国外技术基础上，开发了 FOX-12 制备的新工艺，提高了批量生成的安全性和可操作性，并实现了千克级制备。

开发了以 70% 硝酸硝化 1, 2, 4- 三唑 -5- 酮合成 NTO 的新工艺，其中硝酸可以循环使用，实现了废酸绿色硝化；通过薄膜蒸发器对 BuNENA 进行了后处理研究，得到了蒸发实验的最佳操作工艺，该工艺可实现 BuNENA 连续化工业生产；采用往复振动筛板塔对 2, 2 - 二硝基丙醇进行了连续萃取工艺研究，确定了较佳的萃取条件。

（2）绿色硝化技术

硝化反应是炸药合成中最重要的反应，工业硝化常用的硝化剂是硝 – 硫混酸体系，因合成过程排放大量废酸，无法满足环境和节能减排的经济发展需求。以 N_2O_5 为硝化剂是目前发展较好的绿色硝化技术。近年来，我国采用 N_2O_5/ 硝酸体系和 N_2O_5/ 有机溶剂体系，对底物进行硝化，有效提高了选择性及转化率。如，以环境友好的离子液体催化剂、N_2O_5 为绿色硝化剂合成 RDX 及 HMX，其得率有较大幅度提高。

（3）球形化技术

含能化合物球形化后能够提高晶体和装药密度，进而可提高其应用于火炸药的能量密度。近年来，我国在 RDX 球形化、NGu 球形化等方面取得重大进展，已形成小批量生产能力，为球形化 RDX 和 NGu 在火炸药产品上的应用奠定了坚实基础。

（4）单质炸药高品质制备技术

高品质炸药是指具有较完整、化学杂质和缺陷少的炸药晶体，高品质单质炸药的出现为钝感弹药的研究开辟了一条新型技术途径。基于重结晶原理，在解决 RDX 和 HMX 晶体形貌、内部缺陷、颗粒密度和粒径大小控制技术难题之后，进行了放大试验，目前已掌握了高品质 RDX 和 HMX 的公斤级制备技术。得到的高品质 RDX，与普通 RDX 相比，晶体内部缺陷大幅度减少，密度达 1.798g/cm^3，接近于 RDX 晶体的理论密度。

（5）高能单质炸药的超细化

我国超细化单质炸药的制备方法主要有物理方法和化学方法。采用湿化机械研磨法制备的 RDX 粒径在 2 ~ 3μm 之间，HMX 在 0.5 ~ 2μm 之间，部分 RDX 或 HMX 可达到 100nm 以下；采用对撞式射流撞击粉碎法制备的超细 HMX 和 RDX，平均粒度在 1.5μm 左右，如进一步与微乳液法相结合可使 HMX 和 RDX 的平均粒度在 70nm 左右。采用喷雾干燥重结晶法制备 RDX 粒径在 40 ~ 60nm 之间；采用微乳液法制备的 HMX 的平均粒径在 20 ~ 100nm 之间。

4. 单质炸药的测试与性能评估

在测试与性能评估方面，近年来我国开展的研究主要针对 CL-20、DNTF 及 ADN 的安全性能、热分解性以及应用性能。

采用动态真空安定性试验法研究了 CL-20 的热分解特性，得出了 CL-20 具有较好的热安定性的结论，以此为基础预测了 CL-20 在 25℃时的有效贮存寿命为 14.4 年。开展了

CL-20晶型转变规律研究，发现了适宜的溶剂会促使 ε-CL-20的结晶类型发生改变，极性较大的溶剂不利于 ε-CL-20生成。

采用微热量热技术研究了DNTF的热力学性能，推导出了DNTF热感度的概率密度分布。采用动态真空安定性试验法预估了DNTF在40 ℃下的安全贮存寿命为85年，25℃下安全贮存寿命为838年。

应用同步热分析-红外质谱联用技术，研究并掌握了ADN的热分解机理。基于快速分析方法，研究并揭示球形ADN的吸湿规律。研究并揭示了Cu、Fe、Ca及铵盐类近10种燃速催化剂对ADN热分解的催化机理

（四）混合炸药

1. 混合炸药配方设计

（1）设计思路

目前，各国装填于弹药战斗部的炸药绝大部分为混合炸药，混合炸药的广泛使用也促使各国重视对这类炸药的设计。

为提高混合炸药能量，我国采用了在金属加速炸药中选用能量密度更高的新型单质炸药（如CL-20）取代HMX，以提高聚能装药、EFP及破片杀伤战斗部的性能；在熔铸炸药中用DNTF、TNAZ代替TNT作为液相载体，从而提高混合炸药的能量和能量密度；在炸药中添加高能金属粉（如高活性纳米铝粉），以提高炸药的爆速和作功能力；发展以氧化剂和可燃剂构成的复合炸药。

在能量输出设计方面，重视炸药能量输出结构与应用环境的匹配，由过去单纯的化学热力学设计发展成兼顾化学热力学和化学动力学的设计思路，形成了针对空中爆炸、密闭空间爆炸及密实介质中爆炸等的设计方法。

（2）先进混合炸药配方

近年来，我国在以下7类混合炸药设计上取得较大进展。

1）抗过载炸药。

抗过载炸药的设计研究主要集中于炸药装药动态响应机制、炸药组分及炸药装药对抗过载性能影响规律等内容。研究了含$KClO_4$、铝粉等组分的PBX炸药晶体缺陷数量、尺寸等对其冲击波感度的影响规律，进而了解该类炸药的发射安全性能。

利用AUTODYN数值仿真软件的模拟计算，研究了PBX炸药药柱动态撞击性能和力学变化；运用ANSYS/LS-DYNA模拟软件，采用相应的弹药以及靶板数学模型，对弹药侵彻一定强度的混凝土靶板进行了仿真计算，分别得出了弹体与内部装药的过载曲线。

2）温压炸药。

近年来，国内在温压炸药的研究方面取得了较大进展。在液固混合态温压炸药技术基础上，研究成了几种固体温压炸药配方，部分已得到实用。比如开发的一种具有较高能量释放效率和速率的含铝温压炸药配方，其有效破坏作用主要体现为较强的爆炸冲击波和

持续的高温燃烧效应，不仅能够展现出一般固体炸药的爆轰性能，在空气中爆炸产生较强的冲击波，而且能够产生高温持续时间较长的爆炸火球，火球体积约为初始装药体积的（2.0 ~ 3.0）× 10^4 倍，瞬时高温可达到 2500℃以上。还研究了该类温压炸药中 AP 的作用，发现 AP 是一种比高能炸药反应稍迟缓，却比金属粉更易被点燃和释放能量的物质，它不仅提供了金属粉前期反应所需要的氧，而且反应释放的能量能够建立和维持铝粉燃烧的高温条件。经过超细粉碎处理的 AP 与工业 AP 相比，可以使释能反应更为迅速，对较近距离冲击波超压的贡献也更为显著。

3）燃料空气炸药。

国内针对燃料组分对于燃料空气炸药（FAE）配方的爆炸性能开展了一系列研究。在环氧丙烷 / 铝粉燃料的 FAE 爆轰参数研究时发现，铝粉含量的增加能提高 FAE 爆轰性能，但含量过高不利于燃料分散，导致单位质量的燃料在空气中覆盖范围降低，反而影响 FAE 爆炸威力，同时，铝粉颗粒尺寸对 FAE 作功能力和反应时间有一定的影响，如果铝颗粒的直径较大，其点火的滞后效应可能形成双波阵面的爆轰波。

采用烟迹技术研究了环氧丙烷、90# 汽油、硝酸异丙酯、庚烷、癸烷等燃料的气液两相云雾爆轰的爆速、螺压、临界起爆能和爆轰胞格尺寸与当量比的关系，发现环氧丙烷的爆速和螺压随当量比的增加先增大后平缓减小；碳氢液体燃料云雾爆轰的临界起爆能与当量比呈“U”型关系，最佳值点偏向富燃料一侧；液滴的碎解、汽化过程以及燃烧区前导是控制气液两相云雾爆轰的主要因素。

4）水下炸药。

近年来，国内研制成功一系列爆炸威力大、装药工艺性能好、安全性能高的水下炸药，尤其是以复合浇注 PBX 炸药为代表的炸药，并作为主装药应用于水下武器系统。该炸药黑索今含量为 20% 左右，其余为黏结剂、铝粉、高氯酸铵、固化剂等，密度在 1.82g/cm^3，爆速为 5400m/s，爆热在 8200kJ/kg 以上，其水下爆炸总能量比 TNT 提高了一倍以上，比 RS211 提高了 35%以上，能够满足低易损性要求。

5）不敏感炸药。

不敏感炸药的研究主要集中在传统高分子粘结炸药的改性和发展含不敏感单质炸药的混合炸药。

不敏感高分子粘结炸药的改性重点放在对传统主炸药和粘结体系的改性，尤其对影响感度、密度和工艺性能的组分进行改性，另外尝试新型含能粘结体系的应用。在含不敏感单质炸药的混合炸药开发方面，重点探索 1, 3, 5- 三氨基 -2, 4, 6- 三硝基苯（TATB）类、3- 硝基 -1, 2, 4- 三唑 -5- 酮（NTO）类、2, 6- 二氨基 -3, 5- 二硝基吡嗪 -1- 氧化物（LLM-105）类、2, 4- 二硝基苯甲醚（DNAN）类、不敏感 RDX（I-RDX）类等不敏感单质炸药在混合炸药中的应用技术。

6）基于新型高能材料的炸药。

这些新型高能材料包括 TNT 的潜在取代物（如 DNTF、TNAZ、DNAN、DNP、MeNQ、含能离子液体等）和新合成的高能炸药（如 CL-20、LLM-105、TEX 等）。

开展了 DNAN 为载体的新型熔铸炸药研究，形成了水中炸药、侵彻炸药、温压炸药和破甲炸药等系列新型熔铸混合炸药配方。开发的新型熔铸炸药具有能量高（爆破炸药能量达 2.4 倍 TNT 当量）、安全性好、抗意外刺激能力强、装药工艺性好等优良特点，解决了熔铸炸药存在的装药裂纹、收缩等缺陷问题，该炸药适合用于大口径异形战斗部。

7）金属化炸药。

金属纳米化能显著改变其反应动力学特征，将纳米化金属用于金属化炸药，预计对炸药性能带来重要影响。随着金属纳米化技术的发展，国内已开始进行纳米金属化炸药的相关研究。目前的研究尚在初期，其研究集中在纳米铝粉、金属合金粉、金属基反应性材料（如金属氢化物（贮氢材料）MgH_2、LiH、AlH_3、$Mg(BH_4)_2$ 等）的制备 / 合成及其在炸药中应用探索。

8）新型传爆药。

近年来我国新研制的传爆药包括窄脉冲传爆药、低临界传爆药、不敏感传爆药和耐高过载传爆药。它们具有不同的性能特点，被用于不同的传爆场所。

窄脉冲传爆药：从冲击片雷管受主装药的需求出发，我国使用了纳米级 HNS，窄脉冲临界起爆能量为 0.12J，与国外报道的数值相当。

低临界传爆药：针对小尺寸爆炸网络需求，研制出 HTPB 为黏结剂、CL–20 为主体炸药的低临界传爆药配方。该传爆药的临界直径小于 0.6mm，爆速达到 8200m/s，且通过了 8 项安全性实验。此外，还研发出以 DNTF、TNT 和 HMX 为配方组分的熔铸型传爆药，该配方传爆药可在 1mm 的沟槽中传爆，在“一点输入四点输出”的同步性网络中，其同步性小于 100ns。

不敏感传爆药：以 TATB 基、LLM–105 基、2, 5– 二苦基 –1, 3, 4– 噁二唑（DPO）基的三类不敏感传爆药。其中聚黑苯（组分为 RDX、TATB 和氟橡胶）不敏感传爆药和聚奥苯（组分为 HMX、TATB 和氟橡胶）不敏感传爆药，具有较低的机械感度和较高的冲击波感度，能够满足钝感传爆药的要求。而 LLM–105/EPDM 传爆药，已通过 GJB2178A 9 项安全性试验。

耐高过载传爆药：采用浇注装药技术，使之与耐过载主装药动态特性相匹配。成功研究的耐高过载浇注型传爆药，如 HTPB/HMX 传爆药和 HTPB/CL–20 传爆药，均具有良好耐高过载效果。

2. 混合炸药装药工艺技术

（1）熔铸炸药凝固过程仿真设计

基于有限元技术，开发熔铸炸药凝固过程数值模拟方法，对典型试件三维温度场、热应力场进行有限元分析，得到了浇注温度及速度、炸药黏性、环境温度等因素对炸药凝固后内部缩松、缩孔及热应力分布的影响规律。该方法可对装药缩孔、裂纹、疏松等缺陷进行预测，为熔铸炸药配方设计、装药工艺方式和装药工艺参数确定提供理论依据。

（2）混合炸药制备新工艺

近年来，我国针对不同高分子材料，发明了溶液混合蒸馏法、水悬浮法、直接法、共沉淀法、熔融混合法等几十种造型粉制备方法。其中水悬浮法造粒过程中，以水为悬浮介质和分散剂，有利于生产安全，是造型粉生产的主导方法；直接法是国内应用较多的另一方法。

另外针对造粒、烘干等操作工序进行了技术改造，部分实现了自动化连续生产。为提高压装 PBX 包覆度，采用表面活性剂、键合剂对炸药晶体进行表面修饰，然后以聚合物单体为原料，通过原位聚合完成包覆，包覆度明显提高。

（3）混合炸药装药新工艺

近期我国混合炸药装药新工艺主要集中于应用新技术（如分步压装和等静压等）提高炸药装填密度及密度均匀性，以及研制能够提高装药质量的新设备。具体表现为：

1）分步压装工艺技术。

综合了螺旋装药与油压机压装的优点，通过分步压装，有效提高了装药密度和装药质量。分步压装装药与螺旋装药相比，具有压药过程安全、高效，相对密度高且密度均匀等优点，可广泛应用于大口径榴弹系列产品、火箭弹、导弹等战斗部装药。

2）等静压工艺技术。

在药柱压制工艺中，国内近年来开发了等静压工艺，其成型效果好，可实现复杂形状炸药件的净成型，减少原材料损耗。

基于 TATB 基 PBX 等静压压制试验，研究了高分子黏结炸药 PBX 的微观结构和在成型过程中的性能参数变化规律，发现成型件泊松比、压缩强度与压缩模量随成型密度的增加快速增大，在相同压力条件下延长保压时间可以有效提高 PBX 造型粉的压实密度。

3）工艺装备技术。

研制了精密爆炸网络自动装填装置，使用该装置装填的精密爆炸网络具有良好的输出同步性。开发了三级轧辊式破碎技术，实现了 TNT 基熔铸炸药的安全自动化破碎，提高了生产的本质安全度及生产效率，实现了炸药的回收再利用，降低了生产成本。开展了对混合炸药加料装置的自动化改造，应用改造后的新型加料装置，大大降低了现场工人的劳动强度，提高了生产效率和安全性。采用计算机与 PLC 相结合的控制方式，通过工业控制网络将计算机、可编程控制器、现场检测仪表和执行器集成为一体，实现了炸药生产的集中管理、监控，分散控制和单元控制。

（4）传爆药装药技术

针对爆炸逻辑网络线路，基于浇注工艺，设计并加工了专门的装药设备和模具，实现了 0.6mm × 0.6mm 沟槽精确装药；开发了炸药油墨 – 丝网漏印装药技术，该技术用炸药油墨和丝网在惰性衬底印模的凹道线路内逐条印制相同厚度的炸药路线，固化后即可获得设计的爆炸逻辑网络线路；开发了精密压装装药技术，采用该技术对“一入四出”偏心式圆周线同步起爆网络进行了装药，得到同步起爆网络，其爆轰波输出同步性小于 80ns；开发了挤注装药工艺和微注射装药工艺，操作时通过液压或者气压装置将传爆药浆挤注和注射到微型沟槽，可制得微型爆炸逻辑网络装药。

3. 混合炸药应用技术

我国在混合炸药应用技术研究方面，重点放在装药的能量输出规律研究及其应用，并取得了较大的进展。

（1）炸药水下爆炸能量输出结构控制方法

通过铝氧比对混合炸药水下爆炸冲击波能、气泡能和总能量的影响研究，提出了炸药水下爆炸能量输出结构控制方法，该方法可根据水中战斗部设计的需要，对炸药能量中的冲击波能和气泡能比例进行调整，实现水中炸药能量输出结构与水中兵器战斗部毁伤模式相匹配，以提高战斗部毁伤效能。

根据 Bocksterner 水下爆炸实验测试峰值压力和冲量反推 Miller 能量释放模型参数，反推出的 Miller 能量释放模型参数更能反映含铝炸药的能量输出结构。

（2）炸药空中爆炸能量输出

研究了 TNT 基含铝炸药铝含量对螺压和空中爆炸冲击波参数的影响规律，建立了螺压与铝氧比的关系曲线、TNT 基含铝炸药的冲击波相似律方程和 TNT/Al 炸药的螺压与空中爆炸冲击波超压的关系式。通过对 JHL-2 含铝炸药与一次引爆燃料空气炸药（FAE）威力特性的比较，揭示了含铝炸药爆炸威力可以达到甚至超过一次引爆的 FAE。

（3）密实介质中炸药爆炸能量输出

通过不同装药量、不同装药位置时 TNT 炸药在钢筋混凝土靶中爆炸作用的规律研究、大长径比带壳装药毁伤混凝土的规律研究、炸药在混凝土和土壤复合介质中的爆炸破坏效应研究以及土壤覆层对混凝土毁伤破坏的影响研究，归纳得到了不同埋深下炸药在混凝土中爆炸时相应的毁伤破坏区域。

（4）密闭环境中炸药爆炸能量输出

采用直接测温法，对密闭爆炸罐中 Al-HMX 混合炸药的爆炸场温度进行了测量，证明了在密闭条件下，含铝炸药爆炸反应比较完全，铝粉的利用率较高。

（5）复合装药结构爆炸能量输出

研究了外层高爆速炸药包裹内层非理想炸药的内外层双元结构装药空中爆炸的输出特性，发现该装药结构不仅能提高空中爆炸的冲击波效应，而且还能增加爆炸火球的持续时间。

研究了不同双元装药水下爆炸的能量输出结构，发现双元炸药装药结构能够改变水下爆炸测点处的爆炸载荷，减少冲击波在传播过程中的能量损失，提高能量利用率。

4. 混合炸药的性能测试与评估

（1）炸药装药“点火”特性数值模拟

采用有限差分法研究了热环境下炸药尺寸、边界温度和换热系数对典型炸药临界起爆温度和爆炸延滞时间的影响规律，对炸药装药易损性、安全性研究和不敏感炸药设计具有一定指导意义。

（2）炸药装药安全性预估

基于热爆炸理论，研究了炸药对热刺激的响应机理；结合混合炸药成型过程的数值模拟，预测了炸药装药缺陷形成机制。这些成果对炸药安全性评估具有积极的指导作用。

（3）炸药力学性能预估

炸药力学性能的研究主要针对 PBX 炸药展开的。开展了典型 PBX 炸药的单轴压缩、间接拉伸测试，建立了该炸药的修正 Sargin 唯象模型；开展了 3 种 PBX 炸药的动态巴西实验，建立了描述 3 种炸药动态拉伸行为的修正 Johnson–Cook 模型；开展了炸药的磁驱动无冲击压缩测试，获得了 5GPa 内 JO–9159 炸药在磁驱动准等熵压缩加载下的速度响应历史；基于平台巴西盘实验和霍普金森加载技术，建立了动态拉伸实验测试系统及本构关系模型；采用盲孔法研究了 PBX 炸药的残余应力及其分布；修正了 Hashin Shtrikman 模型，计算并得到了 PBX 的有效体积模量和有效剪切模量。

（4）传爆药易损性测试新方法

针对不敏感传爆药，建立了包括快速烤爆试验、慢速烤爆试验、子弹撞击试验、殉爆试验、破甲碎片撞击试验、聚能射流试验、高过载冲击试验的试验等测试方法。

（五）火工烟火药剂

1. 火工烟火药剂设计

（1）单质起爆药

单质起爆药作为初始装药直接装填火工品或与氧化剂、还原剂等混合后装填于火工品，它是火工药剂的技术核心和基础，控制着火工品或火工系统的感度、威力和各种作用效果。我国始终跟随该领域的最新发展动态，致力于不同类别新型起爆药的研究，开发了一系列性能特征各异、用途不同的起爆剂。

配位化合物起爆药是一类特别具有发展潜力、值得深入研究的起爆药。其性能取决于构成配位化合物的中心离子、配体和外界离子类型，这些官能团的组成构成了配位化合物起爆药分子内氧化 – 还原体系。我国近年来研制的该类起爆药主要包括含钴配位化合物起爆药、含镍配位化合物起爆药、含镉配位化合物起爆药和含锌配位化合物起爆药，典型品种有高氯酸·四氨·双（5– 硝基四唑）合钴（Ⅲ）、高氯酸·四氨·双叠氮基合钴（Ⅲ）、硝酸肼镍、叠氮肼镍、高氯酸三碳酰肼合镉、高氯酸三碳酰肼合锌等，根据各自的性能特点代替斯蒂芬酸铅、叠氮化铅等传统药剂，用作起爆药、击发药、针刺药制备小型火焰雷管、桥丝式电雷管等火工品种。

呋咱类起爆药结构中的氧化呋咱基团能有效地提高含能化合物密度、爆速以及点火感度，因而能够设计成轻金属或不含金属的有机化合物类起爆药；另外，这类起爆药不含有害金属元素，爆炸产物对人体和环境不产生危害，是一类绿色起爆药。因此尽管曾经被放弃研究，近年来又重新唤起了我国火工科研人员兴趣，除对已有的 4, 6– 二硝基苯并氧化呋咱钾（简称 KDNBF）进行深入研究外，还研制出 4- 硝基 -5- 氧 - 苯并双呋咱钾（简称 KBFNP）和 7- 羟基 -4，6- 二硝基苯并氧化呋咱钾（简称 KDNP）等新品种，目前正在进行应用探索研究。

四唑类起爆药被认为是发展前景良好的富氮类起爆药，代表着高能、钝感起爆药的发展方向，其中有些品种性能优异，有逐步取代叠氮化铅的趋势。我国近年来加紧了这类药剂的研制，已成功合成的品种有 5- 硝基四唑亚铜（CuNT）和偶氮四唑锌（ZnATZ），它们可作为绿色高能起爆药用于环保击发药的设计，也可用于桥丝雷管、针刺雷管、火焰雷管、SCB 雷管及工程雷管。

（2）复合起爆药

复合起爆药是一类以单质起爆药为主体，添加其他改良组分形成的一类复合起爆药。近年来复合起爆药的研究重点是无铅、无钡类环保型击发药。

我国重点研究了以取代含斯蒂芬酸铅和四氮烯为目标的偶氮四唑锌和硝酸钡、玻璃粉组成的三元击发药，该类击发药具有更好的热安定性，作用时燃烧较完全，无黑烟，帽壳内无黑色残渣。目前正在进行应用探索研究。

另一类我国关注的新型复合起爆药是基于亚稳态分子间复合物（metastable intermolecular composite，简称 MIC）新技术研制的氧化物 / 铝新材料，该新材料用于设计底火用无铅击发药，开发得到的新型击发药在 –54 ~ 71℃能可靠作用，烤爆温度接近 482℃，远远超过了军用枪弹 70℃的应用指标。

高氮杂环 3 配位以上配阴离子起爆药也是我国关注的环保型药剂，已成功合成的四（5- 硝基四唑）二水合铁钠盐和铁铵盐（NaFeNT，NH_4FeNT），具有一定的猛度，机械感度适中，其他感度则相对较低，已在环保底火装药中试用。

（3）新型点火药

依托我国在材料、加工、制造、测试等技术方面的整体发展，近年来在点火药领域得到较大的发展。

新型点火药的特点在于点火迅速，输出能量大，且具有环保性。包括三种：①以无定形硼和超细硝酸钾为主要组分，外加树脂橡胶。该种点火药适用于激光、半导体桥及燃烧转爆轰器件，但是超细药剂的使用，摩擦感度和静电火花感度有所提高；②将纳米 TiO_2 添加到以苦味酸钾和高氯酸钾为主要组分的点火药中，该种点火药剂点火能力明显增强，装填 DDT 雷管时的极限药量成倍减少，体现了纳米材料足以成效的强化作用。③由苦味酸钾与炸药细粉经水分散造粒形成的球形药剂，该种药剂火焰感度良好，机械感度显著降低，作用时残渣量少。

新型高能点火药有两类：①以 TiHP/$KClO_4$（28/72，氟橡胶为黏合剂）为组分的点火药，该类点火药机械感度和静电火花感度俱低，点火稳定，反应较完全。②锆和高氯酸钾组成的点火药，其特点是耐高温，已作为耐热击发药应用于射孔弹激发和药剂式飞片雷管的施主装药。

微晶共沉淀安全点火药是一类以硝基多酚为基础，用可溶性多硝基多酚盐 / 无机酸盐的混合液与可溶性金属盐溶液通过一步化合，制备得到粒度在 30μm 左右的微粒。这些微粒无需研磨和球磨混合，可直接用于点火药浆的混制，可满足不同性能的电引火药头的使用要求。目前已用于电点火类火工品和工业雷管制造，产品点火效果良好。该技术领先于国外的同类技术水平。

改性黑火药是针对传统黑火药能量低、输出不稳定、产物腐蚀性强、污染环境以及潮解失效、静电安全性差等固有缺陷进行的改性提升。主要进展包括：①无硫化。无硫化本质上就是用与硫磺相变温度和力学性能相近的硝化棉 / 微晶蜡低共熔体系替代硫磺，从而实现硫在黑火药中的助燃和黏结双重作用。②无木炭化。用具有非对称电子云结构的对硝基苯酚代替木炭制成药剂，其火焰感度及燃烧速度明显改善。另外尝试用碳纳米管替代木炭，从而提高了无木炭黑火药在高装填密度下的燃烧稳定性和传火可靠性。③防潮黑火药。以聚硅氧烷为主体，用低吸湿性氧化物作为增感剂的包覆剂对黑药进行表面改性。包覆剂用量为 4% ~ 6% 时，黑药的吸湿性降低 50% 以上，同时火焰感度不受影响。

（4）高精度延期药

延期药的延时精度是延期药最重要的性能参数，提高延时精度一直是该类药剂的研究方向之一。近年来，我国在该方向开展不少研究，并取得了较大进展。比如在苦味酸钾单质毫秒级高精度延期药，通过添加 0.1% ~ 0.3% 的非离子表面活性剂，形成 20ms 等间隔、20 段毫秒延期体，实测极差仅为 7.45ms，延期误差小于 1%。又如，采用共沉淀制造技术开发的硼 / 铬酸钡延期药，其延期精度比手工混制药剂提高 4 倍多。

为提高延期药的燃速，近期研究将纳米添加物应用于延期药，如用 90nm 的钨粉代替微米级钨粉，延期药的燃速提高上百倍，且钨粉含量即使小到 15%，仍能可靠点火传火，延期时间精度也有所提高。

（5）新型烟火药剂

我国对烟火药剂的研究主要侧重于药剂配方设计、新材料开发与使用等方面，其中发烟剂、诱饵剂等光电对抗类烟火药研究较多。

在诱饵剂方面，开发了多种低燃温面源型红外诱饵药剂。如以超细合金材料为基础开发的自燃型诱饵剂，以及以超细赤磷 – 氧化铜高热剂作为功能添加剂开发的引燃型诱饵剂。另外，红外 / 紫外复合诱饵剂与环保型诱饵剂也得到广泛重视。如以安息香酸型药剂为基础替换镁粉 / 聚四氟乙烯 / 氟橡胶（MTV）型药剂，可以满足降低紫外辐射、环保型诱饵剂的设计需求。

在发烟剂方面，针对从可见光、中红外、远红外，乃至毫米波的所谓“多频谱”遮蔽烟幕的发展需求，采用了多种手段得以实现。在红外波段，一种方式是采用赤磷、HC 型常规发烟剂进行配方改性，通过控制燃烧产物粒度分布等方式实现了在红外波段的干扰。另一种方式是预制冷烟材料，通过组合装药等手段实现红外波段的遮蔽与干扰。如：采用悬浮法制备聚甲基丙烯酸甲酯（PMMA）微球，用非电沉积法在微球表面镀覆金属镍或银。镀镍微球对激光的消光能力强，粒径小于 5μm 时效果最佳。质量消光系数达 $0.195m^2/g$，由镀金属微球组成的复合烟幕对红外波段与激光的衰减率大于 99%，留空时间长；通过对遗态功能复合材料进行设计，选择茭白叶为模板，制备出了 Cu/C 体遗态材料，既有天然多维度的微孔结构，同时又有人工耦合金属粒子的网络互联结构，具有良好的红外消光能力。实验室测试时 Cu/C 体遗态材料在 3 ~ 5μm 透过率为 5.8%，8 ~ 14μm 的透过率为 6%，得到的红外消光系数均为 $0.8m^2/g$ 左右。与现有红外干扰发烟剂中常用基材的红外消光系数相比较而言，Cu/C 体遗态材料在红外波段具有良好的消光性能。在毫米波波段，使用可膨胀石墨作为主要功能添加剂，不仅实现了能够在燃烧条件下良好使用，而且在高温高压爆炸条件下也能可靠膨胀，对 3mm、8mm 毫米波能有效干扰。针对碳纤维材料，采用了两种处理方式：一种方式是经镀涂铜、镍、银等金属，增强对毫米波的散射能力；另一种是处理成不导电的材料，使其具有很强的吸波能力。经过镀铜处理的碳纤维布在 3mm 波段的雷达散射截面积实测值高于碳纤维布 5 倍多，不仅能有效干扰毫米波，也能提高对红外波段的干扰能力。

在燃烧剂、红外照明剂、烟火底排剂和致盲剂方面，产品开发也得到重视。燃烧剂主要关心储氢燃烧剂、稀土合金燃烧剂和准合金燃烧剂等高能燃烧剂，以应用研究为主。红外照明剂方面，开发的 A 型红外照明弹，可使某夜视仪对吉普车视距提高 7 倍。开发的底排剂，应用于弹丸增程烟火底排装药时，在不改变火炮系统、发射装药和弹形结构的前提下，可使炮弹射程提高 30%。

2. 火工烟火药剂工艺新技术

（1）起爆药自动化生产技术

我国近年来发展的“三级三锅串联法”连续化自动化工业规模生产起爆药的新工艺、新平面布置方案，提出了内置直线式、自动计量料液、自动化合、自动过滤洗涤装置、自动分盘装车装置、全线自动传送、自动晾药、自动真空烘箱、自动晾药、自动倒盘过筛装盒、自动装箱的连续化、自动化、全线完全人机隔离、全程自动控制的起爆药生产技术。适用于叠氮化铅、GTX、NHN、DDNP 等主流品种起爆药规模化制造。

（2）起爆药新生产技术

针对起爆药间歇化生产相对落后的现状，我国以引进技术为牵引，消化吸收了原型机工作原理，改进和研究了其他品种起爆药的连续化生产新工艺和批量放大技术，对起爆药后处理系统进行了自动化改造，并建立了结晶叠氮化铅、糊精叠氮化铅、碱式斯蒂芬酸铅等起爆药连续自动化安全生产方法和工艺规程。在玻璃化合沉淀柱径向放大工程设计、合成和后处埋软件逻辑控制方法、气动式多级机械手等关键技术方面取得了较大的突破。

（3）起爆药绿色生产技术

起爆药的绿色生产一般从降低废水产量和优化废水处理工艺着手考虑。

采用硫化钠直接还原苦味酸，代替传统的碳酸钠中和、硫化钠还原苦味酸制取钠盐，采用自主研制的 F–I 晶形控制剂代替传统的连苯三酚，以及盐酸单一加料，制得了均匀圆滑的球形 DDNP，该工艺废水量较传统工艺减少了 2/3，并采用超临界水氧化法对 DDNP 废水进行了处理。另外，部分民爆企业用废烟气蒸发浓缩 DDNP 废水，残渣与原煤混合用于锅炉燃烧，废水作环保处理，实现废水零排放。

采用生物强化为核心的化学沉淀—曝气生物滤池—缺氧/好氧膜生物反应器工艺流程，实现了K·D起爆药生产废水的经济、高效、无害化治理；采用充气膜技术对含叠氮化物的废水进行了处理和回收。采用螯合型离子交换树脂对起爆药生产废水中的重金属离子进行了动态吸附，取得了良好效果。

（4）微纳米火工药剂制备新技术

近年来，我国在进行新药剂开发研究的同时，为适应微小型火工器件的设计结构，在气相沉积、原位制造、纳米自组装等技术上做了大量研究，取得了含能薄膜、内嵌复合物、多孔含能基材等反应性药剂组分，性能上显现出不同于常规药剂的优势特征。

1）气相沉积技术。

该技术在高真空条件下，对基片和靶材通以循环水冷却，使制备的复合薄膜始终保持在室温，获得较理想的Al膜和金属氧化物膜接触面。在既定溅射功率的条件下，程序控制旋转基片台可以高效地制备多层复合薄膜材料。由此已形成三种类型非线性电爆换能元：①含能复合薄膜与SCB（半导体桥）集成的换能元；②含能复合薄膜与爆炸箔集成的换能元；③基于含能复合薄膜的介电式换能元。目前，已研发的以铝基含能纳米复合薄膜材料为基础的非线性电爆换能元具有低功耗、高安全性、高可靠性、微型化和集成化等特点，具有广泛的应用前景。

2）原位火工药剂制备技术。

该技术包括多孔硅内嵌技术、多孔铜原位制备装药技术、碳纳米管内嵌技术和多孔镍原位制备装药技术。

其中多孔硅内嵌技术是利用光助电化学刻蚀制备具有三维有序结构的多孔硅微通道，随后采用无电沉积的方法在孔道壁上均匀沉积一层金属镍，最后向孔道里面引入苦味酸，使得苦味酸与金属镍反应，生成苦味酸镍的含能薄膜。该含能薄膜具有较低的点火温度，较一致的结构。采用电化学双槽腐蚀法在P型单晶硅片表面生长多孔硅膜，可以制备厚度达90 ~ 100μm的不龟裂多孔硅厚膜。利用超声强化原位装药技术，在多孔硅膜中填充高氯酸铵或高氯酸钠制备多孔硅含能芯片。

多孔铜原位制备装药技术是通过溶剂挥发法将高氯酸铵（AP）等氧化剂填入到多孔铜中制备了具有微纳结构的多孔铜含能复合薄膜材料。

碳纳米管内嵌技术是基于碳纳米管的毛细管作用填充原理，内嵌制备硝酸钾的碳纳米管复合含能材料，该类材料既具有燃烧和爆炸性能，同时又具有优良的导电、导热和机械性能，因此能够成为一类新型的含能桥膜材料和MEMS集成含能材料。

多孔镍原位制备装药技术是利用液–固相反应，遵循生成所需含能产物和气态产物的动力学平衡原理，在微米级多孔镍基材骨架上生成配合物起爆药，目前我国已获得专利的原位药剂有硝酸肼镍、叠氮肼镍和高氯酸碳酰肼镍。

（5）亚稳态火工药剂制备工艺技术

该工艺技术主要涉及氧化铜/铝和氧化铁/铝两种亚稳态火工药剂。

亚稳态氧化铜 / 铝药剂采用模板法以氯化铜、氢氧化钠及 PEG-400 为原料，经研磨、超声、离心、煅烧工序得到氧化铜纳米球或纳米花；再以 P4VP 为界面修饰剂将纳米氧化铜与纳米铝粉链接形成自组装复合物。这种组装的复合方式相对于粉末混合，增加了异相材料之间的有效接触，使得反应更加快速、彻底，放热量大幅度增加。若采用超声共混法和溶胶 – 凝胶法，可制备核壳结构的 Al/CuO 团聚球纳米铝热剂。

亚稳态氧化铁 / 铝药剂是以 $FeCl_3 \cdot 6H_2O$、NaH_2PO_4 和 Na_2SO_4 为原料，利用水热法在 195℃下合成得到形貌均匀的氧化铁纳米环。纳米环氧化铁与纳米铝粉自组装形成的铝热剂点火药，可使铝粉颗粒嵌入环内部，形成亚稳态结构。该亚稳态氧化铁 / 铝药剂具有放热量高、燃速快、火焰长度大的特点，明显优于同尺寸原料的混合组分。最近试验了微胶球模板法制备三维有序多孔 Fe_2O_3，然后通过磁控溅射在多孔 Fe_2O_3 骨架上沉积 Al，这样可制得多孔 Fe_2O_3/Al 复合材料。因该法制备的 Fe_2O_3/Al 复合材料杂质含量极少，且制得的多孔氧化物骨架能与铝膜在纳米级别紧密结合，空间一致性好。鉴于 Fe_2O_3/Al 复合薄膜具有高的能量输出、优良的发火性能及与 MEMS 兼容的制备工艺，预计其可作为一种理想的点火材料应用于微点火起爆等方面。

3. 火工烟火药剂性能测试与评估

（1）起爆药感度的理论预估

近年来我国开展了基于量子化学、分子模拟等理论方法，开展了单质起爆药的性能预测研究，以此建立测试性能与分子性质之间的关联。主要进展有：

1）通过单质火工药剂的量子化学参量、预测其性质 / 性能的神经网络法和非线性模拟法，对 5s 爆发点、撞击感度和摩擦感度的预测误差在 10%以内。

2）单质火工药剂爆速的理论预估。采用带外界阴离子氧化基团的叠加法，对单质火工药剂爆速进行理论预估，其中计算得到的高氯酸氨络钴类物质的爆速，平均计算误差 ± 140m/s。

3）火工药剂贮存寿命的理论预估。以火工药剂热安定性（5s 爆发点、DSC、DVST）和加速老化试验等性能参数试验以及组分间关系的分析为基础，建立了火工药剂的仿真设计计算软件，该软件可准确预估热安定性和贮存寿命。

（2）火工药剂性能测试

随着新型换能元的诞生以及火工品使用环境的日趋恶劣，须对火工品中装填的药剂性能进行严格考核。近年来我国有针对性地开展了相关考核方法的研究，初步形成规范统一的可执行方法与规程。

完善了高压电阻率测试方法、± 50kV 静电火花感度测试方法、静电积累 3 参量连续自动测试方法，实现了药剂质量变化、静电电压和静电荷积累量 3 参量曲线的同时连续测量；完善了火工药剂等含能材料动态真空安定性（DVST）测试方法，实现了真空条件下药剂分解产气量、温度变化值和外加环境气氛的连续测量。

建立了火工药剂激光感度测试技术。该技术测定火工药剂在激光刺激下引燃引爆的难易程度和响应时间。测试技术具有以下特点：可选择激光的波长与功率；半导体激光束直接作用于发火元件；激光聚焦系统使光斑可调；有两类专用发火元件；可检测激光、发火元件的作用过程曲线。

建立了火工药剂等离子体感度测试技术。该技术针对半导体桥换能元的电容放电（CDU）点火特性，按标准试验程序（如 D– 最优法或升 – 降法），即可获得 50% 发火能量 *E50*。

（六）含能材料学科基础建设

1. 研究机构与研究平台建设

我国开展含能材料研究的主要单位包括北京理工大学、南京理工大学、中北大学等高校和西安近代化学研究所、中国工程物理研究院化工材料研究所、陕西应用物理化学研究所等专业研究所。依托这些单位，我国设立了爆炸科学与技术国家重点实验室、国家特种超细粉体工程技术研究中心、火炸药燃烧国防科技重点实验室、火工品安全性可靠性技术国防科技重点实验室等具有鲜明特色的重点实验室和研究中心。

此外，我国国防科技大学、航天科技和科工集团公司等有关科研院所，也在含能材料的相关领域进行了富有特色的研究。

近五年来，这些研究机构得到了国家有关部门的科研项目、条件保障、学科发展基金等各类经费支持，含能材料教学和科研的软、硬件条件得到了明显改善。

2. 学科建设与人才培养

北京理工大学、南京理工大学、中北大学等高校设立了与含能材料相关的本科专业，培养从事含能材料设计、制造和应用研究、工艺技术开发和企业生产与经营管理的高素质工程技术专门人才。

上述高校和有关研究所均有培养与含能材料有关的硕士、博士研究生的学科点，建立了博士后流动站。近年来，部分含能材料生产企业与高校联合，在企业也设立了博士后工作站。依托这些学科点，我国能够持续培养具有坚实基础理论和系统的含能材料知识，可独立从事含能材料研究和技术开发的高级专门人才。

三、国内外含能材料研究进展比较

（一）发射药

1. 新型高能发射药设计

随着新型高能化合物技术的发展和武器装备对发射药性能要求的提高，国外不少国家使用新型含能黏合剂、含能增塑剂和高能氧化剂用于新一代高能发射药的设计。新型高能发射药的能量目标：火药力≥1300kJ/kg，火焰温度≤3500K。国外的研究进展主要体现在以下几个方面：

采用新型含能黏合剂的高能发射药技术。采用AMMO–BAMO、BAMO–THF、GAP–THF（THF为四氢呋喃）等新型含能黏合剂取代传统的NC，研究发展了新一代含能热塑性弹性体（ETPE）高能发射药。在提高发射药能量的同时降低敏感性，并大幅度减少了发射药生产过程中的能耗和环境污染，火药力普遍达到1200kJ/kg以上。如美国研究的AMMO–BAMO/RDX系列配方、AMMO–BAMO/TNAZ和/或CL–20系列配方，火药力分别达到了1307kJ/kg和1348kJ/kg，并将两者组合制备成内外燃速差2倍的ETPE层状发射药，具有能量高、能量释放优化、对环境友好等特点。

采用新型含能增塑剂的高能发射药技术。采用丁基硝氧基乙基硝胺（Bu–NENA）、1,5–二叠氮基–3–硝基氮杂戊烷（DANPE）等新型含能增塑剂部分取代传统的NG，在提高发射药能量的同时降低爆温和烧蚀性。如德国ICT研究院采用2,4–二硝基–2,4–二氮杂戊烷（DNDA–5）、2,4–二硝基–2,4–二氮杂己烷（DNDA–6）和3,5–二硝基–3,5–二氮杂庚烷（DNDA–7）的混合含能增塑剂研制出了A、B、C三类高能低温感发射药，其中B型和C型的火药力分别达到1180kJ/kg和1300kJ/kg，爆温分别为2910K和3390K，其燃速几乎与温度无关，并且具有低烧蚀特点。

采用新型高能量密度材料的高能发射药技术。采用CL–20、TNAZ、ADN、FOX–7、FOX–12等新型高能量密度化合物作为氧化剂是各国开发新一代高能发射药的主要技术途径，美国、德国、瑞典等国采用上述新型高能氧化剂成功研制出多种新型高能发射药，火药力达到1300kJ/kg左右，如美国陆军发明的一种含CL–20、TNAZ的坦克炮用高能发射药，含能增塑剂为TMETN（三羟甲基乙烷三硝酸酯）、TEGN、BDNPA/F（双（2,2–二硝基丙基）缩乙醛/双（2,2–二硝基丙基）缩甲醛）、EtNENA（乙基硝氧基乙基硝胺）等，火药力达到1350kJ/kg以上，可满足未来高性能坦克炮对高炮口动能的应用要求。

在高能发射药的设计研究方面，我国近年来在跟踪国外先进技术发展的同时，逐步加大了自主创新的力度，高能低易损（LOVA）发射药、ETPE高能发射药、高能量密度发射药等新型高能发射药的研究都取得了较好的进展，在发射药能量方面与国外先进水平差距不大，研究方向主要侧重于配方和工艺，在基础研究方面虽然比过去有所加强，但与其他先进国家相比仍然要薄弱一些，主要体现在基础研究的系统性和专业性不足。我国新型高能发射药在装备应用方面的进展相对缓慢一些。总体上我国发射药品种相对较少，新材料应用缓慢，虽然也研制了一些高能发射药，但由于基础工作相对薄弱，导致发射药综合性能较国外仍有一定的差距；国外低易损性（LOVA）发射药已进入应用阶段，而我国还处于基础研究阶段。

2. 发射药生产工艺技术

近年来，国外在发射药制备工艺技术改进与创新研究方面推出的一些新工艺和新设备，发射药制备工艺水平、生产连续化和自动化水平、生产本质安全性等都得到了显著的提高。主要体现在以下几个方面：

双螺杆挤出工艺技术、基于计算机 PCL 自动控制技术和在线检测技术的发展和应用，使发射药生产由间断工艺为主向柔性化、连续化、自动化和遥控化方向推进。美国、英国、德国、法国、以色列、荷兰等已经建立了多条双螺杆挤出工艺生产线，并开始投入生产。

为减少挥发性排放物和节能降耗，国外开发了各种节能环保的绿色制造工艺技术。如，美国推出的“减少挥发性排放物的闭路含能材料制造技术”工艺，生产高能 LOVA 发射药过程中挥发性有机物的排放量比传统工艺减少了 35% 以上，通过 EX99 发射药的实际验证，采用该工艺挥发性有机物的排放量减少了 47% 左右，危险固体废料减少了 50% 左右，生产成本降低了 42%。

在层状发射药成型技术方面，荷兰研究发展的同步挤出工艺已经成功用于 7 孔层状发射药的生产，其中 45mm 同向旋转双螺杆挤出机的产能达到了 15kg/h。与薄片型层状发射药相比，圆柱形多孔层状发射药的同步挤出工艺简单、装药内弹道效果更加显著。

泡沫发射药可通过改变组分和大范围内调节多孔结构来调节其燃烧性能，优化发射药装药在火炮膛内的能量释放规律，提高内弹道效率，并可以适应不同装药设计的要求。有关这类发射药的制备工艺技术，国外进行了专门研究。如，德国设计并建立了泡沫发射药的半连续化远程控制中试生产线，并结合产品试制情况进行了改进，目前改进的中试生产线也已投入试制生产。

与技术先进国家相比，我国发射药生产工艺在连续化、自动化等先进制造工艺上存在很大的差距，主要体现在现有工艺装备相对落后，连续化、自动化程度低、适应性差，一条生产线往往只适用于一个或少数几个品种的生产；其次我国的先进新工艺研究滞后，应用研究进展缓慢，如 20 世纪 90 年代研究建立的双螺杆挤出工艺线至今仍未获得很好的推广应用；再者，生产设备及配套设备创新少，除了剪切压延机外其他核心设备主要依靠国外进口。这种状态起因于工艺基础技术储备不足、装备制造业水平不高，也有安全考量的原因。

3. 发射药装药技术

控制发射药能量释放规律的装药技术一直是国外重点研究发展的方向，经过长期的基础研究积累，目前国外的技术进展主要体现在以下几个方面：

模块发射药装药技术。从近年来模块装药的装备应用和发展动向看，全等式模块装药技术和双模块装药技术是当前的研究重点，其中以双模块装药的研究最多，并开始注重不敏感性能的提升。美国、德国、南非、瑞典等国家对双模块装药技术的研究较为成熟，并实现了装备应用，为提高综合性能、降低成本，各国对模块装药系统进行了多次改进。全等式模块装药在实现武器系统机械化、自动化、提高射速等方面具有更大的优势，一直是世界各国装药研究者致力研究的方向。南非和以色列在全等式模块装药的研究方面进展最快，以色列开发的 CL3317 全等式模块装药是国外全等式模块装药技术水平的典型代表，但和双模块装药相比，牺牲了部分射程覆盖量。

低温感（LTC）发射药装药技术。德国 ICT 研究院与迪尔公司（DIEHL）联合研制出一种低温度系数的高能发射药，并将“低温感发射药装药技术”作为 21 世纪的发展重点之一，现已推出多个研究成果。如航弹用新型 LTC 发射药装药，已经完成了综合性能的评价，德国硝基化学公司采用包覆剂和低黏度液态材料对双基或多基粒状药进行表面包覆，研制出一种低温感发射药装药。

高能量密度发射药装药技术。近年来美国通用动力武器与战术系统公司（GD-OTS）研制了表面包覆的 7 孔粒状药，采用振动装填法将其与小粒径、表面包覆的球形药混合，制备出一种高密度装药，装填密度增加 17% 以上，在 30mm GAU-8/A 航炮上弹丸初速提高 8% 以上，发展目标是弹丸炮口动能提高 25% 以上；大力开展利用杆状药提高发射装药能量密度的研究，横向切口杆状发射药技术在 155mm 榴弹炮上获得应用，并正在研究向其他大口径武器推广。

高渐增性燃烧层状发射药装药技术。层状发射药装药是按线性燃速渐增原理设计的一种先进发射药装药，能量利用率较高，装填密度很大（通常可达到 1.3g/cm^3 以上）。美国、法国、荷兰等国在层状发射药装药的配方设计和制造工艺技术方面取得了较大进展。美国采用含能热塑性弹性体（ETPE）和纳米含能材料等高能组分制备出了 ABA 型高性能低敏感层状发射药，其快燃层的火药力达到 1314kJ/kg、爆温为 3432K；慢燃层的火药力达到 1254kJ/kg、爆温为 3224K；装药整体（快燃层与慢燃层的质量比为 4 : 1）的火药力为 1299kJ/kg、爆温为 3380K；快慢层燃速差 3 ~ 4 倍。层状发射药装药的制备工艺由挤压叠合工艺向同步共挤出工艺方向发展，荷兰国家应用科学研究院建立了同步共挤出工艺实验室，经过计算机模拟和流变性等基础研究，目前已经成功制备出了 7 孔层状发射药装药。

我国在发射药装药的研究方面也有较大进展，其中低温感装药技术已经在几个工厂建立生产线，并在不同武器上装备应用，大幅度提高了武器装备的性能水平。低膛压、低温感全等式单元块装药技术也取得了突破性进展，正在结合相关武器进行应用研究。上述发射装药成果，在技术原理、技术方法和实施效果等方面，其技术状态处于国际领先。

国内变燃速发射药装药技术已经获得装备应用，并实现了工程化连续试制，建立了相关的内弹道理论模型，提高了装药应用设计水平。但由于我国发射药的燃速可调范围窄，一方面内外层的燃速差有限，影响装药应用效果，另一方面只能通过在外层添加低燃速的惰性组分或低能量组分来实现内外层的燃速差，影响装药的能量水平。与国外的热塑性弹性体高能变燃速发射药相比，在发射药能量和快慢层燃速差方面仍有一定差距。

我国在层状发射药装药、高增面发射药装药、表面处理发射药装药技术等方面开展了大量的预先研究和验证试验研究，突破了多项关键技术，密闭爆发器燃烧试验和初步的装药验证试验表现出了良好的性能水平。但基础研究还不够深入，一些装药新技术应用受到限制，工艺稳定性和可控性也还存在一定的问题。

4. 发射药及装药设计模拟仿真技术

计算机模拟仿真为解决发射药及其装药设计过程中的技术问题提供了新的手段。国外在 20 世纪 80 年代就开始了发射药及装药设计的模拟仿真研究，提出并不断完善了相关的模拟仿真理论模型，通过大量的基础研究建立了丰富的基础材料和发射药数据库。目前，国外先进国家在发射药配方设计方面已经达到了数字化仿真设计与试验并重的程度；美国开发了预测发射药制造工艺的分析模型——Extend™ 软件，可预测热塑性弹性体发射药的制造工艺成本及制造工艺变化对生产成本的影响，发射药装药设计的模拟仿真技术难度相对较大，但仍然可以通过模拟仿真获得相关的基本规律和初步的设计方案，装药设计研究对实验经验的依赖程度有了大幅度降低。通过对发射药及其装药的数字化仿真设计，提高了发射药及其装药设计的水平。

目前我国发射药及装药的设计研究主要还是依靠实验，模拟仿真技术应用较少，造成研制周期长、效率低、费用高，特别是在发射药工艺和装药设计模拟仿真技术上，与国外先进水平仍存在较大的差距。近期在有关专项的支持下，初步开发了发射药及其装药设计的部分数字化与仿真设计软件，主要包括配方设计与优化、装药设计与优化、支撑数据库等一系列软件，为发射药及其装药技术发展奠定了一定的基础。

（二）固体推进剂

1. 固体推进剂设计

高能、钝感、低特征信号和绿色环保型推进剂是固体推进剂发展的重点，在提高能量水平的研究中主要依靠生成焓高、密度大的高能量密度化合物（HEDC）和含能黏合剂的应用。国外积极探索新型 HEDC 技术，继 CL-20 之后合成了一系列张力环、笼形含能化合物，探索了它们与含能黏合剂结合制备理论比冲大于 2744N · s/kg 的高能推进剂。此外，国外十分重视发展以 CL-20、ADN 和相稳定硝酸铵（PSAN）为氧化剂的新型低特征信号推进剂。美国研制成功的 CL-20 低特征信号推进剂的燃气中无铅、无酸和无 Al_2O_3，危险等级为 1.3 级，兼具低特征信号和绿色环保特点。作为长期发展计划，美国将 ADN 推进剂列入下一代高能低特征信号推进剂，并逐步实现 ADN 在推进剂中取代 AP。法、德等国也研制成功比冲为 2538N · s/kg、燃速及压力指数基本满足使用要求、危险等级为 1.3 级、排气信号为 AA 级的低特征信号推进剂，虽然其力学性能仍有待改善，但预计其应用前景良好。此外，排气羽烟特性达到 AA 级、危险等级达 1.3 级的 AN / 含能黏合剂推进剂的研发也很活跃，在解决了 AN 的相转变温度之后，已制成密度大于 1.60g/cm^3、7MPa 比冲高于 2356N · s/kg（240.48s）的推进剂。

与国外先进水平相比，我国将 HEDC 应用于高能推进剂的研究存在差距，主要表现是所研制的推进剂的综合性能尚未完全满足使用要求；在新型低特征信号推进剂研究中，虽然尝试使用 ADN 和 AN 氧化剂，但开发的推进剂，其力学性能和内弹道性能尚需深入探索。

2. 固体推进剂工艺技术

在推进剂的制造工艺技术方面，连续化、自动化、工艺安全技术、绿色环保技术为重点发展方向。国外已开发了一种基于双螺杆挤压工艺的闭路绿色制造技术，将剪切压延机与双螺杆挤压机结合，并通过遥控技术显著提高了安全性。我国近年成功开发了螺压推进剂连续试制工艺技术，初步实现了连续、安全、闭路的螺压推进剂绿色制造。

在复合药制造工艺方面，我国在固体、液体物料的自动加料、真空加压、插管浇注和挤注技术方面已取得明显进展。但总体上，我国的复合推进剂制造工艺技术在提高连续性和安全生产方面仍有待在进一步提高和改善的基础上加快推广应用。

在推进剂的原材料微纳米化制造技术方面，俄、美将强氧化剂高氯酸铵、硝酸钾等超细化至 1 ~ 3μm 左右，并用于了高燃速高能推进剂配方中。据悉，国外大多采用在惰性气体保护下的低温超细化技术，生产成本高，挥发排出的惰性气体大多为氟利昂类气体，对环境会造成污染。我国开发了具有自主知识产权的多级流能超细化技术，采用普通压缩空气在常温条件下对强氧化剂进行超细化，其产品平均粒径在 1 ~ 3μm 范围，与国外技术水平相当，但生产成本较国外惰性气体保护下的低温超细化技术大幅度降低，排放的空气对环境无污染。在微米、亚微米及纳米 RDX、HMX 的制造方面，我国成功开发了具有自主知识产权的、能远距离计算机控制的安全、连续、自动化制备技术及其装备，目前已开始了工程化试验。

（三）单质炸药

因高能量密度化合物对火炸药的未来发展能起关键作用，世界军事强国高度重视新型 HEDC 的研制和应用。我国曾一度处于 HEDC 合成研究的世界前沿，797（TEX）、7201 等化合物的合成均早于国外 10 多年，后来因投入不足，开展的研究减少，逐渐扩大了与发达国家之间的差距，近 30 年我国基本没有合成出具有自主知识产权的新型高能量密度化合物。进入新世纪以后，我国的 HEDC 合成研究重新受到重视，尤其进入“十一五”后，投入增加，至今取得了长足发展，但与国际先进水平相比尚有明显差距。

1. 高能量密度化合物设计与合成

近 5 年，美国 Los Alamos 国家实验室的 Hiskey、南加州大学的 Christe、爱达荷州立大学的 Shreeve、德国慕尼黑大学的 Klapotke、俄罗斯科学院泽林斯基有机化学研究所的 Tartakovski 等团队，致力于新型 HEDC 的研究，很多新体系和概念在这阶段被提出和发展，如含能离子液体（盐）。在新型富氮化合物合成、全氮化合物合成、富氮离子液体合成等方面取得了显著成果，大量的新型 HEDC 被成功合成，部分已经进入应用研究阶段。

在设计上国外持续开发含能化合物性能计算方法与软件，Cheetah 等计算含能化合物性能的专用软件日趋完善并普遍应用（但相关软件目前禁止对华出口），含能化合物性能参数的计算精度大为提高，如密度计算误差在 0.04g/cm^3 以内，生成焓误差在 40kJ/mol 以内。借助标准摩尔生成焓、爆轰性能（如爆速和爆压）等理论计算，开展含能化合物的分子设计和筛选。在研究方法上更加注重理论设计和实验相结合，并成为新含能化合物合成研究的新特点。

与国外相比，我国近 5 年合成报道的高能量密度化合物较多，总数也已超过 30 个，但大多为跟踪或改进国外合成方法得到产物。在跟踪仿制基础上，我国研究者也开始自主设计和合成新型高能量密度化合物，如国内首次设计合成了 N，N′－偶氮杂环类、噁二唑（异呋咱）类等新型 HEDC，自行设计得到了一系列新型呋咱类高能化合物，并开展了制备规模放大和应用基础研究。在含能化合物的设计与理论计算方面，我国也陆续开展了一些工作，但目前还没有通用的、得到国际认可的计算方法体系。

2. 高能低感炸药的工程化放大

4- 氨基 -3, 5- 二硝基吡唑（LLM-116）作为一种高能低感化合物（能量为 HMX 的 90%，H_{50} 为 167.5cm，分解温度 178℃）。自 1993 年该化合物被 Vinogradov 等成功合成后，国际上一直持续深入地对它进行研究。2011 年，瑞典国防研究所（FOI）在 200g/ 批规模合成基础上，采用以 4- 氯代吡唑为原料，经过硝化和胺化进行 LLM-116 的小批量生产。

2012 年，美国 ATK 公司在对 TEX 作为钝感炸药成分进行全方位评估后，用 4L 无盖的夹套反应釜进行 TEX 的小规模合成放大，并认为 TEX 适合将它作为下一代钝感弹药的炸药组分。同年，伊朗报道了用杂多酸为多相催化剂和硝化剂的新型环保工艺来制备 TEX。

二硝基甘脲是一种成本介于 RDX 与 HMX 之间的低感高能炸药，20 世纪二硝基甘脲在我国进行过详细研究。近年美国 BAE 重新评价了二硝基甘脲，开发了新型制备方法并进行了放大，得到了粒径在 200 ~ 300μm 的二硝基甘脲晶态，希望用它替代 PBXN-7 和 PBXW-14 中的 TATB 以及 IMX-101 和 IMX-104 中的 NTO。

LLM-105 的能量比 TATB 高 20%，是 HMX 的 81%，并且有着良好的热安定性，是一种相当钝感的含能材料。LLM-105 的合成前体是 2, 6- 二氨基 -3, 5- 二硝基吡嗪（ANPZ），早期国内外均以 2, 6- 二氯吡嗪为原材料，通过单甲氧基化、硝化和胺化反应获得。

FOX-12 是一种钝感含能材料，可广泛用于弹药和推进剂的装药，法国 EURENCO Bofors 从 2000 年就开始了它的工业化生产。

由上可知，发达国家在主要高能低感炸药上，大都已完成工程化研究，部分已达到批量生产能力。而我国在高能低感化合物的工程化方面，完成工程化研究的品种较少，大多准备或刚刚开始工程化研究，制约了我国高能低感发射药、推进剂和炸药的开发。

3. 普通单质炸药制造工艺改进

二硝基苯甲醚（DNAN）现已取代 TNT，是美国熔铸炸药的主要熔融相。美国过去 DNAN 主要来自我国的民营企业，但是存在纯度有问题。因此美国研究了一个大型 DNAN

合成工艺，现在由 Holston 陆军弹药厂生产 DNAN，生产能力超过了 100t/ 天，约 1500kg/ 批。美国 Holston 陆军弹药厂以现有低密度硝基胍（NGu）生产为基础，生产高堆积密度 NGu（HBD-NGu），产量超过 2.5×10^4 万千克 / 天（1500kg/ 批）。HBD-NGu 能量虽低于 RDX 和 NTO，但是对降低 IMX-101 配方感度具有重要作用。

NTO 现是国外熔铸炸药和浇注固化炸药最为常用的炸药之一。在美国 Holston 陆军弹药厂，NTO 生成能力超过了 5.0 × 105kg/ 天（1700kg/ 批），每年光是 IMX 配方就需要 1000t 的 NTO，现在的造价是 $32/kg。为了降低 NTO 的成本，美国 Army 工业研究发展所对 NTO 的制备（包括重结晶）进行了优化。他们发现，把重结晶的温度降到 50℃，收率提高了 10%，并不会影响 NTO 总的质量问题。在 2012 财政年不仅证明工艺改进的良好结果，验证了项目的度量体系，还完成了项目的采办、安装和冷却系统。在熔铸炸药加工时，当普通标准的 NTO 含量超过 60% 时，熔融相的黏度很高，不利于加工。为此，法国 SNPE 的附属单位 EURENCO 研制出一种高品质 NTO（他们命名为 NTO CF），当它用于熔铸炸药装药时能明显降低加工时的黏度，这种高品质的熔铸炸药也适用于 TNT 为基的熔铸炸药。

TATB 是一种重要的钝感炸药，美国 ATK 公司改进了 TATB 的新工艺，采用间苯三酚为原料生成无氯 TATB，已经达到 25kg/ 批，目前正在试验 100kg/ 批的规模。与此同时，英国的 BAE 系统公司和法国 CEA-Le Ripault 都在研究试验低成本制备 TATB 的方法，如法国采用三氯苯（TCB）为原料，在 DMSO 中，与 MeONa 62℃反应 3h 制得二氯苯甲醚（DCA），后经硝化再胺化制备 TATB，制备成本节约 30%。英国则采用二氯苯丙醚为原料。这两种工艺降低了初始投资，使硝化更为容易，缩短了批量生成的时间。

ADN 无毒、对人和环境几乎无危害性，是一种绿色的氧化剂和炸药。EURENCO 从 2006 年开始研究高纯度 ADN 的制备，从实验室规模开始，经历小批量制备，到 2011 年已经达到了 10kg/ 天的小规模化生产。他们所制得的高纯度 ADN 已成功用于液体单基推进剂 LMP-1035。

与发达国家相比，我国在单质炸药制造工艺技术改造方面开展的工作较少，主要差距在于产能不足，部分产品质量不高。

4. 高品质炸药制备技术

从国外对 RDX 和 HMX 的结晶研究发现，对 RDX 和 HMX 晶体品质改进可获得钝感效果。众多的 RS-RDX 和 RS-HMX 生产公司也都确认产生钝感 RDX 和 HMX 的技术就是一个重结晶技术，尽管尚未解析 RS-RDX 和 RS-HMX 钝感的原因，但引起了广泛的关注和重视。由于具有较大军事应用前景，各国对 RS-RDX 和 RS-HMX 的制备技术严格保密，甚至连标准化方面的资料也受控发布，因此对国外采取的结晶技术（溶剂蒸发法、溶析法和冷却降温法）与起晶技术（自然起晶、超声波刺激起晶和晶种起晶）不得而知。除了高品质 RDX 和 HMX 外，国外也在对其他炸药进行结晶处理，制备高品质炸药晶体，如美国放大制备的高品质二硝基甘脲和 NTO 以及高堆积密度二硝基甘脲等，还有法国也在开发高品质 NTO（他们命名为 NTO CF）等。美国借鉴医药等领域的经验，提出了含能共晶的概念并取得了初步成果。

国外高品质炸药研究的品种较多，而且他们制备得到的高品质 D-RDX、D-HMX、NGu、NTO 炸药晶体已经开始应用。与国外相比，我国也开展了相关技术研究，并在关键技术上已经获得了突破，制得的 D-RDX 和 D-HMX 在性能上与国外相应产品相当，但研究的品种较少，尚未应用案例。

（四）混合炸药

1. 混合炸药设计

（1）基础数据库开发

美国等西方发达国家在含能材料性能数据库建设方面起步较早，建成的数据库能够支撑混合炸药的理论设计，大大提高了混合炸药的设计效率。

我国至今尚未建成完备的含能材料性能数据库，一定程度上制约了我国混合炸药设计的顺利开展。

（2）混合炸药配方

在高能固相填充炸药研究方面，美国已经形成了多种 CL-20 基可实用化的炸药配方，而从我国公开报道的文献可知，CL-20 基配方研究方面还处于基础研究及初步配方设计阶段；由于 ADN 吸湿性难以克服，因此国内外关于 ADN 基炸药的研究工作尚无突破性的进展。

在载体炸药及联结剂方面，俄罗斯已将 DNTF 应用于武器型号，美国的研究人员认为 DNTF 感度较高而未开展应用性研究。我国已经开展了一系列的 DNTF 降感技术研究，并取得了一定的进展，正逐步开展 DNTF 基炸药设计及应用性研究；在 TNAZ、含能增塑剂 / 黏结剂、含能离子液体等材料的应用研究方面，国内外均无突破性的进展。

国外已系统开展了不敏感炸药技术的研究与应用，多个品种的不敏感炸药已结合弹药完成了易损性测试，目前获得成功应用的产品包括：①基于 DNAN 的 PAX 系列炸药、IMX 系列炸药、以蜡为添加剂的 MNX-194 等熔铸炸药；② AFX-757、PBXIH-135、PBXIH-18、PAX-2A、PAX-3 以及 TATB 基等高聚物黏结炸药。国内不敏感炸药技术的发展仍局限在机理研究、组分研究等基础上，只有少量品种结合弹药进行了应用研究。

在温压炸药方面，国外既重视应用研究，也重视基础研究。比如美国在形成温压弹药系列产品前，已对温压炸药爆炸反应规律、能量释放规律、毁伤效应等进行了长期研究。国内温压炸药的基础研究还很薄弱，已开展的研究缺乏系统性和不够深入，这些都直接影响到温压炸药后燃反应中对外界环境中氧气的利用以及温压效应的发挥。另外，国内研制的温压炸药，产品单一，能量较低。

在燃料空气炸药方面，总体上与国外相比，我国对爆轰反应机制及作用机理认识不深，配方设计水平较低，性能表征技术不够完整，制备工艺技术落后，所有这些制约了我国燃料空气炸药技术的进一步发展。

2. 混合炸药的制造与装药工艺技术

在混合炸药装药制造与装药技术方面，国外发展迅速，如美国、德国等国家发展了以双螺杆挤压技术为核心的混合炸药柔性制造技术，法国、英国等已建立了 PBX 炸药自动化、连续化装填大口径炮弹的生产线，大大提高了生产的本质安全性和生产效率，降低了工艺成本。我国的混合炸药制备及装药生产过程，仍然需要较多的人工干预，自动化、连续化水平较低。

3. 混合炸药测试与性能评估

国外对炸药性能的评估涉及炸药材料的物理性能、化学性能、热性能、力学性能、爆轰性能、感度性能、电学性能、毒性等 8 个方面，发达国家已建立了相应的测试和评价方法。国内炸药性能表征技术侧重宏观性能的表征，微观结构与炸药材料静态、动态性能之间的关联考虑较少。性能表征方法不够全面，对基础参数的评价方法与模型及虚拟评估技术脱节，尚不能够实现相互支持。

国外炸药性能综合评估模型是建立在物理、化学、力学的学科研究基础上，广泛采用相关学科领域的先进技术，模型的准确性较高，能够实现新材料的性能预估。国内在炸药性能评估时，参考采用了国外的计算模型，在计算时由于缺乏基础参数，只能通过调整模型中的基础参数值进行运算，因此得到的结果难以可靠反映我国炸药的性能。

（五）火工烟火药剂

1. 新型火工药剂设计

在新型单质起爆药品种方面，美国从 21 世纪初就启动了取代叠氮化铅工程计划，目前还在进行这项研究。他们设计确定了 100 种以上的化合物作为候选的分子结构，最终筛选合成了 10 余种候选起爆药化合物，典型化合物有 5- 硝基四唑铜、双呋咱硝基酚钾、叠氮硝基三唑的铜配合物、双叠氮硝胺基三唑铷与铯、1, 5- 二氨基四唑铁与铜配合物等。

美国还报道了 4 种典型性能优良的配阴离子绿色起爆药，化学通式为：$(Cat)_2[MII(NT)_4(H_2O)_2]$。该类起爆药在制备、勤务处理、运输中比叠氮化铅安全，起爆性能相当于叠氮化铅，优于斯蒂芬酸铅，可以替代它们应用于雷管。俄罗斯也大量研究多氮杂环配位体的高氯酸盐系列配合物起爆药，对 20 余种新合成的化合物进行了性能研究及在安全电雷管和激光雷管的应用研究，典型的新型起爆药是氨基肼基三唑、四唑的过渡金属配合物。

国外在环保药剂的开发和应用上取得明显进展，像德国慕尼黑大学和美国劳伦斯利弗莫尔实验室研究者，已立足于环保药剂的研究，得到了无毒金属的铵盐配合物，并继续开发嗪类、三硝基三叠氮苯、四甲基硝酸酯硅烷和合金类药剂。

与国外先进技术相比，我国的火工药剂水平还存在较大的差距。总的来看，我国药剂品种较少，在设计新型火工系统时常常无药可选。

2. 新型火工药剂合成与制备技术

火工药剂受外界刺激极易引发燃烧或爆炸。近年来国外非常重视火工药剂的安全合成与生产，目前发达国家已完成起爆药的柔性自动合成，大大提高了工艺安全性。另外，出于减少设备中危险品存量以提高工艺安全性，国外开始了安全性更高的微反应器制备起爆药技术研究，目前已进入实用化水平。

我国近年来也重视火工药剂的安全技术。在火工药剂制备的关键部位已经实现了自动化控制，工艺线的自动化控制技术已处于演示验证阶段，微化学反应合成工艺还处于基础研究阶段。

3. 火工药剂在火工品中的应用技术

近年来国外开展了油墨打印、真空镀膜技术和原位装药等火工药剂装药新技术。其中基于 3D 喷墨打印技术，已实现了点火药的线形打印，也成功实现了由炸药油墨和起爆药油墨打印制造线形雷管。我国也开始研发用于喷墨打印的油墨起爆药和点火药技术，但刚刚起步。

基于薄膜沉积和原位装药技术，国外开发了 Ni-Al、Ti-Al 多层合金膜，该类合金膜具有良好的针刺感度和点火能力，应用前景乐观。我国也在积极探索 Ni-Al、B-Ti 合金化反应和 Al-CuO、Al-Mo_2O_3 化学反应的多层复合含能薄膜。另外，纳米 CuO 线和纳米 Ni 线与 Al 复合含能薄膜，多孔硅、多孔铜含能材料等新型含能薄膜材料目前在技术水平上还处于起步阶段。

4. 烟火药剂

在发烟剂方面，国外注重一种药剂的多频谱遮蔽或干扰，技术上借助于碳纤维、可膨胀石墨等功能添加剂，通过燃烧形成从可见光、红外、毫米波的多频谱遮蔽。另外，国外更加注重新概念的发烟剂开发，如辐射烟幕，是通过烟幕中的大量类似红外诱饵成分的热点实现在红外波段的热屏蔽；又如单透向烟幕，基于原 HC 型发烟剂为基础，添加功能材料，实现了在红外波段的单透向烟幕。国内除了利用富碳化合物和可膨胀石墨作为主要添加剂，通过燃烧产生具有多频谱的烟雾外，更加注重多剂组合，即可见光、红外、毫米波是分别通过三种发烟剂完成的，将每种药剂通过加工或合成，进行组合装药，实现多频谱遮蔽。缺点：一是三种材料难于在空中形成有机的融合；二是工艺复杂。与国外相比，新概念发烟剂的开发处在起步阶段。

在红外诱饵药剂方面，美国采用自燃金属粉作为红外热源的特种材料，自燃材料被喷射到空气中，与氧气接触即刻发生氧化反应，形成大面积红外云团。例如，MJU-50B 红外诱饵药剂是为运输机、战斗机和直升机应用而研制的，它采用自燃材料，在发射甚至点火前完全密封，当氧化金属薄片从圆筒中弹出后与空气接触就迅速氧化并辐射热量。新型红外 / 紫外复合诱饵药剂，国外主要采用有机可燃剂（如安息香酸）替代金属镁可燃剂，用全氟四唑替代聚四氟乙烯，从而降低了现有诱饵弹的紫外辐射。我国近 5 年来也开始进行将自燃金属作为红外诱饵的有关研究。在红外诱饵装药方面，我国除采用漂浮性能较好的面源诱饵外，也采用了子母式装药和扩张源诱饵技术，干扰性能与国外技术相当，但是环保性能还存在差距。有关红外 / 紫外复合诱饵装药研究，我国采用了低温面源诱饵技术，或者在镁 / 聚四氟乙烯中加入相当含量的环氧树脂等材料，依靠形成的大量炭烟吸收紫外辐射，提高红外辐射性能。

在红外照明剂方面，国外已有多种口径红外照明弹药，除红外辐射强度、隐身比大之外，有些产品具有燃烧时间长的特点，例如用于战斗机的 LUU-19 航空红外照明弹的燃烧时间可长达 7min，用于 Hydra-70 航空火箭发射的 M728 弹药的照明炬燃烧持续 3min，用于 81mm 和 120mm 迫击炮的 M816 和 XM983 红外照明弹，燃烧时间为 50 ~ 60s。我国红外照明剂的发展紧跟国外产品步伐，也有产品已经得到应用。

四、含能材料发展趋势及展望

（一）含能材料战略发展趋势

作为武器系统的起始发射和终点毁伤能源，含能材料是提高武器系统高效毁伤、远程压制及战场生存能力的核心和关键，含能材料技术的发展对提高武器火力系统作战能力具有直接和有效的推动作用。由此决定了含能材料技术未来应围绕武器系统高效发射、推进、毁伤和提高战场生存能力的需求，进一步发展高能量密度、高能量利用率和低敏感的发射药技术，高能量、钝感和燃气的低特征信号的固体推进剂技术，高能和低敏感度的炸药技术，以及安全、环保、高端化和个性化的火工烟火药剂技术。而含能材料工艺技术的发展趋势是安全、绿色、高效和精密化制造，在进一步提高工艺本质安全性、消除或降低环境污染的同时，提高产品质量和降低生产成本。

在发展时还需处理好以下两个共性问题：

（1）含能材料的高能化与低敏感的适配关系

追求更高能量是含能材料设计的主要目标，但同时保证其低感度也是当前武器装备对于含能材料性能的重点要求。因此，平衡含能材料的高能化与低敏感的适配关系需要高度重视。

（2）含能材料与应用环境的耦合关系

在含能材料、装药、武器与应用环境、自然环境之间存在一种含能材料装药与武器环境条件和条件组合的关系，即为耦合关系。

含能材料在武器弹药中作用时，含能材料、装药器件、武器和自然环境都处于动态的耦合关系中。耦合过程及其结果，决定了系统的终态、功能转换效率和作用过程的稳定程度。协调的耦合关系，可获得高效率和按程序进行的稳定过程，是避免武器系统出现超压、烟焰、武器损坏、自伤、低效率、失去战斗力等反常现象的基础，是发展高膛压火炮、液体药火炮、底排弹、火箭增程弹、聚能弹、冲压发动机弹药、电化学推进技术和超远程组合发射技术的基础。

进一步研究和优化这种耦合关系，有利于进一步提高含能材料能量利用效率、弹药的毁伤效果以及推动新概念武器的发展。

（二）含能材料重点发展方向

1. 发射药

为满足未来武器对发射能源的需求，重点发展高能、低敏感、高强度、高能量利用率和低敏感发射药及其装药技术、绿色制造工艺技术。提高发射药能量和强度、降低感度都应从基础原材料与成型工艺技术入手，探索其技术途径；提高能量利用率需从发射药装药技术入手，重点关注发射装药能量释放规律的调控技术；同时在能量满足远程发射技术需求的前提下，还需强调发射药装药的低烧蚀和低敏感效应。建议重点开展以下几方面工作：

（1）重点开展高能高强度及低敏感发射药技术及应用研究

高能高强度发射药是高膛压武器发展的重要需求。目前发射药的高能化主要通过在配方中引入高能量密度化合物、含能黏合剂和其他含能助剂来实现的，由于在配方中引入新物质，必须注意考量对高压动态力学性能和燃烧规律的影响。

低敏感是为提高武器战场生成能力对发射药提出的要求。降低发射药感度涉及大量新材料和新工艺，研制难度大。从近年来的发展状况看，可以继续研究高能低敏感发射药。

（2）加强先进发射药装药技术的开发和推广应用

发展先进装药技术是提高武器性能快捷有效的技术途径，相比于单纯提高发射药的能量更具有现实性。至今，我国发展了一系列的先进装药技术，如低温度系数装药技术、远程发射装药技术、全等式单元模块装药技术、高装填密度装药技术、变燃速发射药装药技术等，这些技术的应用对提升我国身管武器威力极有潜力。未来应针对不同先进装药技术的特点和技术的成熟程度，区别开展相应研究，积极开展新概念装药技术的研究。

（3）积极发展安全、环保、节能、精细化的发射药制造工艺技术

发射药先进制造技术是发射药质量和生产安全的基本保证。目前，我国的发射药制造技术与发达国家相比存在较大差距，应吸收国外先进技术，强化工艺和装备技术研发，努力提高发射药产品质量和工艺效率，进一步提升工艺的本质安全性与节能环保水平。

（4）发展发射药设计、制造工艺及装药应用的仿真技术

目前，我国发射药及其装药技术的设计研究主要依靠大量实验完成，造成研制周期

长、效率低、费用高，大力发展发射药设计、制造工艺及装药应用的仿真技术，可提高我国发射药配方、制造工艺及其装药应用的设计能力和技术水平。进一步开发发射药设计、制造及装药应用的仿真技术是发射药领域需要重视的方向之一。

2. 固体推进剂

固体推进剂仍然以高能、钝感、低特征信号等为发展重点，同时协调处理高能量与钝感之间的关系。提高能量离不开高效氧化剂、含能黏合剂和其他高能基础材料的开发应用；有效引入环境介质参与推进剂燃烧，有利于提升推进剂能量的使用效率；在综合调节高低压燃烧性能和燃烧稳定性的同时，努力实现推进剂的钝感化和燃气特征信号的微弱化，以提高导弹武器的远程精确打击和战场生存能力。为此建议重视以下几方面工作：

1）继续深入探索新型高能量密度化合物，如氮杂环类含能化合物等在推进剂中的应用，以进一步提高推进剂的能量水平。

2）着重开发高能、钝感、低特征信号等综合性能优良的固体推进剂，以实现排气羽烟信号为 AA（或 AB 级）、危险等级为 1.3 级、能量水平可满足战术发动机增程要求。

3）开展与新型推进剂相适应的新制造原理与新装备及新工艺研究，以实现新型推进剂的安全、高效、高品质制造。

4）进一步开展推进剂的绿色、环保、柔性、敏捷制造工艺技术的研究和推广应用。

5）开展以提高固体推进剂能量利用率的发动机装药新原理与新方法研究。

3. 单质炸药

单质炸药发展的重点是高能和不敏感单质炸药。应开展新型高能量密度化合物与高能基础材料合成和应用研究，同时研究降低炸药感度的原理与技术。为此建议重视以下几方面工作：

（1）发展能量水平更高的高能量密度化合物

提高武器射程和爆炸破坏威力是武器对高能量密度化合物始终不变的需求，不断提高单质炸药的能量是提高炸药威力的主要途径。提高单质炸药的能量必须发展能量水平更高的高能量密度化合物和高能量密度材料，包括多硝基多环笼状化合物、全氮物质材料、聚合氮材料等。

（2）钝感 / 低感高能量密度化合物的设计合成与应用研究

随着单质炸药能量水平的提高，炸药感度也随之大大提高，这有害于武器的安全使用。因此，除需保持炸药的高能特性，目前迫切需要合成低感高能量密度化合物，以满足含能材料和武器装备的安全性和使用可靠性需要。就目前基础看，我国已经开发了如 TATB、CL–14、LLM–105、MTNI、FOX–7 等不敏感单质炸药品种。在加强应用研究的同时，继续开展新型低感高能量密度化合物设计和合成研究。

（3）单质炸药的清洁合成与生产技术

硝化反应是单质炸药合成和生产时造成污染的主要来源。要从根本上解决单质炸药的生产污染问题，需从合成路径设计着手，提高原子经济性，开发绿色硝化技术，优化生产工艺，从而达到消除或减少“三废”排放的目的。

4. 混合炸药

混合炸药的发展应将重点放在炸药的能量提高和不敏感炸药的开发，注意针对不同弹药毁伤技术和毁伤目标特性，研究和实现不同能量输出结构，提高能量释放效率，满足环境适应性、安全性、可靠性等要求。为此建议重视以下几方面工作：

1）加强高能量密度化合物在高能和高能低感混合炸药中的应用研究。深入开展不敏感炸药 DDT、SDT、XDT 现象及规律研究，建立用于不敏感炸药测试、评估技术、装置和标准，结合弹药的应用，解决不敏感炸药的设计技术。

2）继续开展温压炸药配方组分、装药结构与环境的匹配研究，积极探索后燃反应的机理和温压炸药能量释放模型，确保温压炸药的温压效应得到充分利用。

3）深入开展多相爆轰基础理论、燃料空气炸药组分的基础性能、配方制备工艺技术、云雾爆轰与环境的匹配性关系以及仿真模拟、测试与评估方法研究，提高燃料空气炸药的安全性、爆轰能量及爆炸作用的效率。

4）传爆药的发展重点在于高能与低易损性，注意新型传爆药相关基础材料的开发、纳微超细粉体技术为核心的新型传爆药设计与制造技术和新型传爆药安全及性能评价测试技术。

5. 火工烟火药剂

安全、环保和个性化是火工烟火药剂的发展重点，关注药剂的常规化、特殊化、高端化和系列化等不同应用背景，发展不同类型的火工烟火药剂，以满足平时训练和未来新型弹药的发展需要。为此建议重视以下几方面工作：

1）起爆药剂。主要开展以取代叠氮化铅、斯蒂芬酸铅为目的的新型安全钝感环保型起爆药研究；以配合激光、半导体桥、冲击片等非线性换能元火工品所需要的特征感度起爆药研究，并拥有敏化技术手段；以配合新概念火工品所需的特种起爆药及微纳米起爆药研究。

2）点火药剂。重点应放在具有普通点火功能、可代替黑火药的安全环保类药剂，如无硫无木炭黑（白）火药、硝基酚主体药、纳米组分药剂等；具有特征感度的药剂重点应放在合金型针刺击发药、激光敏感、等离子体敏感药、耐高温低温药等；特异性能的药剂重点应放在硅基燃爆药、亚稳态高能药、耐高过载药剂等。在药剂开发的同时必须注重制备工艺的安全性、稳定性和成熟性。

3）烟火药剂。除了应针对国外侦测与制导武器的发展继续加大多频谱发烟剂、面源红外诱饵剂的研究外，还应侧重开展环保型发烟剂、多制式单透向发烟剂（如可见光波段单透向或红外波段单透向）、红外 / 毫米波双模诱饵剂、紫外 / 红外双色诱饵剂、具有运动特征的推进型诱饵药剂和无可见光红外诱饵药剂研究。红外照明剂、热电池、爆震剂、强光致盲剂、电磁干扰剂的开发重点在于提高药剂制作与使用的环保性能。

（三）含能材料发展策略

1. 强化基础层面工作，提升创新能力

（1）深化基础理论研究

从发射药、推进剂、炸药、火工烟火药剂的主要成分——含能材料本身的分子结构、物化特性及其构效关系入手，设计并制备出综合性能优异、既高能又安全的新型含能材料及其适用体系，从根本上提高其各项性能。

深入研究含能材料燃烧、爆轰过程中流体力学与化学反应耦合作用，系统研究含能材料配方、燃烧爆轰参数以及装药工艺条件等对能量输出特性及传播规律的影响，为加速新型含能材料制备及其在武器装备中的应用，提高武器装备的综合性能，奠定理论指导和技术基础。

（2）提升基础研究数据库水平

深入开展含能材料的基础理化性能以及热性能、力学性能、燃烧与爆轰性能、感度性能、电学性能、毒性等方面的基础数据测试与表征方法研究，建立含能材料数据库的有效更新机制，充实、完善含能材料基础数据库，实现数据库共享。

（3）加强仿真软件的自主开发力度

开发并建立具有独立知识产权的含能材料及其装药的计算机数值仿真和工程设计专家系统，通过试验与仿真相结合、理论研究与实践检验相结合、静态测试与动态试验相结合，建立含能材料本质特性参数与宏观效果的关联模型，提高新型含能材料的研究设计水平。

2. 加强高层次人才培养，充分发挥领军人才的创新引领作用

高层次人才是关系到含能材料行业生存与发展的根本。必须坚持人力为本、育人为先的原则，大力培养和造就新型高素质科技人才和行业领军人物。

（1）进一步发挥高校人才培养基地的核心作用

发挥高等院校学科综合优势，优化教学内容，改革教学方法和培养模式，强化基础和动手能力训练，不断提高教学质量，为含能材料学科领域不断输送高素质人才。

（2）加强高层次人才培养，充分发挥领军人才作用

近几年，我国从事含能材料研究的科研院所已引进了一批具有本科和研究生学历的优秀中青年科技人才，通过岗位培训和前辈的“传、帮、带”，知识结构更趋完善，业务能力不断提高，其中不少人员已成为含能材料科研的技术骨干，但领军型人才仍然缺乏，不利于含能材料学科继续向前蓬勃发展。为此，在做好优秀科技人才选拔与引进的同时，注意领军人才的发现和培养，努力创造良好的工作和生活环境，充分发挥领军人才作用。

（3）稳定含能材料科研队伍

待遇低、风险高是造成我国含能材料研发人员，尤其是生产企业的中高级人才流失和偏少的主要原因之一。从事含能材料科研和生产，存在较大的安全风险，这是无法规避的事实。要吸引人才进入含能材料行业安心发展，建立安全的工作条件十分关键。一方面需要加强安全投入，进一步落实安全措施，完善安全工作环境，同时在待遇方面应当给予倾斜政策。

3. 加强科研平台建设

（1）加强科研平台建设，形成雄厚的含能材料技术支持系统

随着国家经济实力的增强，近年来我国在含能材料领域的科研投入有了明显的增加，但相应的科研平台建设还需要进一步加强，围绕含能材料基础理论、应用基础、工程化和应用技术等不同层次，建设相应的试验研究平台，形成雄厚的含能材料技术支持系统，提升自主创新能力。

（2）加强科研平台的开放和共享

总结现有相关实验室建设、使用和管理中的经验和问题，加强产、学、研的结合，倡导专业研究所、高等院校和企业发挥各自的特色和优势。在平台使用和管理上，整合人才资源、能力资源和物质资源，加强交流、开放与共享，使科研平台成为学术交流和技术成果共享的载体。

（3）使科研平台成为孕育高水平成果和培养高层次专业人才的基地

依托高水平的含能材料学科研究平台，吸引优秀人才从事相关基础和应用研究，产出高水平的成果；通过系统的科研训练，培养出一批高层次的专业人才，提升科研创新能力，使科研平台成为孕育高水平成果和培养高层次专业人才的基地。

4. 优化科研管理体制，完善科研管理制度

1）大力倡导高等院校、专业研究所、生产企业的合作，发挥各自优势，进行武器装备的先期技术开发和演示验证，提高新型武器装备的研发水平，缩短研发周期。

2）引入公平竞争机制和市场机制，合理资源配置，避免行业垄断，充分发挥科研人员积极性。

3）适应市场经济形势，健全成果转让规则。

4）营造和谐的学术环境，建立有效的学术交流制度。

参考文献

［1］王泽山．含能材料概论［M］．哈尔滨：哈尔滨工业大学出版社，2006.
［2］兵器工业 210 所．含能材料技术国外发展报告（2007–2012 年）［R］．2012.

[3] 兵器工业210所. 发射药及其装药技术国外发展动态（2008–2012年）[R]. 2012.
[4] 兵器工业210所. 国外火炸药绿色制造技术发展分析（分报告一）[R]. 2011.
[5] Fraunhofer–Institute of Chemiscal Technology ICT. Proceedings of 44th International Annual Conference of ICT：E [C]. Karlsruhe：ICT，2013.
[6] Fraunhofer–Institute of Chemiscal Technology ICT. Proceedings of 43th International Annual Conference of ICT [C]. Karlsruhe：ICT，2012.
[7] 李凤生，郭晓德，刘冠鹏，等. 新型火药设计与制造 [M]. 北京：国防工业出版社，2008.
[8] 王晓峰. 军用混合炸药发展趋势 [J]. 火炸药学报. 2011，34（4）：1–4.
[9] 李玉川，庞思平. 全氮型超高能含能材料研究进展 [J]. 火炸药学报，2012，35（1）：1–8.
[10] 潘功配. 烟火药的创新与发展 [J]. 含能材料，2011，19（5）：483–490.
[11] 张同来，等. 含能配合物研究新进展 [J]. 含能材料，2012，20（2）：137–151.
[12] 吕春绪. 绿色硝化研究进展 [J]. 火炸药学报. 2011，34（1）：1–8.
[13] 王伯周，李辉，李亚男，等. 呋咱醚含能化合物研究进展 [J]. 含能材料，2012，20（4）：385–390.

撰稿人：王泽山　刘大斌　潘仁明　徐复铭　彭翠枝
罗运军　赵凤起　黄振亚　陆　明　聂福德
彭金华　李凤生　沈瑞琪　朱顺官　潘功配
朱晨光　何卫东　赵省向　张同来　周　霖

专题报告

发射药及其装药技术

一、引言

发射药及其装药技术是身管武器装备发展的共用基础技术，发射药及其装药技术的发展对身管武器的发展具有重要的技术推动作用，而身管武器装备的发展对发射药及其装药技术的需求也越来越高。

提高弹丸初速或炮口动能、增加射程和发射威力是身管武器追求的基本目标，发射药作为身管武器发射弹丸的能源，其装药的能量及其能量释放规律是影响身管武器发射威力的决定因素，提高身管武器发射威力的主要有效技术途径是提高发射药的能量和装药的有效能量输出。

能量是发射药的本质特性，也是制约身管武器发展的关键因素，提高能量是身管武器发展对发射药的基本要求。为了提高能量，发射药由单基药、双基药发展到多基药，其组成、结构和性能变得越来越复杂，相互制约的矛盾也越来越突出。主要问题是：随着能量的提高，力学性能明显变差，烧蚀性增大，燃烧反应和能量释放的可控性、稳定性、安全性下降等，在武器装备应用中产生膛压反常和焰、烟、烧蚀等不良现象增多。同时，身管武器高膛压及高装填密度等新技术的应用，改变了发射药的应用环境，使其能量与其他性能之间的矛盾进一步加剧。由于难以解决能量和综合性能之间的矛盾，多年来发射药的能量水平发展缓慢，虽然也研究出了火药力为 1225kJ/kg 的高能硝胺发射药，但由于力学性能和烧蚀性等问题没有很好解决，还不适合于在大多数武器上直接应用。目前，身管武器大多还只能使用能量较低的发射药，应用较好的高能发射药为火药力 1127 ~ 1148kJ/kg 的混合酯太根发射药。

阻碍发射药能量水平提高的本质问题主要有两个方面：一是发射药组成、结构及其组分间的作用关系，燃烧反应与燃气生成规律控制等基础理论和基础技术薄弱；二是高能量密度化合物基础技术发展缓慢。为解决上述问题，我国近期开展了发射药组成、结构与相关规律、燃烧反应与燃气生成规律控制等基础理论和基础技术的专项研究，建立了发射药组成、结构与能量和其他性能的基本关系，部分解决了高能量与力学、燃烧、安全等性质之间的矛盾，为新一代高能发射药的研究和发展提供了一些基础理论、基本规律和技术途径，提出了一些控制和改变燃烧反应过程和燃气生成规律的原理和方法，从本质上提高了发射药的设计与研究水平。近期，高能量密度化合物的基础研究也明显加快了步伐，为研究和发展新型高能发射药提供了良好的技术支撑，也使高能发射药的研究取得了一些明显的进展。

对发射药装药的能量释放过程进行调节与控制，是大幅度提高身管武器发射威力的最有效技术途径之一。由于身管武器发射药装药的燃气生成速率难以与弹后空间的增长速率相匹配，导致发射药装药的有效能量利用率和武器的膛容利用率都较低；另外，火炮发射环境温度对内弹道性能的影响也很大，和常温（20℃）相比，传统火炮在 -40℃下发射弹丸的炮口动能将损失 10% 以上。解决问题的关键在于研究和发展与弹后空间增长速率相匹配的渐增性能量释放控制技术和优化武器膛内压力分布的先进装药技术。长期以来，我国在调节控制发射药装药燃烧过程和能量释放规律方面进行了大量的研究，也提出了一些改善发射药装药能量释放效率的装药技术概念和方法。我国发明的低温度系数装药技术，很好地解决了火炮发射环境温度对弹丸炮口动能的影响，在多个型号武器上获得了推广应用，大幅度地提高了火炮的发射威力。该技术对推动身管武器的发展产生了重大的影响。近年来，基于该装药技术的基本原理和方法，不断地研究和发展了一系列提高身管武器发射威力的新型装药技术，特别是在发展大口径火炮全等式单元模块装药技术，解决大、小号装药的射程覆盖面和射程重叠量这一世界性难题中发挥了重要的作用。我国发明的超多孔、阻燃、变燃速等高渐增性发射药技术，改善了发射药装药燃气生成速率与弹后空间增长速率之间的匹配性，也获得了较好的应用效果。

发射药具有易燃易爆特性，其制造工艺技术的发展受到安全性控制等诸多因素的制约。我国发射药制造工艺仍然主要采用间断式的挤压成型工艺，工序多、周期长、效率低、能耗高，环境污染也比较严重。近年来，国内加大了对发射药制造工艺技术研究的投入，重点研究发展连续化、自动化和绿色环保等工艺技术。目前，在组分精确计量、自动加料输送、剪切压延、连续混同、连续干燥等单元技术上已取得突破，为发射药自动化、连续化制造工艺的集成奠定了基础；以剪切压延机为核心装备的连续脱水、混合、预塑化及造粒工艺技术已经在工厂投入工程化应用；废酸处理、硝烟回收、溶剂回收及废水处理等绿色环保工艺技术研究也取得了很大进展。

发射药在火炮膛内的燃烧反应过程复杂，高压、高温、高速和瞬态过程的工作环境条件，加大了对发射药装药燃烧过程和能量释放过程控制的难度，发射药及其装药的性能检测和仿真设计技术难度大，相关的基础理论仍然较为薄弱，发射药及其装药新技术的研制过多倚重经验和大量的试验研究。近年来，在相关专项的支持下，加强了发射药及其装药技术的基础理论和基础技术研究，在基础数据库建设和仿真设计等方面有较大进展，但理论设计水平的提高仍需要大量的基础研究积累。

本报告综述了我国近年来在发射药组成与配方设计、制备工艺技术、装药技术等方面的一些重要技术进展，对比分析了国内外的研究进展情况，并展望分析了我国发射药及其装药技术的发展趋势与对策。

二、发射药及其装药技术研究进展

（一）发射药组成与配方设计研究

1. 高能发射药

为满足身管武器装备发展的要求，特别是坦克炮穿甲弹大幅度提高炮口动能的要求，发射药的火药力还需要上一个台阶，近期目标是火药力提高到1300kJ/kg以上。采用传统高能组分提高发射药能量的技术途径，通常会导致爆温升高、力学强度降低，难以解决能量与烧蚀性、力学性能之间的矛盾。近年来，我国正在积极探索新型高能化合物在发射药中的应用研究，如将1，5–二叠氮基–3–硝基–3–氮杂戊烷（DIANP）、聚叠氮缩水甘油醚（GAP）等有机叠氮化合物等新型含能黏结剂和增塑剂，六硝基六氮杂异伍尔兹烷（CL-20）、二硝酰胺铵（ADN）、三硝基氮杂环丁烷（TNAZ）等高能氧化剂引入发射药配方进行探索研究，在新型高能发射药方面取得了良好进展。研制了几种不同配方体系的新型高能发射药。

（1）混合含能增塑剂体系高能发射药

研究表明，硝化三乙二醇（TEGN）、硝化二乙二醇（DEGN）、1，5–二叠氮基–3–硝基–3–氮杂戊烷（DIANP）等含能增塑剂能够与硝化甘油（NG）形成低共熔混合物，所组成的混合含能增塑剂有利于改善发射药的低温力学性能。目前高膛压坦克炮发射装药多采用混合含能增塑剂发射药，如我国的ZT型太根发射药采用NG/TEGN混合含能增塑剂。

研究的高能叠氮硝胺发射药由NG与DIANP组成混合含能增塑剂，NG与DIANP混合物的低共熔点达–17℃，并且DIANP比TEGN和DEGN具有更好的能量特性，适用于研究发展更高能量的发射药。因此，选择NG/DIANP为混合含能增塑剂、黑索今（RDX）为高能氧化剂进行配方设计，发展了DAGR型新型高能发射药，在爆温不高于3500K的条件下火药力可达到1275kJ/kg。对配方组成、材料规格、制备工艺、性能检测等进行了试验研究，解决了发射药成型工艺质量、力学强度及燃烧稳定性等问题。试制的DAGR发射药样品药型规整，药体结构致密、均匀，实测密度大于1.6g/cm^{-3}，低温抗冲强度＞8kJ/m^2，物理化学性能、安定性、安全性等性能试验均满足使用要求。

试验表明，DIANP与RDX在180～190℃即完全互溶，DIANP与RDX的热分解峰温均在240℃左右，两者热分解峰温基本相同，RDX/DIANP比例在4∶6到6∶4范围内，消除了RDX的融化吸热峰，使含RDX的叠氮硝胺发射药在分解前形成均一液相分解的条件，消除了燃速压力曲线转折和压力指数大于1的现象。DAGR型发射药在密闭爆发器和恒压燃速仪上实测燃速压力指数分别为0.985和0.949，在30mm火炮进行常温、低温内弹道试验，在550MPa高压下膛内燃烧稳定、正常，如图1所示。

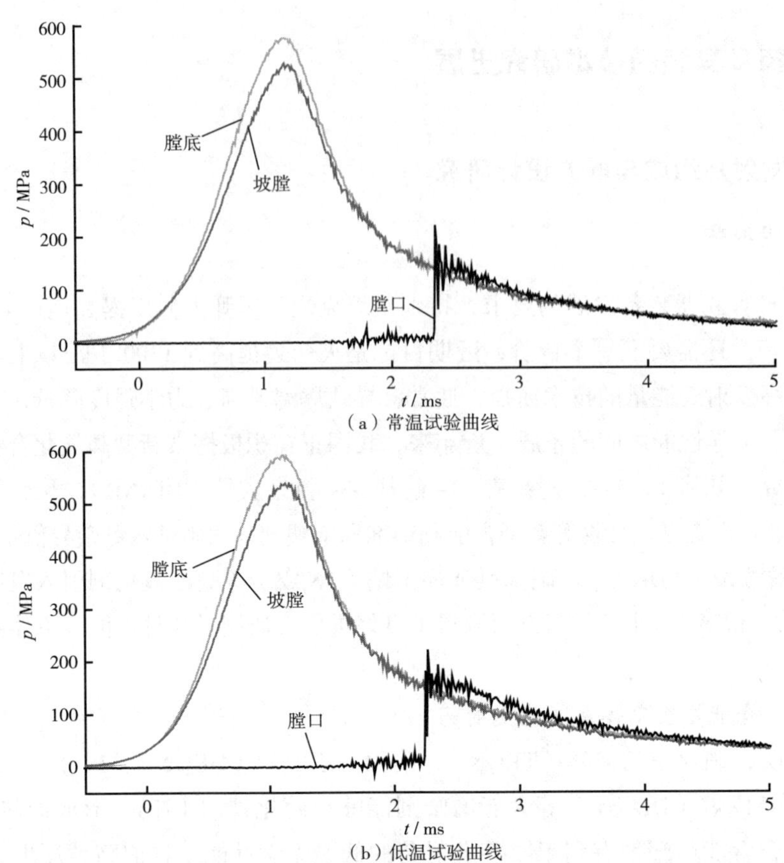

图 1　DAGR 发射药在 30mm 火炮内弹道试验曲线

（2）混合含能黏合剂体系高能发射药

传统的硝化棉（NC）、硝化甘油（NG）、黑索今（RDX）等含能组分无法在可接受的爆温下大幅度提高发射药的能量。在配方中引入新的含能黏合剂——聚叠氮缩水甘油醚（GAP），与 NC 组成混合黏合剂，减缓了发射药高能量密度与力学性能、烧蚀性之间的矛盾。

设计研究的发射药基础配方，在爆温不高于 3600K 的条件下火药力可达到 1270kJ/kg。对配方组成、材料规格、制备工艺、性能检测等进行试验研究，特别是对关键工序——捏合塑化工序的工艺条件进行系统的试验研究，提高了发射药的力学性能。在制备工艺上可采用高能硝胺发射药的工艺路线及其基本工艺条件制备成型。为满足 GAP 固化反应的需要，在加料方式、工艺溶剂种类、驱溶工艺条件等方面对传统工艺进行了改进，通过大量的试验研究，确定了相应的工艺技术条件。经过配方的优化设计和制备工艺技术条件的优化，可以在目前的工艺设备及其工艺技术条件基础上实现加工成型，成型工艺质量有保证，工艺环保性和经济性与传统发射药相当。试制的发射药样品结构致密、均匀，实测密度大于 1.63g/cm^3，低温抗冲强度＞ 7kJ/m^2，热安定性与制式发射药处于相当水平，撞击感度、摩擦感度低于制式发射药，其他基本性能满足使用要求。

通过燃烧调节剂的应用，试制样品的燃烧性能稳定，燃速压力指数小于 1(实测在 0.96 左右)，并且随着压力升高，压力指数下降，燃速较高［u_1 ≥ 2.0mm/（s · MPa）］，燃速温度系数小于制式发射药（低温燃速温度系数 -0.0006/℃、高温燃速温度系数 0.0018/℃），18/1 单孔管状药进行密闭爆发器燃烧试验，在初始阶段具有明显的燃烧渐增性。图 2 为该类发射药在密闭爆发器中燃烧试验的 L ~ B 曲线和 ln$u$ ~ ln$p$ 曲线。

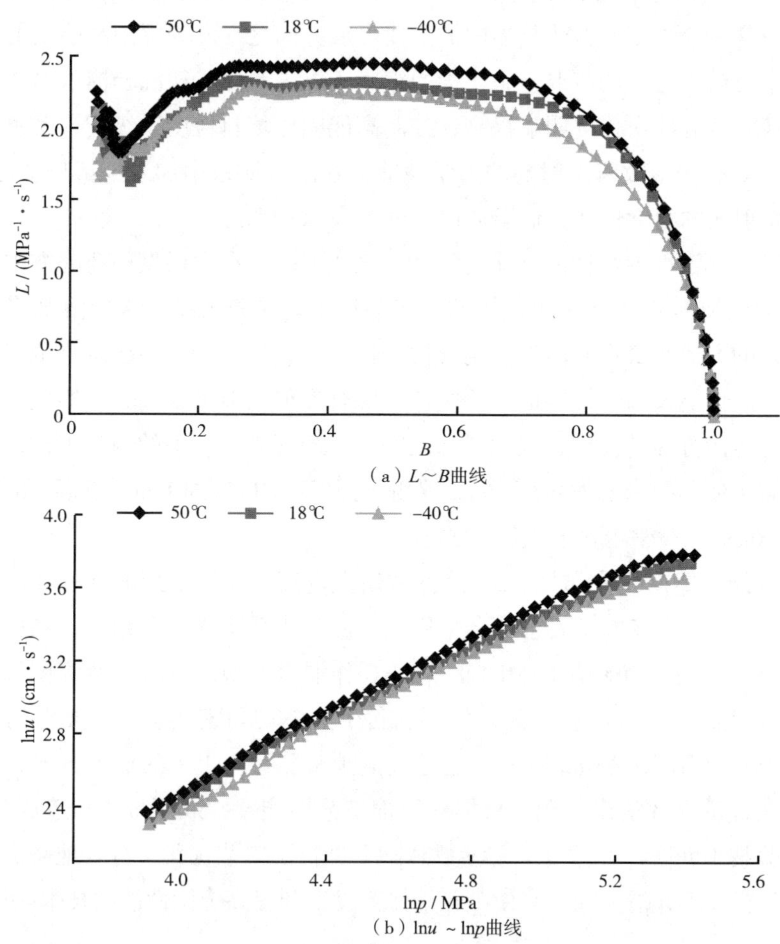

图 2　混合含能黏合剂体系高能发射药密闭爆发器燃烧试验曲线

（3）高能量密度材料体系高能发射药

进入 21 世纪以后，我国先后合成了多种新型高能量密度化合物，特别是六硝基六氮杂异伍尔兹烷（CL-20）等高能量密度化合物的制备工艺及其性能研究日趋成熟，开始将各种新型高能量密度化合物引入发射药配方进行探索试验研究。近期开展应用研究的主要有 CL-20、三硝基氮杂环丁烷（TNAZ）、3, 4- 双（4′ - 硝基呋咱 -3′ - 基）氧化呋咱

（DNTF）、1, 1- 二氨基 -2, 2- 二硝基乙烯（FOX-7）、N- 脒基脲二硝酰胺盐（FOX-12）、二硝酰胺铵（ADN）等。经过理论设计与试验验证，引入 CL-20、DNTF、TNAZ 等都可以明显提高发射药的能量密度，火药力都可以达到 1300kJ/kg 左右，并且与发射药现有主要组分的相容性良好。但初步研究结果表明，发射药的燃速压力指数有增大的趋势，需要通过调整黏合剂、增塑剂及新型高能量密度化合物的原材料规格，甚至添加必要的燃烧调节剂，研究改善其燃烧性能。

（4）高能高强度发射药

随着高膛压、高初速身管武器的发展，发射药在武器发射过程中承受的力学环境变得越来越恶劣，高能高强度发射药是当前的重要发展方向之一。为提高高能发射药的力学性能，研究的主要措施有：调节混合硝化棉的组成（以皮罗棉代替混合棉中的 3# 棉）、含氮量等使发射药的低温冲击强度明显提高；控制高能固体填料粒度及级配、改善分散均匀性、加入键合剂等有效地改善发射药的力学性能；在配方体系中加入少量热塑性弹性体，较大幅度提高发射药的力学性能，低温冲击强度提高 50% 以上。

研究了一种含热塑性弹性体的高能高强度太根发射药。在太根发射药配方中添加热塑性弹性体和高能添加剂 RDX，采用传统的半溶剂法工艺制备成型，采用溶剂将热塑性弹性体溶解后加入的方法解决了其溶解和混合均匀性的关键技术，并系统研究了组分含量对能量示性数、燃烧性能及力学性能的影响规律。综合发射药能量示性数、燃烧性能、力学性能、工艺性能等诸方面的要求，确立了优化的发射药配方和合理的制备工艺条件，获得了结构均匀、满足使用要求的发射药样品，发射药火药力 1190.6kJ/kg、爆温 3460K，低温冲击强度达到 10kJ/m^2，燃烧稳定，长贮安全。

采用新型含能增塑剂替代部分 NG，降低共熔点温度，使发射药的低温冲击强度获得较大的提高。研究的一种 GTX1 发射药，采用单一品号皮罗棉作为黏结剂、在皮罗棉体系中加入三羟基甲基乙烷三硝酸酯（TMETN）和 NG 作混合增塑剂、RDX 为高能添加剂的技术途径，选择合理的工艺方法和工艺条件，制备了药体均匀密实、表面光滑的发射药样品，低温抗冲强度达到 10.0kJ/m^2 以上；通过改变硝基胍（NGU）的加入方式，解决了硝基胍在发射药表面的晶体析出问题；根据皮罗棉工艺性能差，成型难，易造成药体膨胀、表面凹凸不平等技术问题，在原有工艺参数基础上进行了工艺优化，有效地解决了发射药药体膨胀、表面粗糙不光滑等问题，使硝化棉体系发射药提高力学性能的技术取得了突破。

2. 低敏感发射药

现代枪炮弹药的发展，一方面要求具有高性能，另一方面又要对火焰、冲击波、子弹射击、高速破片撞击等危险刺激具有低敏感性，以减少由于事故或敌方攻击等所造成的损失，因此，现代发射药的配方设计需要研究解决高能量与敏感性的矛盾。近年来国内主要在下面两类发射药的设计研究方面取得了良好的进展。

（1）NC 基低敏感发射药

采用适当的硝化棉（NC）为黏结剂，低感度的丁基硝氧基乙基硝胺（BuNENA）为含能增塑剂，黑索今（RDX）为高能氧化剂，通过理论设计计算、制造工艺技术、基础性能、低敏感特性评价等研究工作，解决了发射药提高能量与降低敏感性之间的矛盾，研究了力学性能、燃烧性能均能满足使用要求的NC基高能低敏感发射药。

目前研究的NC基高能低敏感发射药，火药力达到1205kJ/kg，火焰温度为3172K；密闭爆发器燃烧性能测试燃速压力指数≤1，燃速—压力曲线平缓、无明显转折，燃烧性能正常；5s爆发点、DSC热分析、射流撞击、快速烤燃、慢速烤燃和子弹撞击等敏感性试验表明，其敏感性明显低于传统三基发射药；在30mm火炮上进行内弹道试验验证，能够显著提高炮口动能，内弹道稳定性良好。

（2）ETPE基低敏感发射药

为进一步降低发射药的敏感性，国内开始采用含能热塑性弹性体（ETPE）作为发射药的黏合剂，在发射药配方、能量性能、工艺性能、力学性能和燃烧性能等方面开展了大量的试验研究。采用ETPE作为黏合剂，可增加发射药中高能固体填料的含量，具有工艺适应性好、安全环保、易回收等优点，同时ETPE能够吸收外界冲击能，降低冲击感度，提高加工和贮存的安全性，是发展新一代高能不敏感发射药的重要技术方向。

目前，对3–叠氮甲基–3–甲基氧杂环丁烷（AMMO）/3, 3–双（叠氮甲基）氧杂环丁烷（BAMO）为ETPE黏合剂和RDX为高能氧化剂的ETPE发射药研究取得了良好进展，在爆温不高于3100K的条件下火药力可达到1250kJ/kg。采用的AMMO/BAMO黏合剂是以聚3–叠氮甲基–3–甲基氧杂环丁烷（PAMMO）为软段，以聚3, 3–双（叠氮甲基）氧杂环丁烷（PBAMO）为硬段，通过甲苯二异氰酸酯、丁二醇扩链得到的一种含能热塑性弹性体，目前材料制备已达到公斤级规模，AMMO/BAMO比例及其分子量可以在一定范围内有效控制。针对ETPE发射药在组成、结构上的特点，研究了相应的制备工艺及ETPE材料规格对成型工艺的影响，确定了“捏合—碾压—挤压成型—烘干”的基本工艺路线、AMMO/BAMO比例及其分子量控制范围，制备出了质量良好的发射药样品，密度达到1.66g/cm^{3}以上。采用功能助剂和工艺控制等技术途径，在AMMO/BAMO/RDX体系发射药中形成有机框架结构，大幅度提高了高固含量（质量分数大于75%）发射药的力学强度，低温抗冲强度＞7kJ/m^2。

通过热分解、点火燃烧性能和中止燃烧试验，研究了AMMO/BAMO基ETPE高能低敏感发射药的燃烧机理。结果表明：该发射药具有明显的RDX热分解属性，且AMMO/BAMO热分解对RDX热分解具有催化作用，导致RDX热分解峰温前移。研究了材料规格及其含量、制备工艺等对燃烧性能的影响，并添加燃烧调节剂有效地降低了ETPE发射药的燃速压力指数，30 ~ 200MPa范围内常温燃速压力指数可控制在0.9左右。图3为AMMO/BAMO基ETPE发射药样品，图4为AMMO/BAMO基ETPE发射药的密闭爆发器试验Γ–Ψ曲线和u–p曲线。

3. 高燃速发射药

高爆速、高燃速分别作为炸药和火药应用的基础技术，始终是国内外相关领域的重

图 3　ETPE 基发射药样品

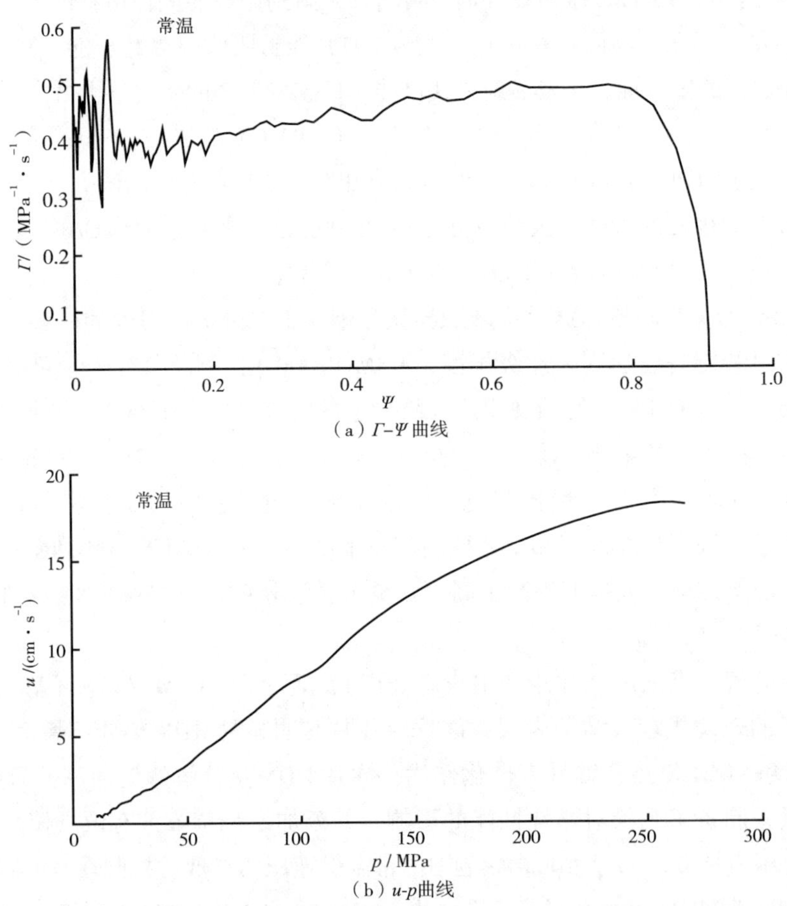

图 4　ETPE 基发射药的 $\Gamma-\Psi$ 曲线和 $u-p$ 曲线

要研究方向之一。提高发射药的燃速、扩大燃速可调范围，是发展先进装药技术、优化发射药在武器发射过程中能量释放规律的基本要求。传统发射药的正比式燃速系数 u_1 都在 1.2mm/（s·MPa）以下，限制了装药技术的发展，主要表现为：①发射药燃烧层较薄（通常在 0.2 ~ 2mm 范围），限制了强增面燃烧药型结构的设计和制备工艺的适用范围；②小弧厚药型限制了多层变燃速发射药的设计及其成型工艺，燃速可调范围窄，限制了变燃速发射药的燃烧渐增性，并只能在外层添加惰性组分降低燃速来获得变燃速效果，影响装药能量；③需要高燃速发射药作支撑的随行装药、高密度整体装药等先进装药设计思想无法实施；④一些轻武器弹药不得不采用多气孔结构来满足发射过程对燃气生成速率的需求，影响了装药的总能量。

对发射药而言，嵌入金属丝或石墨纤维增加热传导法在小弧厚挤压成型发射药中无法实施；一些高活性组分在发射药中受到成型工艺安全性的限制；燃烧催化剂法在发射药高压应用环境下作用效果甚微。因此，发射药实现高燃速的技术难度较大。随着先进含能材料和相关技术的发展，为提高发射药的燃速提供了新的契机，一些基础研究也取得了一些新的进展。

近年来，国内主要围绕应用高燃速功能材料的化学方法和微孔结构成型工艺的物理方法两条技术途径，开展了高燃速发射药的相关基础技术研究，取得了良好的进展。

（1）应用高燃速功能材料提高发射药的燃速

根据理论分析和试验研究，筛选出了可显著提高发射药线性燃速的功能材料，研究了功能材料在不同高能发射药配方体系中应用的适用性。结果表明，试验研究的功能材料物理化学性能、热稳定性、安定性、机械感度等均满足在发射药中应用的要求，与现有高能发射药主要组分（NC、NG、DEGN、DIANP、RDX）具有良好的相容性，而且自身具有较高的能量密度，可以在保持发射药高能量的基础上提高燃速；在 NC/NG/RDX、NC/NG/DIANP/RDX、NC/NG/DEGN 等高能发射药配方体系中应用，都可以大幅度地提高发射药的线性燃速（至少可提高一倍以上）。目前已经初步确定了基础配方体系，火药力达到 1200kJ/kg 以上，爆温控制在 3500K 以下。通过制备工艺试验研究，基础配方的工艺性能良好，可采用传统的半溶剂法工艺制备成型，样品试制质量良好。

燃烧性能试验验证，基础配方发射药样品的正比式燃速系数 u_1 已经达到 3mm/（s · MPa）以上，是传统高能发射药的 3 倍左右，高、低、常温燃烧稳定。图 5 为代表性功能材料试制发射药样品的密闭爆发器燃烧试验曲线。

（2）微孔结构高燃速发射药

采用超临界流体发泡原理，对高能发射药进行微孔结构的制备工艺研究，使发射药的燃烧过程呈部分对流燃烧的特征，获得高燃速的效果。目前已经完成了超临界流体在发射药中的发泡机理研究，并从微孔成核理论和泡孔长大机理出发，分析了影响微孔发射药结构形貌的因素，在此基础上研究了控制微孔发射药结构形貌的技术途径。选择典型高能发射药进行了制备工艺试验研究，重点研究了发泡工艺方法、发泡工艺条件、添加微米粒子等方式对泡孔结构及其形貌的影响关系，为发射药的微孔结构控制提供了技术依据。图 6 为采用超临界流体制备微孔发射药的工艺原理图，图 7 为代表性样品内部切面的 SEM 图片。

以微孔结构为特征的表观高燃速发射药的燃速可在很大范围内进行调控，目前试制样

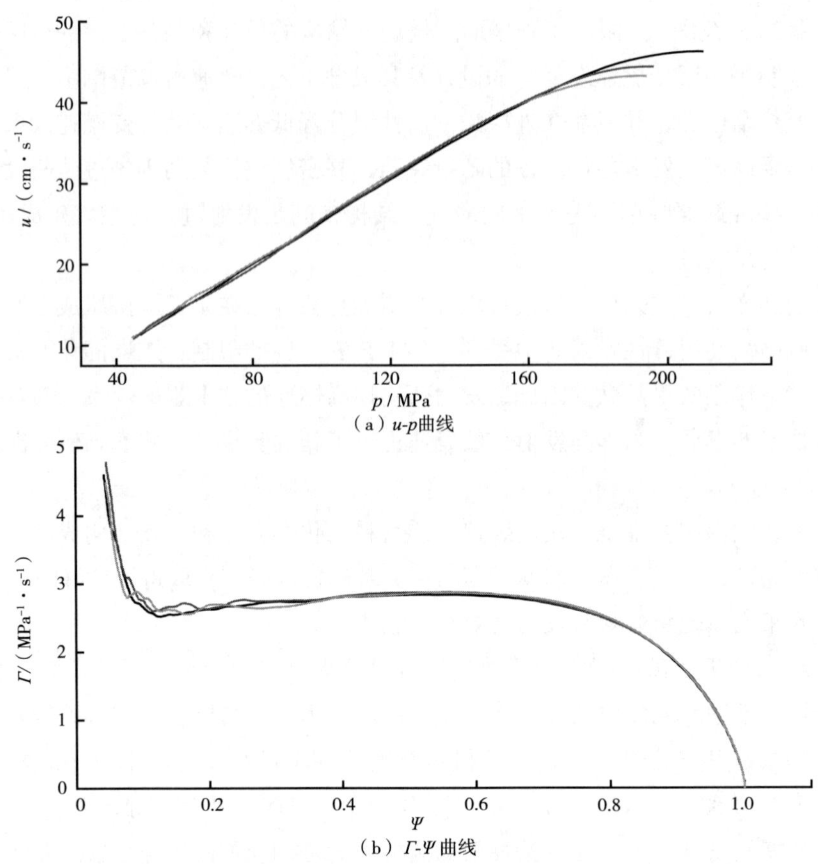

图 5　功能材料试制发射药样品的密闭爆发器试验的 u–p 曲线和 Γ–Ψ 曲线

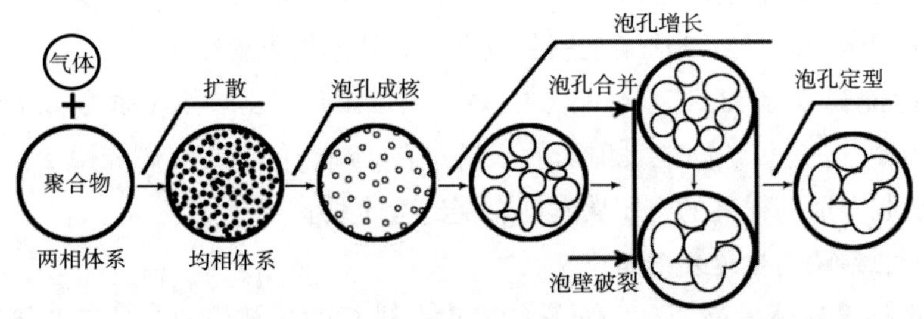

图 6　超临界流体制备微孔结构发射药的工艺原理图

品的燃速最高可达到传统发射药燃速的 30 倍以上。图 8 为代表性样品的密闭爆发器燃烧试验 u–p 曲线。

研究了通过控制小粒药制备的工艺条件，在制备过程中使发射药内部形成含水结构，然后将水分驱除，从而形成多气孔发射药的制备方法，获得了具有高燃速特性的小粒药。

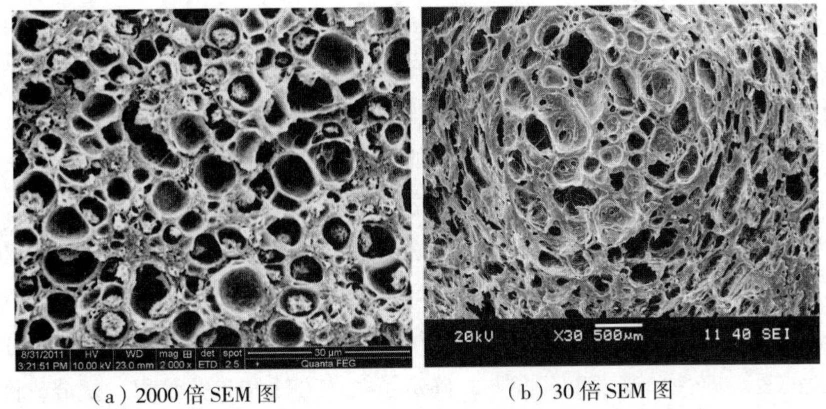

（a）2000 倍 SEM 图　　（b）30 倍 SEM 图

图 7　超临界流体制备微孔结构发射药代表性样品的 SEM 图片

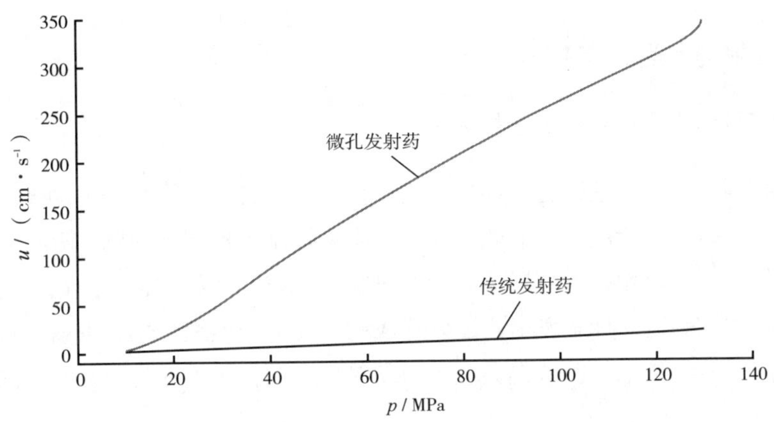

图 8　微孔结构高燃速发射药的密闭爆发器试验 u–p 曲线

4. 改性单基发射药

对现有单基发射药采用高能增塑剂（如硝化甘油）浸渍增能，然后进行钝感、包覆处理，不仅提高了发射药能量，也增强了燃烧渐增性。采用浸渍—包覆调节温度系数的原理和技术，通过低温下药粒表面变硬、堵孔层破孔实现低温补偿；通过高温下发射药表面变软、粒状药部分闭孔实现高温补偿，优化了发射装药的温度系数。30mm 口径火炮验证试验结果，弹丸炮口动能获得了较大幅度提高，达到了国际先进水平。

在改性单基药降低发射装药烟焰的研究工作中，应用了新型有机消焰剂和低烟雾功能材料，创新了制备工艺，使改性单基发射装药基本消除了炮口火焰，烟雾得到了有效控制，综合性能全面提升。

目前已建成了改性单基发射药表面钝感用聚酯的 50kg 级中试线、AK– Ⅱ 10kg 级合成中试线，在工厂分别建立了大粒改性单基药和小粒改性单基药的中试线，为改性单基药规模化制造提供了基础条件。改性单基药先后在 12.7mm 机枪、小口径火炮等多种型号背景武器上开展了前期应用研究，对比制式发射药，改性单基药在不增加最大膛压的前提下，在 30mm 火炮上弹丸动能提高 10% 以上。该技术对促进中小口径发射装药和传统单基药的更新换代，提高轻武器、中小口径弹药射程和毁伤威力具有重要意义。

另外，还开展了复合改性单基发射药的研制工作。在单基发射药中引入高能炸药（RDX）和低爆温增塑剂，先制成爆温接近或略高于单基发射药的复合发射药，再进行表面钝感处理，制备出具有低爆温和不敏感特性的发射药。继承了改性单基发射药的高燃烧渐增性、低烧蚀等优点，同时提高了配方能量水平，具有低敏感、化学安定性和弹道稳定性好的优点。此方面的研究工作取得了显著的成效，设计出火药力大于 1170kJ/kg、爆温小于 3200K 的复合改性单基发射药配方，确定了工艺方法和工艺流程。复合改性单基药燃烧稳定，燃烧渐增性好，在 30mm 火炮上进行常温内弹道试验，弹丸初速比单樟药提高了 2% 以上。

（二）发射药制造工艺技术

1. 发射药自动化、连续化工艺技术

为提高我国发射药制造工艺自动化、连续化水平，解决生产过程劳动强度大、工作环境差、生产工艺本质安全度低、能耗物耗高、质量控制不稳定等问题，近年来对发射药自动化、连续化制造的瓶颈技术开展了大量的研究。在连续加料与精确计量、物料连续高效塑化、发射药柔性制造、球扁发射药连续化成型、发射药连续干燥、发射药自动包覆、发射药自动混同等单元技术上已取得突破，为发射药自动化、连续化制造工艺的集成奠定了基础。

（1）连续加料与精确计量

组分的连续精确计量加料及在线检测技术是实现发射药连续化和自动化的关键，通过对发射药组分精确计量加料技术及组分在线分析检测技术与配套仪器的研制或选型，使发射药组分的加料实现连续精确计量。

（2）高氮量单基发射药连续高效塑化技术

研究了一种双螺旋连续高效塑化技术与装备，用于高氮量单基发射药的连续高效塑化，图 9 为高氮量单基发射药连续、高效塑化原理样机。将含有醇醚或醇酮溶剂的高氮量硝化纤维素（NC）预混体，连续加入该塑化设备，物料从一端连续运行到另一端，约 3 ~ 5min 快速完成混合分散与塑化，经造粒装置切成一定尺寸颗粒，供压伸机挤压成型。解决了采用传统间断法制备 NC 氮量大于质量分数 13.0% 的高氮量单基药工艺过程中浆式捏合机难塑化的难题。实现了人机隔离，远距离控制，连续自动化制造。该装备已完成原理样机研究，正待进行工程化放大试验及产业化试验。

另外，还研究了一种双转子连续塑化装备，可用于高氮量单基发射药的制造，目前已完成原理样机研究，正待进行工程化放大研究。图 10 为双转子连续塑化装备原理样机。

图 9　高氮量单基发射药连续、高效塑化原理样机

图 10　双转子连续塑化装备原理样机

（3）硝胺发射药的吸收药连续脱水、混合、预塑化及造粒技术

研究了一种连续剪切压延塑化造粒技术，用于硝胺发射药吸收药的连续脱水、混合、预塑化以及造粒。该技术与装备已用于工业化生产，产品已用于型号武器。该技术与装备的研究成功，实现了硝胺发射药吸收药的人机隔离、远距离控制、安全、连续自动脱水、混合、预塑化及造粒，燃爆事故率降为零。解决了硝胺发射药吸收药压延塑化时不易成张，散碴掉片，经常发生燃爆事故的难题。图 11 为硝胺发射药吸收药连续脱水、混合、预塑化及造粒工艺装备现场照片。

（4）发射药柔性制造工艺技术

国内研究了一种柔性制造技术用于发射药的制造，硝化纤维素连续脱水、溶剂及添加剂等连续加入、双螺杆连续混合塑化、连续挤出成型、连续造粒。该装备可用于单基、三基等多种发射药试制，是一种柔性制造技术。目前该装备已用于工程化试验。

（5）球扁发射药连续成型工艺技术

对球扁发射药的“内溶法成球”和“压扁”两个关键工序进行连续化工艺设计，设计

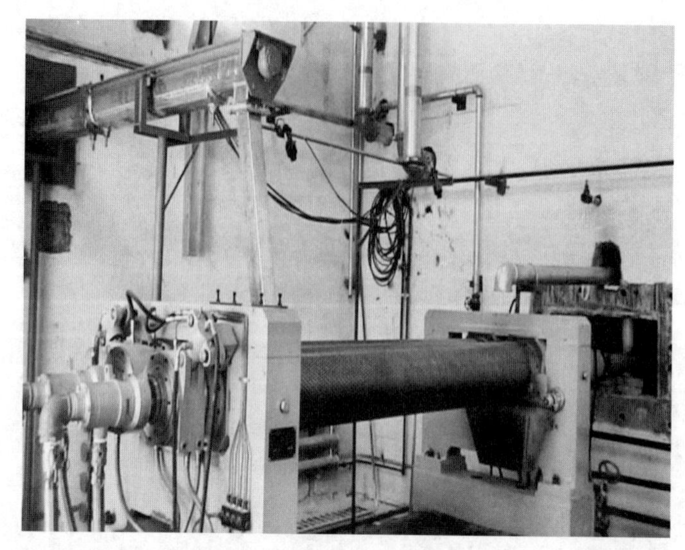

图 11　硝胺发射药吸收药连续脱水、混合、预塑化及造粒工艺装备

与制造连续化成球、压扁关键设备，对相关工艺参数在线监测与自动控制，实现球扁发射药生产的连续化和自动化，节能降耗和提高产品的良品率。

（6）发射药连续干燥工艺技术

针对发射药制备过程中的干燥（驱水）工艺过程，研究了连续法干燥（驱水）工艺和设备，克服了传统驱水工艺过程效率低、能耗高，质量控制精度差、在线量高等不足，对影响驱溶过程的相关工艺参数进行了优化，设计建立了相关的工程样机，达到了实用化程度。

2. 变燃速发射药工艺技术

在现有发射药配方基础上，采用物理方法制造了一种特殊结构的变燃速发射药，即中心开孔式、双层（多）结构的变燃速发射药。变燃速发射药以单基发射药原材料、双基吸收药为基础添加辅助材料而加工成型，制造工艺采用“溶剂法”或“半溶剂法”工艺，工艺流程如图 12 所示。

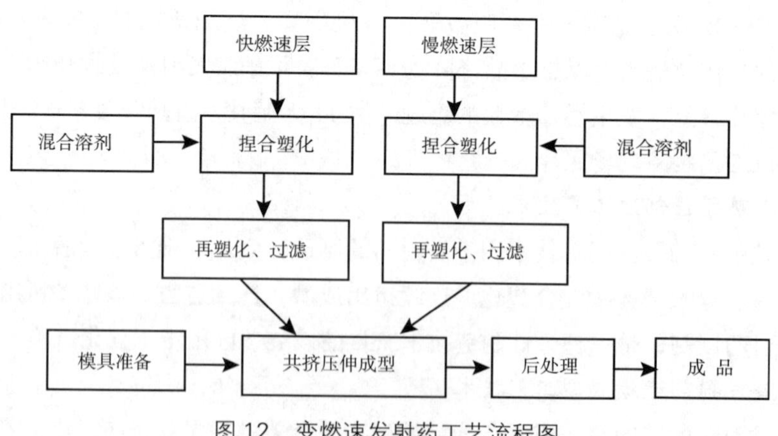

图 12　变燃速发射药工艺流程图

研究了变燃速发射药快燃速层和慢燃速层药料的流变特性，以及药料在成型流道中的剪切应力、剪切速率、压力等物理参数在流道内的变化规律，解决了变燃速发射药成型模具设计的关键技术，设计研究了间断式和连续式成型模具，实现了变燃速发射药的连续化试制，并设计加工了中试试验样机，使变燃速发射药的制造能力实现了由实验室向工程化制造的转变。图 13 为挤压成型变燃速发射药工艺样品。

（a）样品端面

（b）堆积样品

图 13　变燃速发射药工艺样品

3. 核壳结构微孔球形药 / 球扁药工艺技术

采用微胶囊技术结合传统的球形药工艺，研究了一类具有核壳结构的微孔球形药 / 球扁药制备工艺技术，以满足武器应用对高燃速、高渐增性和燃烧洁净性的需求。

核壳结构微孔球形药 / 球扁药，内部有大量微孔，外层为相对密实的壳体，内层与壳层组成完全相同。由于内部结构的改变，使该类球形药 / 球扁药表现出高燃速发射药的特征，药粒的燃烧方式由平行层燃烧方式向对流燃烧方式转变，该类球形药 / 球扁药燃烧时的燃气生成速率，远远超过常规密实型球形药 / 球扁药。通过控制内外层比例和内层的微孔结构，可以在较大范围内调节其燃烧性能，表现出高燃烧渐增性的特点。

核壳结构微孔球形药 / 球扁药的制备工艺分两个过程：一是具有微孔结构的基础药粒制备；二是密实壳层结构制备。微孔结构基础药粒的制备原理与传统球形药类似，只是在物料溶解和分散过程中增加了一步微胶囊法发泡或造孔工序，根据不同分散介质在硝化棉体系中溶解和分散特性的差异，在成型后的球形药内部形成大量的微孔；密实壳层结构的制备是将微孔球形药的外层物料，采用特定的溶剂溶解或溶胀，通过密实化工艺处理消除其微孔结构。图 14 为微孔分层球形药典型样品的内部结构。

核壳结构微孔球形药 / 球扁药的密度和分层结构可控范围大，内外层物理化学稳定性好，其燃烧渐增性显著高于传统球形药 / 球扁药，有望大幅度提高身管武器的能量利用率和炮口动能。图 15 为不同密实壳层厚度的核壳结构微孔球扁药在密闭爆发器试验中的 *L–B* 曲线。从图中可见，采用新工艺制备的核壳结构微孔球形药在燃烧渐增性方面的效果比传统表面钝感处理的效果好得多。

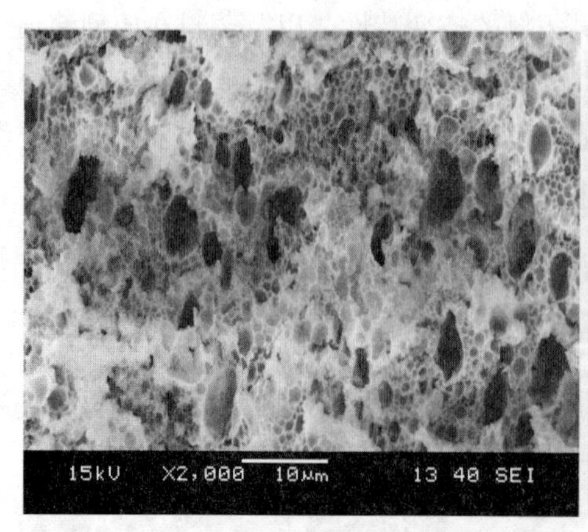

（a）微孔结构（2000 倍）

（b）核壳结构

图 14　微气孔球形药的内部结构

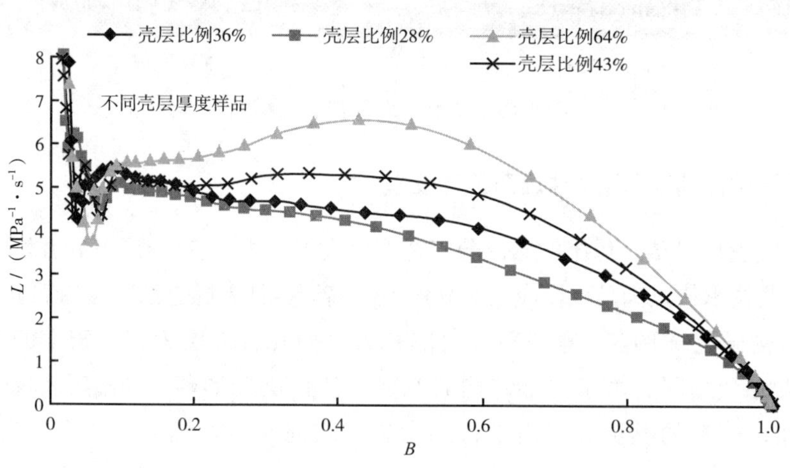

图 15　核壳结构微孔球扁药的 L–B 曲线

4. 绿色环保工艺技术

针对发射药生产过程的环保问题，开展了大量工艺环保技术研究，在废酸处理技术、硝烟回收技术、溶剂回收技术以及废水处理技术方面取得了很大进展，并应用这些技术实施了生产线的改造，实现了发射药生产废物排放量的大幅度削减和排放物的达标。

（三）提高弹道效率和炮口动能的装药技术

在身管武器发射弹丸过程中，由于发射药装药能量释放规律难以适应弹后空间的增长速率，导致武器身管膛内 p–t 曲线较为陡峭，做功效率低。研究提高弹道效率和炮口动能的装药新技术，可提高身管武器的发射威力和效能。近几年来，在提高弹道效率和炮口动能的装药技术方面，主要研究、发展和应用了以下技术方法：高增面低温感装药技术；高能量密度装药技术；渐增性燃烧装药技术等。这些方法的单独或组合运用，可实现提高火炮弹道效率、炮口动能的目的。

1. 高增面低温感装药技术

研究了一种异型、非均等弧厚、表面处理的高增面发射药，控制发射药的燃烧规律，提高装药的燃烧增面性，解决分裂点后的燃烧一致性问题；采用低温感装药技术，控制发射装药的燃气释放和能量释放规律，优化 p–t 曲线的平台效应，降低峰值压力，增加充满系数；降低装药温度系数，控制高温膛压，从而提高装药的示压效率；组合运用高增面、低温感装药技术，实现了在大口径火炮平台上的远程发射，在降低膛压 5% ~ 10% 的基础上，弹丸初速提高 5% 以上，射程提高 20% 以上。

2. 高能量密度装药技术

一是研究了超多孔发射药的设计及制备技术，设计了大尺寸超多孔发射药药型，并解决了其制备及表面处理技术问题；采用模拟试验和仿真设计方法，研究了大口径火炮装药的点传火效率，优化了点传火设计，形成了适应于高装药能量密度的点传火技术方案。采用超多孔阻燃发射药和小尺寸发射药的粒度级配技术，增加装填密度，提高发射装药的能量密度。与原装药相比，装填密度提高了 0.1 ~ 0.3g/cm^3，由此带来的炮口动能提高约 2% ~ 4%。

二是研究了高能硝胺发射药的颗粒模压制备技术。解决了钝感包覆高能硝胺发射药颗粒模压成型工艺等关键技术，在 30mm 火炮上完成了装填密度达 1.05g/cm^3 的内弹道试验，对比制式粒状高能硝胺发射药，在不增加最大膛压的条件下可提高弹丸炮口动能 8% ~ 14%。

三是设计并制备出 ABA 型结构的多层高能硝胺发射药。ABA 型结构的多层高能硝胺发射药，为中间燃速快两边燃速慢的快芯层状发射药，堆积密度由粒状药的 0.95g/cm^3 提高到 1.54g/cm^3 左右，装药密度可提高 60% 左右。在 30mm 火炮上完成了装填密度大于 1.0g/cm^3 的多层高能硝胺发射药内弹道试验，对比制式粒状高能硝胺发射药，在不增加最大膛压的条件下可提高弹丸炮口动能 8% ~ 14%。

3. 渐增性燃烧装药技术

一是研究发展了变燃速发射药装药应用技术。加强了变燃速发射药装药的基础研究。采用中止燃烧实验研究了变燃速发射药的几何燃烧特性，电镜观察中止燃烧药粒的表面特征，药粒整体保持了原有形状，表明燃烧遵循设计的燃烧规律，能够按照设计要求控制能量释放规律；研究建立了变燃速发射药的三阶段燃烧物理模型，建立了中心开孔、双层结构变燃速发射药的形状函数、已燃烧质量份数和燃气生成猛度数学表达式；通过密闭爆发器实验研究药型尺寸、内外层厚度及其燃速比对变燃速发射药燃烧性能的影响，实现了能量释放规律的可控制性。目前该技术已经在某炮射导弹和枪榴弹装药中获得应用，在不改变武器结构和膛压基本不变的条件下可使弹丸初速提高4%以上，并具有低温度系数效果。

二是设计制备出了高增面性的多孔发射药。该发射药具有非均等弧厚、超多孔、变燃速、高增面性等特点，与大量使用的19孔发射药相比，燃烧增面性提高了5% ~ 12%。该发射药采用特殊的模具设计技术，解决了成型时的内聚力、驱溶、变燃速、非均等弧厚等制造工艺问题，并在几种大口径火炮装药中进行了应用研究，结果表明：装药的燃烧渐增性增强，可明显提高火炮的弹道效率和炮口动能。

三是设计并制备出程序控制燃烧面的预分裂发射药。根据几何形状特征建立了该类型发射药的形状函数，从理论上模拟其燃烧过程，研究几何尺寸设计对燃烧过程的影响关系。密闭爆发器燃烧性能验证试验结果表明，燃烧渐增性特征量（L_m/L_0）可达到3左右，B_m 值在0.5左右。图16为代表性样品进行密闭爆发器试验的 L–B 曲线。

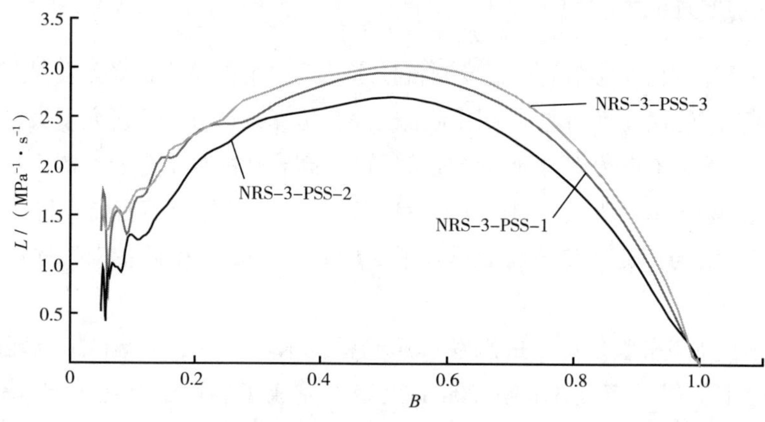

图16　预分裂发射药密闭爆发器试验 L–B 曲线

（四）提高武器机动性能和勤务处理的装药技术

下一代大口径压制火炮必须在射程、射速、射击精度等主要性能指标方面实现跨代跃升，满足未来信息化战场的远程精确打击和快速反应要求，提高武器的机动性能和勤务处理效率。近年来取得的主要进展有以下3个方面。

1. 全等式单元模块装药技术

发展了性能先进的全等式单元模块装药技术。应用高增面性发射装药控制弹道曲线，形成作用时间长、膛压低的推力，用它推动弹丸，降低峰值压力，增加弹道充满系数，以留出压力空间用于减小发射药的弧厚；应用低温感技术和方法，在显著减小发射药弧厚的同时，改变 p–t 曲线、降低火炮的设计压力；运用发射药表面增燃处理方法，结合弹底补偿模块装药技术，提高小号装药燃烧膛内压力，降低装药燃烧的极限压力，保证小号装药的燃尽性；组合运用后形成大口径火炮单元模块装药技术。

由我国创新的全等式单元模块装药技术，解决了兼顾小号装药燃尽性和大号装药膛压控制的世界性技术难题，在最小射程和最大射程不变的情况下，实现了全射程覆盖下的全等式单元模块装药，解决了火炮弹道稳定性、安全性及多弹种兼容等关键问题。与双模块装药相比，全等式单元模块装药的勤务处理效率得到了明显的提高，火炮自动装填系统、火控系统、弹药贮运系统的设计方案均可大幅度简化；由于该技术能降低最大膛压5% ~ 10%，为实现火炮轻量化、提高武器的机动性创造了有利条件。

2. 榴弹炮单元药筒装药技术

以现装备的122mm榴弹炮为背景，研究了其装药改进技术方案。应用低温感装药技术，并结合高能发射药装药能量释放控制技术，降低火炮最大膛压；调节发射药的弧厚尺寸，控制装药的燃气释放规律，解决不同装药号的发射装药种类统一问题，形成了122mm榴弹炮单元药筒装药技术。该技术在保持甚至提高其原弹道性能的基础上，将原来全装药和简变装药的两种药筒改为一种单元药筒，增加了战斗携弹的有效性，简化了射击条件，提高了勤务处理的效率。该技术具有通用性，在采用药筒装药的大口径火炮上均可推广应用。

3. 降低模块装药射击污染的装药技术

大口径火炮模块装药射击时存在燃烧残余物污染药室和炮闩，并可能影响弹丸和模块的自动装填，降低勤务处理效率。研究了降低射击污染的装药技术方案，运用发射药表面增燃处理技术、低温感混合装药技术、装药结构设计技术、高效点传火设计技术、装药辅助元器件清洁燃烧技术等集成优化，控制不同装药条件下的膛压变化规律，降低装药燃烧的极限压力，增加点传火效率，提高小号装药的燃尽性，降低甚至消除火炮射击时的膛内污染，提高勤务处理效率。

（五）发射药及装药性能评估与仿真设计

发射药及其装药性能评估与仿真设计可大幅度提高发射药及装药设计的效率，缩短研制周期，提高装药的发射安全性和可靠性。近年来，我国在发射药及其装药性能评估与仿真设计方面进行了大量的研究工作。

1. 发射药燃烧性能评估技术

针对密闭爆发器实验 p–t 曲线处理过程中对发射药燃烧过程中的热散失难以修正，造成处理数据和实际情况存在偏差的问题，通过对燃气压力变化规律进行分析研究，提出了适用于燃烧室传热的热流密度表达式，得到了发射药燃气与壁面的换热方程，从而建立了发射药在密闭爆发器燃烧过程中的热散失修正模型。通过发射药在密闭爆发器中燃烧的热损失过程进行全程模拟和修正，获得了更精确的发射药静态燃烧参数，为发射药装药的内弹道计算提供了更真实的基础数据。采用密闭爆发器研究了发射药燃速实验测试的新方法，采用恒面燃烧药型，结合更精确的测试手段和分段数据处理方法，获得了压力指数随压力变化的 n–p 曲线。同时也建立了不同压力范围测量与校准方法的技术规范，建立了 400MPa 压力范围内的测压装置和测压元件的标准。

2. 发射药装药发射安全性评估技术

在发射安全性检测和评估方面，设计建立了膛内燃烧与力学环境试验系统，利用该系统可以模拟发射装药在内弹道初期的燃烧与力学环境，获得给定装药结构下弹底发射装药挤压应力的时间历程，确定弹底发射装药被点燃的时间，为分析发射装药结构的合理性提供基础。研究建立了发射装药动态挤压破碎及动态活度试验系统，通过发射装药动态撞击与挤压试验装置，模拟发射药在火炮膛内的受力情况，收集试验后的发射药样品，通过密闭爆发器实验获得发射药受力前后的燃烧性能变化，得到了发射装药动态挤压破碎度及动态活度之间的关系，结合发射装药燃烧与力学环境模拟试验结果，根据“临界点”判据分析发射装药的发射安全性。

3. 发射药及装药数据库建设

建立了较完善的发射药及其装药设计用数据库，数据信息数量大，类型丰富全面，涉及发射药相关数据信息数万条，基本覆盖了发射药原材料性能、配方组成和装药应用所涉及的各种性能，构成了一个发射药及其装药信息系统。其中包括发射药定型配方数据 200 余种，发射药试验配方信息 1000 余种。为发射药及其装药的仿真设计奠定了良好的基础。

4. 发射药配方仿真设计

对发射药配方能量示性数计算软件中使用的发射药组分的热力学性能基本参数数据库进行了大量的补充，同时针对发射药用新型含能材料的广泛使用，添加了数百种材料的热力学性能参数，在此基础上对发射药能量示性数计算软件进行了改进和升级。

一是建立了更加接近于火炮实际使用高压环境条件下具有离解和非离解特点的发射药气体组成、压力、密度及其余容的求解物理模型；利用 PVT 数据修正 SE–CSP 基本气体维里系数表达式，使 SE–CSP 可用于估算高温高压真实气体的维里系数值。通过这些模型的应用，编制了具有离解和非离解特点的发射药配方热力学性质计算方法及发射药组成——热力学性质计算软件，提高了软件的计算精度和适用范围。在大量实验研究数据的基础上，开发编制了基于神经网络原理的发射药力学性能预估软件、基于化学热力学和动力学原理的发射药燃烧性能预估软件。应用上述软件可对不同配方发射药的燃速进行初步的预估，也可以对硝胺发射药、太根发射药的拉伸、压缩和冲击强度进行初步预估。

二是采用人工干预优化算法，实现了发射药配方能量优化设计，开发了发射药配方优化设计 EMATRIX 模块，采用矩阵原理突破物种限制，实现大量产物平衡状态的计算，并采用统一的归一化方法进行区间搜索，能够逼近任意组分的数值，采用动态链接库的方式实现了资源共享和混合编程，能够短时快速高质量地完成原材料及配方的优选。

5. 发射药装药仿真设计

通过对低温感发射药燃烧性能、低温感原理等基础研究，获得了低温感发射药的燃烧规律，建立了适合于低温感发射装药的内弹道计算物理模型，编制了相应的内弹道计算和设计软件。研究了直接利用密闭爆发器试验 p–t 曲线进行发射装药内弹道性能计算的方法，编制了相应的内弹道计算软件。该软件除可对常规的单一或混合发射药装药进行内弹道计算以外，特别适用于发射药形状函数难以确定的发射药装药，例如钝感发射药装药、阻燃和局部阻燃发射药装药、变燃速发射药装药等特殊结构和新型发射药装药的内弹道性能计算。

6. 发射药制备工艺数字化仿真

针对发射药制造工艺设计研究仍然存在基础比较薄弱、制造工艺设计主要采用经验方法、实验倚重成分较大的问题。目前正在开展发射药工艺数字化仿真与优化研究，特别是发射药制造关键工序的数字化仿真设计。通过相关流体力学软件，对发射药挤压成型工艺中药料流动的速度场、压力场等进行了初步的模拟计算和仿真，研究了药料黏度、挤压压力、出料速度等对发射药药料均匀性的影响，为发射药制备工艺设计研究提供了技术支撑。

（六）退役发射药资源化利用技术

通过近期的专项研究，退役发射药资源化利用技术取得了新的进展。迄今为止，退役发射药的再利用技术途径主要有：将退役发射药中的有效组分回收利用；将退役发射药转化为其他化工产品；将退役双迫药改性制备射钉枪弹用双基小粒药、将退役单基药制备无烟（微烟）烟花药剂；将退役发射药制备工业炸药等。

1. 有效组分回收利用

退役发射药中的主要组分有硝化棉（NC）、硝化甘油（NG）等硝酸酯，硝基胍（NGU）、黑索今（RDX）等硝胺炸药，利用溶剂萃取等方法，可以将其分离后再利用。采用丙酮、二氯甲烷等溶剂萃取去除单基药中的杂质，得到 NC；采用超临界 CO_2 萃取出三基发射药中的 NG 后，再通过热水萃取回收 NGU。研究确定了从发射药中分离 NC、NG 及 NGU 等组分的工艺和条件。

2. 制备化工产品

通过化学反应使退役发射药转化为其他化工产品。如将退役单基药粉碎后提取的 NC 在高温蒸汽下降解后可制备硝基涂料棉，或将双基药中 NG 萃取后可制备硝基漆；退役双基药可制备成各种塑料代用制品及漆布料，与聚氨酯接枝可加工成双组分胶黏剂等。也可将退役双基药与一定含量的赛璐珞混合，加入到丙酮、甲醇等溶剂中，搅拌溶解制成烟花爆竹包装防潮剂。

3. 作为民用能源

（1）制备射钉枪弹发射药

将退役双迫发射药进行改性，制备射钉枪弹用双基小粒药，具有成本低、工艺简单、环保等优点，在生产、使用过程中均取得很好的效果。

（2）制备无烟（微烟）烟花药剂

将退役单基药制备无烟（微烟）烟花药剂。传统烟花药剂使用黑火药，燃烧时烟雾较大，不仅对环境造成严重的污染，而且烟雾的遮挡也影响观赏效果。利用退役发射药将其制备成环保型无烟烟花药剂替代黑火药，可减少烟花燃放时的烟雾生成量，并减少对环境的粉尘污染。结合国家科技部的科技支撑计划项目，以退役单基药为主要原料制备的微孔型球形药技术为基础，研究发展了新一代微烟烟花药技术，经过原理性研究、工艺放大研究、发射装药及礼花弹开苞装药研究等阶段，形成了系列化微烟烟花药制造技术和烟花制品装药技术。有关样品在烟花企业开展了数十批实地试验，在典型的地面礼花、礼花弹发射装药及礼花弹开苞装药方面均可以完全替代黑火药，装药量仅为传统黑火药装药量的 30% ~ 50%，发射过程的烟雾量下降幅度在 85% 以上，已具备了产业化技术转化的条件。图 17 和图 18 分别为微烟烟花药样品的外观及燃放效果图。

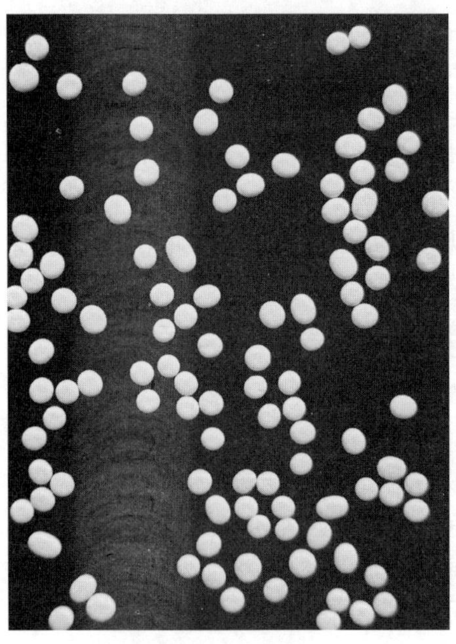

图 17　典型的微烟烟花药外观

（a）黑火药装药

（b）微烟烟花药装药

图 18　不同发射装药的地面礼花燃放烟雾情况

（3）制备工业炸药

退役发射药经过安全粉碎技术有效粉碎后，与硝酸铵、钝感剂或其他添加剂等按一定比例混合均匀后，可制成性能优良的粉状炸药；以浆状炸药配方为基础，将退役发射药药粉作为敏化剂，可制成新型浆状炸药。对于颗粒尺寸较小的2/1、4/7、5/7等发射药可不经粉碎，对大颗粒发射药粗粉碎，使其粒度尺寸小于5mm后，均可直接加入到现有的工业炸药中（如浆状炸药、乳化炸药、铵油炸药等）。这种退役发射药再利用技术方法，可直接利用现有工业炸药的生产工艺，处理量大，并可降低生产成本，实现退役发射药的资源化利用，且有利于提高工业炸药的爆轰性能。

发射药的粉碎过程需要消耗大量电能和人力，且粉碎工艺具有一定的危险性。退役发射药颗粒除了加入到现有工业炸药配方中作为敏化剂或能量组分外，也可通过在堆积的发射药颗粒空隙中有效填充含能灌注液，制成灌注炸药，该方法既能避免有一定危险性的发射药粉碎过程，且成本低、工艺简单，制备的工业炸药性能优良，更适合于较大颗粒退役发射药的大批量处理与再利用。通过对双芳、双乙等低能发射药进行敏化处理，使之可用于灌注工业炸药的制备，解决了该类发射药难以再利用的难题。

三、国内外研究进展比较

（一）新型高能发射药配方设计研究

随着各种新型高能化合物的技术发展和武器装备对发射药性能要求的提高，许多国家都采用各种新型含能黏合剂、含能增塑剂和高能氧化剂研究开发了新一代高能发射药，近期新型高能发射药的能量目标为：火药力≥1300kJ/kg，火焰温度≤3500K。目前国外的研究进展主要体现在以下几个方面：

采用新型含能黏合剂的高能发射药技术。采用AMMO-BAMO、BAMO-THF、GAP-THF（THF为四氢呋喃）等新型含能黏合剂取代传统的NC，研究发展新一代含能热塑性弹性体（ETPE）高能发射药。在提高发射药能量的同时降低敏感性，并大幅度减少了发射药生产过程中的能耗和环境污染，火药力普遍达到1200kJ/kg以上。如美国研究的AMMO-BAMO/RDX系列配方、AMMO-BAMO/TNAZ和/或CL-20系列配方，火药力分别达到了1307kJ/kg和1348kJ/kg，并将两者组合制备成内外燃速差2倍的ETPE层状发射药，具有能量高、能量释放优化、对环境友好等特点。

采用新型含能增塑剂的高能发射药技术。采用丁基硝氧基乙基硝胺（Bu-NENA）、1, 5-二叠氮基-3-硝基氮杂戊烷（DANPE）等新型含能增塑剂部分取代传统的NG，在提高发射药能量的同时降低爆温和烧蚀性；德国ICT研究院采用2, 4-二硝基-2, 4-二氮杂戊烷（DNDA-5）、2, 4-二硝基-2, 4-二氮杂己烷（DNDA-6）和3, 5-二硝基-3, 5-二氮杂庚烷（DNDA-7）的混合含能增塑剂研制出了A、B、C三类高能低温感发射药，其中B型和C型的火药力分别达到1180kJ/kg和1300kJ/kg，爆温分别为2910K和3390K，其燃速几乎与温度无关，并且具有低烧蚀特点。

采用新型高能量密度化合物的高能发射药技术。采用CL-20、TNAZ、ADN、FOX-7、FOX-12等新型高能量密度化合物作为氧化剂，是各国开发新一代高能发射药的主要技术途径，美国、德国、瑞典等国家采用上述新型高能氧化剂研制出多种新型高能发射药，火药力达到1300kJ/kg左右。如美国陆军研制的一种含CL-20、TNAZ的坦克炮用高能发射药，含能增塑剂为TMETN（三羟甲基乙烷三硝酸酯）、TEGN、BDNPA/F（双（2, 2-二硝基丙基）缩乙醛/双（2, 2-二硝基丙基）缩甲醛）、EtNENA（乙基硝氧基乙基硝胺）等，火药力达到1350kJ/kg以上，可满足未来高性能坦克炮对高初速发射的应用要求。

国内在高能发射药的设计研究方面，近年来在跟踪国外先进技术发展的同时，加大了自主创新的力度，高能低敏感发射药、高能量密度发射药等新型高能发射药的研究取得了较好的进展，在发射药能量方面与国外先进水平差距不大，但研究方向主要侧重于配方和工艺的试验研究，在基础研究方面与先进国家相比仍然存在不小的差距，基础研究的系统性不够，新型高能发射药的综合性能与国外相比有一定的差距。因此，我国新型高能发射药在装备应用方面的进展相对缓慢。

（二）发射药制造工艺技术研究

近年来，国外在发射药制造工艺技术改进与创新研究方面推出了一些新工艺和新设备，发射药制造工艺水平、生产连续化和自动化水平、生产本质安全性等都得到了显著的提高。主要体现在以下几个方面：

双螺杆挤出工艺技术、基于计算机PCL自动控制技术和在线检测技术的发展和应用，使发射药生产由间断工艺为主向柔性化、连续化、自动化和遥控化方向推进。美国、英国、德国、法国、以色列、荷兰等已经建立了多条双螺杆挤出工艺生产线，并开始投入生产。

减少挥发性排放物的闭路含能材料制造技术、热塑性弹性体发射药制造技术使发射药制造工艺向节能环保方向发展。美国推出的“减少挥发性排放物的闭路含能材料制造技术”工艺，生产高能低敏感发射药过程中挥发性有机物的排放量比传统工艺减少了35%以上，通过EX99发射药的实际验证，采用该工艺挥发性有机物排放量减少了47%左右，危险固体废料减少了50%左右，生产成本降低了42%。

层状发射药共挤出制造技术、泡沫发射药制造技术等新工艺技术取得良好的进展。层状发射药的制造工艺由挤压叠合工艺向同步共挤出工艺方向发展，荷兰国家应用科学研究院建立了同步共挤出工艺实验室，经过计算机模拟和流变性等基础研究，目前已经成功制备出了7孔层状发射药，现有45mm同向旋转双螺杆挤出机的产能达到了15kg/h。德国研究的泡沫发射药制造技术，已经建立了远程控制的半连续化中试生产线，并结合产品试制情况进行了改进，目前改进建设的二期中试生产线已投入试制生产，生产试制的泡沫发射药的组分和结构可以在很大范围内进行调节，从而优化发射药装药在火炮膛内的燃烧过程和能量释放规律，提高内弹道效率，并可以适应不同装药设计的要求。

与技术先进国家相比，我国发射药生产工艺在连续化、自动化等先进制造工艺上存在很大的差距。主要体现在：一是现有工艺装备相对落后，连续化、自动化程度低，适应性差，一条生产线往往只适用于一个或少数几个品种的生产；二是先进新工艺研究滞后，应用研究进展缓慢，如 20 世纪 90 年代研究建立的双螺杆挤出工艺线至今仍未获得很好的推广应用；三是生产设备及配套设备创新少，除了剪切压延机外，其他核心设备主要依靠国外进口。这方面的问题，既有工艺基础技术储备不足、装备制造业水平不高的原因，也有安全考量的原因。

（三）新型发射药装药技术研究

控制发射药能量释放规律的装药技术一直是国外重点研究发展的方向，经过长期的基础研究积累，目前国外的技术进展主要体现在以下几个方面：

模块发射药装药技术。从近年来模块装药的装备应用和发展动向看，全等式单元模块装药技术和双模块装药技术是当前的研究重点，其中以双模块装药的研究最多，并开始注重不敏感性能的提升。美国、德国、南非、瑞典等国家对双模块装药技术的研究较为成熟，并实现了装备应用，为提高综合性能、降低成本，各国对模块装药系统进行了多次改进。全等式单元模块装药在实现武器系统机械化、自动化、提高射速等方面具有更大的优势，一直是世界各国装药研究者致力研究的方向。南非和以色列在全等式单元模块装药的研究方面进展较快，以色列开发的 CL3317 模块装药是国外全等式单元模块装药技术水平的典型代表，但和双模块装药相比，牺牲了射程覆盖量。

低温感（LTC）发射药装药技术。德国 ICT 研究院与迪尔公司（DIEHL）联合研制出一种低温度系数的高能发射药，并将“低温感发射药装药技术”作为 21 世纪的发展重点之一，现已推出多个研究成果。如航弹用新型 LTC 发射药装药，已经完成了综合性能的评价。德国硝基化学公司采用包覆剂和低黏度液态材料对双基或多基粒状药进行表面包覆，研制出一种低温感发射药装药。

高能量密度发射药装药技术。近年来美国通用动力武器与战术系统公司（GD-OTS）研制了表面包覆的 7 孔粒状药，采用振动装填法将其与小粒径、表面包覆的球形药混合，制备出一种高密度装药，装填密度增加 17% 以上，在 30mm GAU-8/A 航炮上弹丸初速提高 8% 以上，发展目标是弹丸炮口动能提高 25% 以上；大力开展利用杆状药提高发射装药能量密度的研究，横向切口杆状发射药技术在 155mm 榴弹炮上获得应用，并正在研究向其他大口径武器推广。

高渐增性燃烧层状发射药装药技术。层状发射药装药是按线性燃速渐增原理设计的一种先进发射药装药，能量利用率较高，装填密度大（通常可达到 1.3g/cm^3 以上）。美国、法国、荷兰等国在层状发射药装药的配方设计和制造工艺技术方面取得了较大进展。如美国采用含能热塑性弹性体（ETPE）和纳米含能材料等高能组分，制备出了 ABA 型高性能低敏感层状发射药，其快燃层的火药力达到 1314kJ/kg、爆温为 3432K；慢燃层的火药力达到 1254kJ/kg、爆温为 3224K；装药整体（快燃层与慢燃层的质量比为 4 : 1）的火药力为 1299kJ/kg、爆温为 3380K；快慢层燃速差 3 ~ 4 倍。荷兰研究发展的同步共挤出工艺已经成功制备出了 7 孔层状发射药，与薄片型层状发射药相比，圆柱形多孔层状发射药装药的内弹道效果更加显著。

国内在发射药装药研究方面也有较大进展。低温感装药技术继续在型号武器上推广应用，大幅度提高了武器装备的性能水平，在技术原理、技术方法和实施效果等方面，总体处于国际领先水平；以表面处理发射药为基础的双元模块装药已经获得应用，低膛压、低温感全等式单元模块装药技术也取得了突破性进展，正在结合相关武器进行应用研究，技术状态处于国际领先水平；变燃速发射药装药技术获得装备应用，并实现了工程化连续试制，建立了相关的内弹道理论模型，提高了装药应用设计水平，但国内发射药的燃速可调范围窄，内外层的燃速差有限，并通常只能在外层添加低燃速的惰性组分或低能量组分来获得内外层的燃速差，影响了其装药应用效果；在层状发射药装药、高增面发射药装药技术等方面的研究突破了多项关键技术，密闭爆发器燃烧试验和初步的装药验证试验表现出了良好的性能水平，但基础研究还不够深入。

（四）发射药及装药仿真设计技术研究

计算机仿真为解决发射药及其装药设计过程中的技术问题提供了新的手段。国外在 20 世纪 80 年代就开始了发射药及装药的仿真设计研究，提出并不断完善了仿真设计的理论模型，通过大量的基础研究建立了丰富的基础材料和发射药数据库。目前，国外先进国家在发射药配方设计方面已经达到了数字化仿真设计与试验并重的程度；美国开发了预测发射药制造工艺的分析模型——Extend™ 软件，可预测热塑性弹性体发射药的制造工艺成本及制造工艺变化对生产成本的影响；发射药装药设计的仿真设计技术难度相对较大，但仍然可以通过计算机仿真获得相关的基本规律和初步的设计方案，装药设计研究对实验经验的依赖程度有了大幅度降低。通过对发射药及其装药的数字化仿真设计，提高了发射药及其装药设计的水平。

目前我国发射药及装药的设计研究主要还是依靠实验，仿真设计技术应用较少，造成研制周期长、效率低、费用高，特别是发射药工艺和装药设计的仿真技术与国外先进水平仍存在较大的差距。近期在有关专项的支持下，初步开发了发射药及其装药设计的部分数字化与仿真设计软件，主要包括配方设计与优化、装药设计与优化、支撑数据库等一系列软件，为发射药及其装药技术发展奠定了一定的基础。

四、我国发展趋势与对策

随着我国经济实力的增长，近年来加大了对发射药及其装药技术研究的投入，特别是在相关专项计划的支持下，加强了发射药及其装药技术的基础研究和预先研究成果的工程化研究。在新型高能发射药、发射药制造工艺、新型装药技术方面取得了一批技术探索和基础研究成果，一些预先研究成果经过工程化试制和应用研究具备了装备应用条件，与国外先进水平的差距正在逐步缩小。

展望今后一段时期内发射药及其装药技术的发展趋势，在配方设计研究方面，主要采用新型含能黏合剂、新型含能增塑剂和高能量密度氧化剂，研究发展新一代高能发射药，特别是重点发展具有低敏感和绿色环保特征的含能热塑性弹性体（ETPE）高能发射药技术；在制造工艺方面，一方面将通过先进工艺装备的研究和应用，发展安全高效、节能环保、适应多品种的生产工艺技术，另一方面将结合先进装药技术的设计应用，发展强增面超多孔和异型结构发射药、高密度高渐增性燃烧层状结构发射药、微气孔高燃速发射药等制备工艺技术；在装药技术方面，一方面将进一步加强低温感装药技术和模块装药技术的推广应用研究，另一方面将继续开展高能量密度装药技术和高渐增性燃烧装药技术的基础研究，为大幅度提高身管武器的发射威力提供技术支撑。另外，随着基础研究数据的积累，数字化仿真技术也将越来越受到重视，一是重视基础数据库的建设和补充完善，二是物理模型和数学模型逐步向工程应用的实际接近，进一步提高发射药及其装药设计的理论水平。

为适应发射药及其装药技术的发展要求，进一步缩小与先进国家的技术差距，应注重以下几个方面：

（1）重点开展高能高强度及低敏感发射药技术及应用研究

高能高强度发射药是高膛压武器发展的重要需求。目前，我国正在开展相关的基础研究工作，但由于基础研究数据不足，特别是对其高压下的动态力学和燃烧响应规律认识不够，新材料的应用使该类问题更加突出，限制了该类发射药在武器中的推广应用，因此，应加强高能高强度发射药基础研究工作，同时加快其应用研究步伐。

低敏感是发射药技术的发展方向，其研制过程中涉及大量新材料、新工艺等技术问题，研制难度大，应加大该类发射药的研究力度和投资强度，注重高能材料在发射药中的应用，重点研究发展 ETPE 高能低敏感发射药，使该类发射药尽快进入应用研究阶段。

（2）加强先进发射药装药技术研究，加快技术推广应用步伐

采用先进装药技术提高武器性能是快捷有效的技术途径，相比于单纯提高发射药的能量，利用装药技术更具有现实性。目前，我国发展了一系列的先进装药技术，如低温度系数装药技术、远程发射装药技术、全等式单元模块装药技术、高装填密度装药技术、变燃速发射药装药技术等，这些技术的应用将极大地提升我国身管武器的水平。但由于推广力度不足，或由于一些基础技术问题仍没有很好地解决，先进装药技术的应用范围和广度明显不足。应针对不同装药技术的特点和基础研究的完善程度，开展相应的研究工作。对一些技术成熟度较高的装药技术，尽快在武器系统中大范围推广应用，对仍需完善的装药技术，加强基础研究力度，使之尽快在武器中获得应用，同时，应积极开展新概念装药技术的研究。

（3）积极研究开发高效安全、节能环保的发射药先进制造工艺技术

发射药先进制造技术是发射药质量和生产安全的基本保证。目前，我国在发射药制造工艺和先进技术装备应用研究方面还有不小的差距。应借鉴国外先进经验，强化先进工业制造技术研究，建立发射药工业制造技术集成应用研究、预先研究和探索研究的基本研究体系，进一步加强发射药生产工艺改进和新工艺研究的计划安排，提高产品的工艺质量控制水平，提高生产过程的本质安全性和连续化、自动化水平，发展节能环保的绿色制造新工艺技术，进一步加强新技术的装备应用研究。

（4）大力发展发射药设计、制造工艺及装药应用的仿真技术

目前，我国发射药及其装药技术的设计研究主要还是依靠大量实验完成，造成研制周期长、效率低、费用高，大力发展发射药设计、制造工艺及装药应用的仿真技术，可极大地提高我国发射药配方、制造工艺及其装药应用的设计能力和技术水平。通过近几年的努力，我国发射药设计、制造工艺及装药应用的仿真技术研究取得了一定的进展，但由于问题的复杂性，模型还都属于半经验的，和国外先进水平相比，仍有较大的差距，建立和完善发射药设计、制造工艺及装药应用的仿真技术是提高我国发射药及其装药研究能力的重要保证。

参考文献

[1] 杨建兴，贾永杰，刘国权，等. DAGR125 发射药的燃烧特征［J］. 火炸药学报，2010，33（5）：69-71.

[2] 刘国涛，刘少武，于慧芳，等. 含 FOX-7 发射药的燃烧性能［J］. 火炸药学报，2012，35（2）：82-85.

[3] 魏伦，姚月娟，刘少武，等. 含 FOX-12 硝胺发射药的燃烧特性［J］. 含能材料，2012，20（3）：337-340.

[4] 魏伦，王琼林，刘少武，等. 高能量密度化合物 CL-20、DNTF 和 ADN 在高能发射药中的应用［J］. 火炸药学报，2009，32（1）：17-20.

[5] 娄从江. 高能高强度发射药配方与力学性能研究［D］. 南京：南京理工大学，2008.

[6] 陈余谦. 新型高能发射药表面处理技术研究［D］. 南京：南京理工大学，2011.

[7] 赵瑛，刘毅，杨丽侠，等. ETPE 发射药与 RGD7 硝胺发射药燃烧性能及热行为的对比研究［J］. 含能材料，2012，20（2）：188-192.

[8] 张邹邹，赵宏立，刘 毅，等. 密度和冲击强度对 ETPE 发射药燃烧特性的影响［J］. 含能材料，2012，20（2）：193-197.

[9] 赵晓梅，张玉成，严文荣，等. ETPE 发射药的热分解特性与燃烧机理［J］. 火炸药学报，2010，33（3）：68-71.

[10] 贺孝军，徐 霞，杜兰平，等. 热塑性弹性体对硝胺发射药力学性能和燃烧性能的影响［J］. 含能材料，2011，19（1）：65-68.

[11] 郑林. 国外热塑性弹性体发射药的发展概况［J］. 火炸药学报，2007，30（6）：64-67.

[12] 张晓鹏. 高能高燃速发射药研究［D］. 南京：南京理工大学，2013.

[13] 陈西如，应三九，肖正刚. 超临界 CO_2 制备微孔球扁药的研究［J］. 兵工学报，2012，33（5）：534-539.

[14] 薛幂炜. 超临界流体在结构微孔发射药中的制备及应用研究［D］. 南京：南京理工大学，2012.

[15] 刘波，王琼林，刘少武，等. 改性单基药表层功能组分浓度分布对燃烧性能的影响研究［J］. 兵工学报，

2011，32（5）：564-568.
［16］刘波，王琼林，刘少武，等. 提高改性单基药燃烧性能的研究［J］. 火炸药学报，2010，33（4）：82-85.
［17］王琼林，刘少武，于慧芳，等. 高性能改性单基发射药的制备与性能［J］. 火炸药学报，2007，30（6）：68-71.
［18］王明军. 高能火药剪切压延塑化及其塑化性能的研究［D］. 南京：南京理工大学，2013.
［19］张博，苏剑擎，马兴. 发射药皮带自动称量技术［J］. 四川兵工学报，2012，33（4）：80-81.
［20］周龙宝，张永明，鲁厚芳. 粒状发射药自包覆工艺技术［J］. 四川兵工学报，2012，33（8）：12-14.
［21］谭敏，邓维平，张永明. 粒状发射药自动化混同工艺混合均匀度［J］. 四川兵工学报，2009，30（3）：81-83.
［22］席海军，牟敬海，李荫清，等. 双螺杆技术在发射药制造中的应用［J］. 火炸药学报，2006，29（1）：56-58.
［23］杭辽阔，程劲松，李立远，等. 变燃速发射药的研究进展［J］. 山西化工，2011，31（2）：43-46.
［24］范雪坤，马忠亮，朱林. 变燃速发射药燃烧性能研究进展［J］. 四川兵工学报，2011，32（7）：48-50.
［25］刘林林，马忠亮，萧忠良. 变燃速发射药膛内燃烧与内弹道过程研究［J］. 兵工学报，2010，31（4）：409-413.
［26］李文祥. 径向变密度球扁药制备工艺和燃烧性能研究［D］. 南京：南京理工大学，2009.
［27］张洪林. 模块装药性能研究［D］. 南京：南京理工大学，2009.
［28］姚月娟，刘少武，王琼林，等. 颗粒模压发射药的燃烧性能［J］. 含能材料，2012，20（1）：76-79.
［29］梁勇，姚月娟，杨建，等. 颗粒密实模块药的弹道性能［J］. 火炸药学报，2010，33（3）：51-54.
［30］魏伦，王琼林，刘少武，等. 多层发射药的燃烧特性［J］. 火炸药学报，2009，32（6）：75-78.
［31］张江波，张玉成，王琼林，等. 片状多层发射药的内弹道性能［J］. 火炸药学报，2009，32（2）：64-67.
［32］王琼林，刘少武，朱阳春，等. 多层高能硝胺发射药研究［J］. 火炸药学报，2008，31（2）：64-67.
［33］徐滨，刘志涛，南风强，等. 发射药燃气预估专家系统的研究与开发［J］. 系统仿真学报，2013，25（5）：1113-1118.
［34］芮筱亭，冯宾宾，王国平. 发射装药发射安全性评估方法［J］. 兵工自动化，2011，30（5）：56-59.
［35］赵晓梅，闫光虎，严文荣，等. ANSYS 在发射药力学性能仿真模拟中的应用［J］. 兵工自动化，2012，31（7）：35-38.
［36］洪俊，芮筱亭. 发射药粒冲击破碎动力学仿真［J］. 弹道学报，2010，22（1）：61-64.
［37］凌剑，芮筱亭，贠来峰，等. 膛内燃烧与力学环境物理仿真技术研究［J］. 南京理工大学学报，2006，30（4）：512-516.
［38］廖静林，江劲勇，路桂娥，等. 废弃火炸药的处理与再利用研究［J］. 装备环境工程，2010，7（4）：108-111.
［39］袁超. 微烟礼花弹装药技术研究［D］. 南京：南京理工大学，2011.
［40］兵器工业 210 所. 含能材料技术国外发展报告（2007—2012 年）［R］. 2012.
［41］兵器工业 210 所. 发射药及其装药技术国外发展动态（2008—2012 年）［R］. 2012.
［42］兵器工业 210 所. 国外火炸药绿色制造技术发展分析（分报告一）［R］. 2011.
［43］Divekar C.N.，Sanghavi R.R.，Nair U.R.，et al.Closed-Vessel and Thermal Studies on Triple-Base Gun Propellants Containing CL-20［J］. Journal of Propulsion and Power，2010，26（1）：120-124.
［44］Rozumov E.，Manning T.，Park D，et al.BDNPN as an Energetic Additive for Propellant Formulations［A］. 41th International Annual Conference of ICT［C］，2010.
［45］Dietmer Mueller.New High Energetic Gun Propellant with CL-20［A］. Insensitive Munitions and Energetic Materials Technology Symposium［C］，1998.
［46］Kavita Ghosh，Chandra Shekher，Rakesh Sanghavi，et al.Studies on Triple Base Gun Propellant Bsaed on Two Energetic Azido Esters［J］. Journal of Energetic Materials，2009，27（1）：40-50.
［47］Ramdas S.Damse，Amarjit Singh，Harihar Singh.High Energy Propellants for Advanced Gun Ammunition Based on RDX，GAP and TAGN Compositions［J］. Propellants，Explosives，Pyrotechnics，2007，32，（1）：.52-60.

[48] Dr.Dietmar Mueller, et al.Temperature Independent Gun Propellants Based on NC and DNDA for IM Ammunition [A]. IM&EMT Symposium [C], 2009.

[49] Daniel Lepage, Bob Pulver, St.Marks Powder.High Density, Multi-Granulation, Propellant Charge Design [A]. 44th Annual Gun & Missile System Conference [C], 2009.

[50] Beat Vogelsanger, et al.ECL- A New Propellant Technology Has Rerched Maturity [A]. 42th International Annual Conference of ICT [C], 2011.

[51] R.S.Damse, A.K.Sikder.Suitability of Nitrogen Rich Compounds for Gun Propellant Formulations [J]. Journal of Hazardous Materials, 2009, 166 (2-3): 967-971.

[52] Zebregs M., van Driel C.A.Experimental Set-up and Results of the Process of Co-Extruded Perforated Gun Propellants [A]. 39th International Annual Conference of ICT [C], 2008.

[53] Busby A., Morris K., Flower P.Twin-Screw Extrusion of Gun Propellants Based on Energetic Binders [A]. 39th International Annual Conference of ICT [C], 2008.

[54] Manning T.G., Park D., Klingaman K., et al.Interior Ballistics of Co-Layered Gun Propellant [A]. 26th International Symposium on Ballistics [C], 2011.

[55] Helmut Ritter, Barbara Baschung, Patrice Franco.Increase of Gun Performance Using Co-Layered Propellants Based on NENA Formulations [A]. 38th International Annual Conference of ICT [C], 2007.

[56] Zebregs, M.Schoolderman, C.van Driel, C.Scaling Up of Gun Propellant Co-Extrusion Using Simulation Software [A]. 38th International Annual Conference of ICT [C], 2007.

[57] T.G.Manning, D.Park, D.Chiu, et al.Development and Performance of High Energy High Performance Co-Layered ETPE Gun Propellant for Future Large Caliber System [R]. ADA481748, 2006.

[58] Johan Dahlberg.New Low-Sensitivity Modular Charge Propellant Based on GUDN [A]. Insensitive Munitions & Energetic Materials Technology Symposium [C], 2006.

[59] R.Sausa, M.Grams, C.Conner, et al.Propellant Formulation Development for Future Army Weapons Systems by Means of Advanced Modeling and Flame Kinetics Research [R]. ADA505800, 2008.

[60] M.P.Gramsa, W.R.Anderson, R.C.Sausa.An Experimental and Modeling Study of Ingredients for Propellant Burn-Rate Enhancement [R]. ADA504182, 2008.

撰稿人：黄振亚　何卫东　肖忠良　张玉成
马忠亮　郑文芳　张远波　蔺向阳

固体推进剂设计与装药新技术

一、引言

固体推进剂是含能材料的重要种类之一，是火箭、导弹运载战斗部到达目标的能量来源，是弹药有效射程的决定性影响因素。我国固体推进剂专业经过 60 余年的发展，已逐步发展成为含能材料学的重要分支，为国防及军事领域的现代化、宇航工程等作出了重大贡献。

固体推进剂按其组成和特点主要分为改性双基推进剂、复合推进剂和特种推进剂。改性双基推进剂以硝化棉（NC）、硝化甘油（NG）和硝胺炸药为主要成分，具有能量高、燃烧性能优良、特征信号低等优点，是武器装备大量应用的两大主流推进剂品种之一。复合推进剂主要成分包括高分子聚合物［目前主要采用端羟基聚丁二烯（HTPB）］、高氯酸铵（AP）、铝粉和硝胺炸药，具有力学性能好、利于壳体粘接等优点，是当前武器装备大量应用的另一推进剂主要品种。随着特殊使用环境及特殊用途需求，新型及特种推进剂发展迅速，富燃料推进剂、水冲压金属燃料推进剂、等离子体推进剂、凝胶 / 膏体推进剂、高性能燃气发生剂等特种推进剂也是未来固体推进剂发展的重要方向。

推进剂装药就是针对发动机动力输出需求，将推进剂加工制备成具有一定结构的部件。推进剂装药研究范畴包括推进剂装药能量输出及结构设计、装药成型工艺、包覆绝热结构设计及加工、装药特性评估以及装药与发动机匹配性等。推进剂装药是固体推进剂专业重要的研究领域。

随着未来武器装备向远程化、精确化、机动化、隐身化、智能化方向发展，推进剂将向高能、钝感、低特征信号等方向发展，推进剂装药向高装填密度、高可靠性、高安全性等方向发展。在关注固体推进剂上述功能特性的同时，绿色、环保、节能、安全和无害化处理等非功效性能也受到特别关注，更加符合产品性能和满足人类社会可持续发展需求的固体推进剂制造工艺也将成为固体推进剂专业发展的又一重要方向。

近年来，我国在固体推进剂制造和应用领域的研究发展迅速、成绩突出，比冲为 2450N · s/kg 以上的高能推进剂、燃气羽烟为 AA 级或 AB 级的低特征信号推进剂、低易损性通过综合考核的钝感推进剂均有长足发展，绿色环保性能亦有明显改善，使得固体推进剂在武器系统中的应用范围不断拓展，未来呈现出良好的发展态势。虽然总体水平与欧美及俄罗斯等国家仍有一定差距，但在国际上已形成了一定特色。本报告对我国近年来在固体推进剂设计、制造技术、综合性能及应用范围拓展方面的主要进展做简要的总结，并对比分析了与国外存在的差距，提出了持续发展的一些建议与对策。

二、固体推进剂技术研究进展

（一）改性双基推进剂

改性双基推进剂具有能量高、燃速调节范围宽、燃气特征信号低、制备工艺成熟等特点，已成为国内外火箭和导弹武器列装的主要品种之一。此类推进剂主要包括：①以 NC/NG 或混合硝酸酯 /Al/RDX 或 HMX 为主要成分的螺压复合改性双基（CMDB）推进剂；②以 NC/NG 或混合硝酸酯 /AP/Al 和交联剂为主要成分的交联改性双基（XLDB）推进剂；③以 NC/NG 或混合硝酸酯 /Al/AP 为主要成分的半溶剂法螺压复合改性双基（CMDB）推进剂；④以 NC/NG 或混合硝酸酯 /Al/AP 为主要成分的浇铸复合改性双基（CMDB）推进剂。

1. 改性双基推进剂高能化研究

在无溶剂压伸的 CMDB 推进剂中，通过加入大量 RDX 获得高固体含量高能 CMDB 推进剂。目前我国的高固体含量 CMDB 推进剂，与法国“飞鱼”导弹所用无烟硝胺类 CMDB（不含 AP）推进剂的能量水平相当（“飞鱼”系列 CMDB 推进剂的 I_{sp}^{0} 为 2450N · s/kg）。高固体含量推进剂在能量提高的同时，燃烧性能良好，推进剂燃速压力指数维持在 $n<0.4$ 的水平。高密度、高比冲的 HMX 类高固含量 CMDB 推进剂，目前已广泛应用于宇航工程和多个型号武器装备中。

近年来探索了在 CMDB 推进剂中引入标准生成焓 ΣH_f 为 644.3kJ/mol 的硝基呋咱类化合物 3，4- 二硝基呋咱基氧化呋咱（DNTF），结果表明：用 DNTF 取代硝胺改性双基推进剂中的 RDX 和 DINA，推进剂的理论比冲、特征速度和火焰温度均有提高，质量分数为 33% 的 DNTF 取代质量分数为 28% 的 RDX 和质量分数为 5%DINA 后，推进剂的理论比冲提高了 34.27N · s/kg，特征速度增加了 10.6m/s。同时，在燃烧性能研究中发现，在添加 DNTF 质量分数小于 30% 时，CMDB 推进剂中使用 Pb-Cu-CB 三元催化剂时，在 8 ~ 14MPa 压力范围内燃速压力指数可降到 $n=0.38$。DNTF 的标准生成焓高于 CL-20 和 HMX，但撞击感度和摩擦感度均低于 HMX 和 CL-20，且可溶于硝化甘油，对硝化纤维素具有增塑能力，因此有利于降低推进剂生产加工过程中的危险性，并可以改善推进剂的力学性能。此研究结果为提高螺压、改性双基推进剂的能量水平提供了一条新的技术途径。

国内同时探索了高能量密度化合物 CL-20 在螺压 CMDB 推进剂中的应用效果。在加入 CL-20 的同时，控制金属燃料铝粉的含量可获得 19.6 ~ 39.2N · s/kg 的比冲增益。采用铅盐、铜盐和CB的合理组合，使得含CL-20的CMDB推进剂压力指数降至0.38以下。

2. 改性双基推进剂力学性能研究

在改善改性双基推进剂力学性能研究方面，针对推进剂装药应用方式不同，采用了不同的技术途径：对于自由装填式装药，主要围绕CMDB推进剂开展工作；针对壳体粘接式发动机装药需求，着重发展了XLDB推进剂。

（1）改善CMDB推进剂力学性能研究

在改善CMDB推进剂力学性能方面，主要通过以下措施：①选择塑化能力强的硝酸酯取代或部分取代传统单一使用的硝化甘油；②控制硝化纤维素（NC）的硝基取代度（即氮含量N%），并严格控制NC的品质（原料的成熟度、相对分子质量大小及其分布宽窄、氮含量均一性等）；③选择增塑性能良好的助溶剂；④添加与NC、硝化甘油体系互溶良好的柔性聚合物部分取代NC，增加推进剂的韧性；⑤对NC大分子进行改造，在维持NC在推进剂中使用性能要求的条件下，引入柔性的醚键，使NC的玻璃化温度降低；⑥结合上述措施优化工艺条件，在压延挤出成型过程中强化塑化效果。使得自由装填形式CMDB推进剂可以承受炮射导弹等重力加速度达8000 ~ 10000g的发射过载要求。

在硝酸酯选择、NC品质控制、助溶剂选择等方面，已成功开发出了以二缩三乙二醇二硝酸酯（TEGDN）与NG混合，用DINA取代DNT增强塑化效果。在选择柔性良好的聚合物对CMDB推进剂增强和增韧方面，研究了以环氧乙烷/四氢呋喃及聚酯四嵌段共聚的聚氨酯弹性体（TPU），以共混形式将该聚合物应用于螺压CMDB推进剂。选择结果发现：①TPU引入可明显改善推进剂的力学性能，药团在压延中易于塑化、压延成张的遍数明显减少；②加入质量分数为2%的TPU，可使高固含量推进剂的低温断裂延伸率提高1.17倍以上，推进剂的低温脆变获得明显改善；③TPU的应用可提高RDX的加入量，获得同时提高能量和改善力学性能的效果。通过设计，合成了一系列叠氮高聚物、改性双基推进剂用键合剂，并将其应用于高固体含量改性双基推进剂中，可使推进剂的低温延伸率提高到3%以上。

将醚支链引入半刚性的NC大分子以实现内增塑的新型硝化纤维素是CMDB推进剂改善力学性能的另一途径。纤维素甘油醚（NGEC）取代CMDB推进剂中的硝化纤维素，可使推进剂的力学性能获得改善。由于甘油醚的引入，纤维素在硝化后可以获得11.8% ~ 13.6%的氮量级别不同的产品。结构式为：

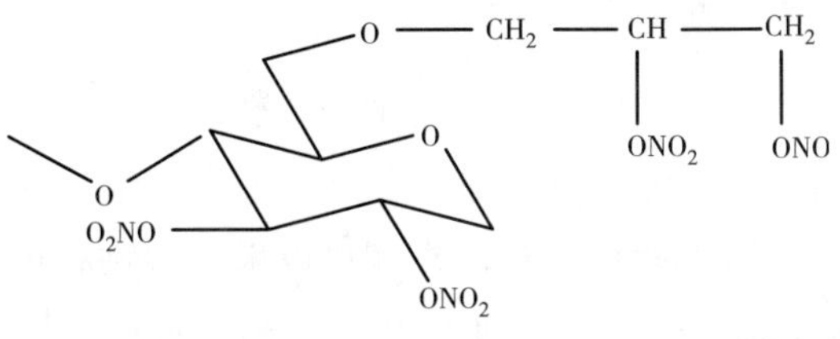

O — CH_2 — CH — CH_2

ONO_2 ONO

O

O_2NO

ONO_2

其玻璃化温度 T_g 比同氮量的NC下降了30 ~ 50℃，实现了NC大分子的内增塑效果。目前已实现了千克级的制备。将含氮质量分数为12.5%的NGEC应用于质量分数为54%RDX的螺压CMDB推进剂中发现：①药团较传统NC易塑化，药料流动性好，工艺实现性好，有利于改善高RDX含量CMDB推进剂的安全性能；②应用NGEC的CMDB推进剂呈现优良的力学性能，其延伸率，特别是低温延伸率较使用NC的CMDB推进剂提高了150% ~ 180%；③所制备的推进剂在发动机中工作正常，高、低、常温的压力、推力曲线平滑、稳定。结果证实，对NC大分子进行内增塑改造是CMDB推进剂改善力学性能的又一良好途径，具有重要的开发前景。

（2）壳体粘接式XLDB推进剂力学性能研究

XLDB推进剂研究起步较早，能量调节和燃烧性能控制较为成熟。先后完成了Φ65mm、Φ118mm、Φ1000mm发动机试车。已分别应用于多种武器。比冲达到2530N·s/kg，低温延伸率达到38%以上。近年的主要研究重点是改善推进剂的力学性能以提高较大尺寸发动机中装药承受高、低温情况下各种载荷（包括固化降温、点火冲击、高低温循环等）的能力，以提高装药在较大尺寸下工作的结构完整性，同时深入研究能量、燃烧、力学、工艺等主要性能的内部影响规律。其中，在确保强度情况下，提高推进剂的低温延伸率以满足不同尺寸发动机的要求，是研究的重要方向。

提高XLDB推进剂的延伸率，主要通过异氰酸酯与NC大分子剩余的羟基反应产生氨基甲酸酯的网络来实现。所选择的预聚物必须与NC大分子及硝化甘油等硝酸酯有良好的互溶性。同时，预聚物本身应有较低的玻璃化温度，使形成的交联网络在较宽的使用温度内可维持良好的弹性。预聚物的硬段与软段所形成的形态结构应处于微相分离状态。国内研究中使用过的预聚物包括柔性较好的环氧树脂、甲基丙烯酸酯类或丙烯酸与丁二烯的共聚物、脂肪酸与脂肪醇的聚酯、聚己内酯等。在XLDB推进剂中直接使用HDI对NC大分子实现交联，获得常温下30%左右的延伸率。近年来，应用不同的聚醚预聚物通过异氰酸酯与NC进行交联，分别获得-40℃时$\varepsilon_m \geq 30\% \sim 40\%$的延伸率。国内的研究中发现了由羰基形成的硬段与醚氧键形成的软段相分离的情况。当选择合适的异氰酸酯和二元醇时，硬段溶出硬段岛区在1% ~ 6%之间，此时的力学性能与微相分离状态相对应，并将推进剂的宏观力学性质与微相结构状态进行了关联和合理的解释。

国内解决了RDX在XLDB推进剂应力—应变曲线中的“脱湿”现象，获得了$\varepsilon_m \geq 40\%$的低温（-40℃）延伸率；制备的推进剂通过了小型发动机的试验。所达到的技术状态优于国外报道的XLDB推进剂的力学性能水平。

3. 改性双基推进剂燃烧性能调节技术研究

调节CMDB推进剂燃烧性能的机理和技术已比较成熟。我国研究了在该类推进剂的不同配方中引入Pb-Cu-CB催化剂系统获得了具有平台燃烧效应的CMDB推进剂。近几年研究的主要方向是探索纳米催化剂对改善催化效果的影响和拓展高燃速CMDB推进剂燃速上限的研究。研究结果表明：在相同条件下，纳米有机金属盐类催化剂较普通催化剂有更好的效果，推进剂的燃速可提高2 ~ 10mm/s。从热分析结果中发现，纳米催化剂促使推进剂的热分解峰温降低。在提高 CMDB 推进剂燃速研究中，国内采用半溶剂压伸工艺制备的含高氯酸铵（AP）CMDB 推进剂，在 10MPa 下燃速已达约 100mm/s。一些推进剂如 GATo 已实现工业化生产，并已在武器中应用。目前又研发出了新一代高燃速推进剂 GAL，该推进剂燃速较 GATo 提高 30%，而摩擦感度（爆炸百分数）降低了 20%，特性落高提高了 35%，使高燃速 CMDB 推进剂提高到一个新的水平。

通过多年研究，我国在 CMDB 推进剂燃烧性能调节方面，如解决高燃速与低压强指数之间相互制约的矛盾，燃烧稳定性与内弹道稳定性及感度等问题，取得了长足进步，获得了很大进展。

在进行传统 Pb-Cu-CB 催化剂纳米化研究同时，近年来国内在非铅绿色催化剂、绿色多功能催化剂、含能绿色催化剂研究领域进行了大量研究工作，开发了系列非铅的多功能绿色催化剂，其燃烧性能调节达到与铅催化剂体系相近的效果，多种绿色催化剂已应用到型号研究中。

4. 改性双基推进剂钝感化研究

在改性双基推进剂钝感化研究方面，近年来开展了大量研究工作，主要通过以下技术途径：①采用三羟甲基乙烷三硝酸酯（TMETN）、二缩三乙二醇二硝酸酯（TEGDN）、丁三醇三硝酸酯（BTTN）等硝酸酯替代 NG；②采用钝感耐热炸药如 FOX-7、FOX-12 等材料作为含能添加剂；③采用 I-RDX、I-HMX 等材料取代普通 RDX 或 HMX；④添加钝感功能助剂等。

近年来，采用 TMETN 替代硝化甘油，并添加一定量的 FOX-7 和 FOX-12 的改性双基推进剂配方通过了危险等级典型试验，达到了 1.3 级。

5. 改性双基推进剂特征信号研究

改性双基推进剂具有低特征信号的优点，但是随着战场生存、高效突防、定点清除、高温高湿环境下使用寿命和发射平台防蚀需求，武器装备对微烟微焰推进剂提出了迫切需求。在降低改性双基推进剂烟焰特性研究方面，通过添加消烟剂或消焰剂、分析配方组分对烟焰影响规律等，设计的改性双基推进剂发动机羽流一次烟和二次烟达 AA 级或 AB 级，基本消除了二次燃烧（后燃），如图 1 所示。并已在某舰载防空导弹中结合型号开展应用研究。

在开展降低改性双基推进剂烟焰特性研究的同时，围绕推进剂特征信号评价表征技术开展了大量研究工作，建立了推进剂烟焰特性评价标准和方法，并将推进剂特征信号研究表征工作从室内设定环境拓展到外场条件。

6. 改性双基推进剂燃烧机理研究

（1）钝感低特征信号 CMDB 推进剂的燃烧机理

系统研究了集钝感（IM）和低特征信号（LS）两个特性于一体的 NC/TMETN/RDX/

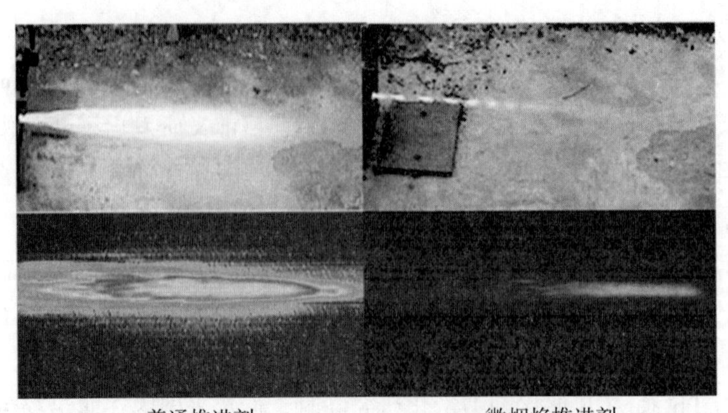

图 1 普通推进剂与改性双基推进剂燃烧时的烟焰对比照片

LLM-105 推进剂和 NC/TMETN/FOX-7 推进剂的燃烧机理。

借助热重分析（TG-DTG）、差示扫描量热法（DSC）、固相原位池和傅里叶变换红外光谱仪联用技术、热分析—质谱—红外联用技术等手段，系统研究了 NC/TMETN/RDX/LLM-105 推进剂和 NC/TMETN/FOX-7 推进剂的燃烧机理，揭示了含 RDX、RDX/LLM-105 和 FOX-7 的 NC/TMETN 基改性钝感低特征信号推进剂的热分解和燃烧过程的影响机理，建立了 NC/TMETN/RDX/LLM-105 推进剂和 NC/TMETN/FOX-7 推进剂的燃烧物理模型。同时将两类推进剂的 PDSC 特征量与其燃速相关联，建立了该类推进剂热分解与燃速的关联数学模型，并对其燃速进行预估，计算值与实验值的相关性均在 0.99 以上。并基于固体推进剂燃烧性能预估方法——一维气相反应流模型，在热分解实验的基础上，提出了 NC/TMETN/RDX/LLM-105 推进剂和 NC/TMETN/FOX-7 推进剂初期热分解反应假说，并对预估公式加以修正，建立了两类推进剂燃速预估模型和编制计算软件，较好地定量计算了该类推进剂的燃速。

（2）含高氮化合物的高燃速 CMDB 推进剂的燃烧机理

国内从微观角度研究了 BTATz 和 NNHT 高氮化合物对 CMDB 推进剂燃烧波结构、熄火形貌及表面元素组成的影响。BTATz 和 NNHT 自身不存在类似 RDX 那样的熔融过程，所以使得含高氮化合物的推进剂发散火焰束的产生成为可能；使得推进剂燃烧表面由熔融状变为疏松珊瑚状，使火焰强度增强。随着压强升高，推进剂暗区迅速变薄，燃烧表面产生发散火焰束的活性点很多，使得火焰紧贴着燃烧表面，增加了火焰区热量对燃烧表面的反馈，加速了燃烧反应。催化剂体系不会改变 CMDB 推进剂火焰的基本形貌，即对推进剂燃烧反应中的气相区影响不大，但可改变推进剂燃烧表面新生成的高热碳粒，即有促进推进剂该类固相反应的作用，使固相区的热分解加速；催化体系使得试样紧靠燃烧表面上方和表面下方的温度梯度都比非催化试样的大，同时暗区厚度变薄。这说明催化体系加强了凝聚相及表面附近的放热反应，使对燃速起主导作用的表面反应区的主导地位更加突出，因此燃速会提高。

研究找到了一条能够很好地解释压强指数降低的有效途径——温度梯度系数（Ω），

该物理量表示温度梯度随压强升高而增大（或减小）的速率。压强升高，凝聚相温度梯度系数呈减小趋势，由气相向凝聚相的热传导速率降低，使得推进剂燃速提升速率减小，燃速对压强的敏感程度降低，即燃速压强指数（n）降低，甚至出现平台和麦撒效应。低压下 Ω 值越高，对低压区燃速（u）的提升和高压区 n 的降低越有利。NNHT 较 BTATz 易使推进剂产生平台效应。

（3）高能微烟 CMDB 推进剂的燃烧机理

国内研究了含 CL-20 和 DNTF 两类高能量密度化合物的改性双基推进剂的燃烧规律，以及某些燃烧催化剂对两类推进剂燃烧过程的影响，进而为两类推进剂燃烧机理研究和燃烧性能调节提供了确凿的实验依据。

CL-20 的质量分数较小时（小于 36%），非催化 CL-20-CMDB 推进剂火焰结构与双基和 RDX-CMDB 推进剂的有相似之处，即火焰中存在明显的暗区，但此暗区内也出现了一些独特的始自燃烧表面的明亮发散状火焰束；当 CL-20 的质量分数较大时（大于 36%），其火焰结构与 AP-CMDB 推进剂的类似，即燃烧火焰中见不到有明显的暗区，且此时燃烧行为变得剧烈。加入燃烧催化剂后，推进剂火焰变得明亮，燃烧表面处亮球变得细小，亮球层变薄，但不会明显改变火焰基本形貌。加入 Al 粉后，CL-20 质量分数小于 36% 时推进剂试样的火焰结构中均存在明显的暗区，火焰中飞散有明亮的 Al 粉颗粒燃烧痕迹，除了存在明显的明亮颗粒状物之外，还可观察到火焰中存在 CL-20 燃烧产生的气体流束亮线。

DNTF 的质量分数较小时（小于 30%），DNTF-CMDB 推进剂火焰结构与双基推进剂和 RDX-CMDB 推进剂的相类似，存在明显的暗区，但暗区内夹杂着始自燃烧表面的火焰束；而当推进剂中 DNTF 的质量分数较大后（大于 30%），其火焰结构与 AP-CMDB 推进剂的类似，即燃烧火焰结构中无明显的暗区存在，且燃烧行为变得剧烈。

利用微热电偶研究了含 CL-20、DNTF、Al 粉和上述几种混合物的典型推进剂试样的燃烧波结构，通过燃烧波温度分布曲线微分方法，进行了火焰各区的划分及温度确定。从测试结果可看出，CL-20-CMDB 推进剂的燃烧表面温度在 360 ~ 480℃之间，燃烧火焰最高温度在 1320 ~ 2550℃之间，两个温度总体上随压强升高变大，随 CL-20 含量增加而升高；DNTF-CMDB 推进剂试样的燃烧表面温度在 350 ~ 450℃之间，燃烧火焰最高温度在 1600 ~ 2600℃之间，两个温度总体上随压强升高变大，随 DNTF 含量增加，燃烧火焰最高温度增加，而燃烧表面温度稍有降低；当将 DNTF 加入 CL-20-CMDB 推进剂后，会使推进剂燃烧亚表面区（120 ~ 160℃范围内）出现明显的温度变化梯度，即 DNTF 熔点温度附近，可较好调节推进剂的燃烧波稳定性。

通过研究，提出了含 CL-20 的非催化 CMDB 推进剂的物理燃烧模型，即：在推进剂燃烧表面上方的气相区域，存在着两种预混火焰和一种扩散火焰，即双基黏合剂基体的 DB 预混焰、CL-20 颗粒的 CL-20 单元焰和上述两预混焰产物扩散形成的 DB/CL-20 焰。且推进剂燃烧过程中，贴近燃烧表面的两种预混焰的燃烧有相互竞争的趋势。研究也提出了含 DNTF 的非催化 CMDB 推进剂的物理燃烧模型。即：在推进剂的燃烧亚表面及表面处，

DNTF 会发生熔化、挥发和分解，其中熔化行为在燃烧亚表面处是主要行为，并开始点火燃烧，形成DNTF预混焰、DB预混焰和DNTF/DB扩散火焰。随着推进剂中DNTF含量变大，燃面处熔融物面积增大，这两种火焰中的 DNTF 火焰逐渐成为主导燃烧火焰。

（二）复合固体推进剂技术研究进展

以高分子预聚物为黏合剂，添加无机氧化剂（如高氯酸铵）和金属燃料（如铝粉）等组成的固体推进剂统称为复合推进剂。目前我国已形成了以端羟基聚丁二烯（HTPB）推进剂为工程型号的主装药，并不断开展高能［以硝酸酯增塑聚醚（NEPE）推进剂为代表］、钝感［以端羟基聚醚（HTPE）为方向］和低特征信号［以叠氮聚醚（即 GAP 类）为主要途径］的推进剂新品种的研究，分述如下。

1. HTPB 推进剂综合性能优化研究

作为火箭导弹主要装药品种之一的 HTPB 推进剂制造和应用技术已趋成熟，已建成规模化生产平台。近几年在挖掘此类推进剂的能量潜力，提高力学性能水平，改善制药工艺技术特别是药浆黏度较高的高固体含量推进剂的制药技术方面，取得了重要进展。通过提高固体含量的技术使加入硝胺的丁羟四组元 HTPB 推进剂中的固体质量分数达 90%，其综合性能仍具有较好的水平。其中固体质量分数为 89% 的配方已结合工程进行应用研究。在 10MPa 压力下，推进剂的实测比冲达 2475N · s/kg，达到此类推进剂在实际工程型号应用中的最高能量水平。在力学性能调整中，通过优化大分子网络结构和高效功能助剂的使用，将丁羟四组元 HTPB 推进剂 -40℃的延伸率提高到 58% 以上，为型号发动机在 +50℃ ~ -40℃温度范围内，在各种载荷作用下装药结构的完整性提供了可靠的技术保障。在燃烧性能的调整中，通过化学催化剂优选与物理（填料粒度合理级配）因素的控制，HTPB 推进剂燃速在 2.5 ~ 120.0mm/s 范围可调，其中燃速为 110mm/s 的推进剂已应用于姿态控制发动机的装药，燃速为 40mm/s 的推进剂也应用于工程项目，丁羟推进剂的燃烧性能可以满足各种发动机的不同要求。国内研制的 HTPB 复合推进剂实测比冲达到 2520 ~ 2550N · s/kg，已结合多种武器（如 150km 火箭）开展应用研究。

在 HTPB 推进剂的应用技术上的一个重要进展是：针对加农炮底排增程中高过载、高马赫数、高底阻的难点，研制成功了产气量大、燃温低、力学性能优良、低压燃烧稳定的 HTPB 推进剂。同时，将该底排推进剂应用于底排与火箭复合增程火炮时，研制成功自带引火药的药型，避免了使用点火具时对底排药表面冲击造成的射程散布，提高了炮弹复合增程的密集度。自带点火药的底排药及实现二者稳固黏结的“铸 – 压”工艺具有创新性，使我国 HTPB 底排推进剂应用于火炮增程的技术达到一个新的水平。

2. 复合固体推进剂交联固化技术研究

我国以端羟基聚醚为反应底物，通过“点击”化学（click chemistry）原理，端叠氮化、端炔基化构成推进剂的固化体系，生产的三唑弹性体交联网络可控，有良好的力学性能（$\sigma_m \geqslant 1.2$MPa，$\varepsilon_m \geqslant 134\%$）。在制备推进剂中发现，加入吸水性极强的 ADN（加入质量分数 30%）可以获得固体质量分数为 72% 的密实无气孔药柱，力学性能基本良好，证实“点击”化学在复合固体推进剂中应用的可行性，为复合固体推进剂的固化系统探索了一条新的途径。

3. 复合固体推进剂钝感化研究

钝感推进剂研究的技术途径与国外基本一致，主要是采取如下途径：①采用柔性优良的黏合剂高分子制成韧性良好的药柱以吸收遭受意外冲击和撞击时的能量；②适当降低推进剂中的固体含量并使用感度较低的填料（如使用北京理工大学近年研究成功的球形化且致密性高的 RDX 取代一般的 RDX）；③加入自熄性材料使推进剂在大气压下可使燃烧熄灭；④使用感度较低的增塑剂，如三羟甲基乙烷三硝酸酯（TMETN）或二缩三乙二醇二硝酸酯（TEGDN）取代硝化甘油（NG）。针对能量较高而钝感性能较好的叠氮聚醚推进剂进行了黏合剂分子结构选择（以 BAMO-THF 代替 GAP），感度远低于 AP 的相稳定性硝酸铵（PSAN）的应用等研究。所研究的推进剂可通过钝感弹药性能 7 项要求中的 5 项考核。同时，采用嵌段端羟基聚醚（HTPE）为黏合剂和低感度的含能增塑剂 BuNENA，并添加适量低感度氧化剂制成固体质量分数为 82% 的钝感推进剂，其理论比冲 I_{sp}^{0} 为 2608N · s/Kg，密度为 1.799g/cm^3。该推进剂通过了慢速燃烧、子弹撞击、与三组元丁羟推进剂相当聚能射流冲击、殉爆等 7 项钝感性能测试。在试验中推进剂只燃烧未爆炸，响应等级为 V 级，在 HTPE 推进剂的钝感性能关键技术上取得了重要突破。

4. 复合推进剂高能化研究

研究以混合硝酸酯为增塑剂，硝化纤维素及聚醚预聚物为黏合剂，添加氧化剂（AP-硝胺炸药）和金属燃料（铝粉）的高能复合改性推进剂。8MPa 下 Φ 135 发动机实测比冲达 2510N · s/kg，7 ~ 15MPa 下动态压力指数为 0.435，20℃下 σ_m=0.66MPa，ε_m=153.34%，50℃下 σ_m=0.56MPa，ε_m=83.64%，-40℃下 ε_m 达 161.30%。同时研究成功高能量低燃速的实用配方，5MPa 下燃速达 4.86mm/s，3 ~ 11MPa 下动态压力指数 n=0.4325，并维持优异的力学性能，为该类推进剂的广泛工程应用准备了良好的技术条件。研制的 N-15D 低特征信号推进剂，6 ~ 15MPa 推进剂压力指数降到 0.43 以下，烟雾等级达到 AB 级，目前已结合某导弹和火箭弹开展型号应用研究。

另外，探索了（$Mg_{0.8}NiBH$）$_{0.2}Al_{0.8}$ 及（$Mg_{0.8}NiBH$）$_{0.2}Al_{0.8}$ 贮氢合金在 HTPB 中的应用效果，发现在推进剂固体质量分数为 85% 的丁羟推进剂中（贮氢合金质量分数 17%），在平均压力为 7MPa 时，发动机实测比冲为 2308.8N · s/kg，较使用 Al 为金属燃料的相同配方的比冲提高了 42.53N · s/kg，证实贮氢金属在复合推进剂中取代铝粉时对提高推进剂的能量水平有明显作用。

5. 可再利用"绿色"固体推进剂

国内近年来开展了非含能和含能两类聚氨酯弹性体用于可回收利用的复合推进剂研究。突破了可满足推进剂制备工艺和应用要求的新型热塑性弹性体合成及微粒化、高能炸药填料（如 RDX）的钝感包覆、串联双螺杆混合塑化成型、推进剂配方优化及性能调节等关键技术，采用熔融二步法合成了三种有应用价值的含能聚氨酯型热塑性弹性体。

（1）合成了以 3，3- 双（叠氮甲基）氧杂丁烷（BAMO）与 3- 甲基 -3′ - 叠氮甲基氧杂丁烷（AMMO）为软段、异氰酸酯（TDI）为硬段的弹性体。

（2）合成了以 3，3- 双（叠氮甲基）氧杂丁烷（BAMO）和叠氮缩水甘油醚（GAP）为软段、异氰酸酯为硬段的弹性体。

（3）合成了以 GAP 为软段、异氰酸酯为硬段的弹性体。

通过软硬段之间的比例控制，使合成的热塑性弹性体处于良好的微相分离状态，从而赋予弹性体良好的力学性能。它们的数均分子量在 50000 以上，弹性体基体的拉伸强度 $\sigma_m \geqslant$ 5MPa，延伸率≥ 300%，并实现了 10kg 级的工艺放大。为适应螺压成型工艺制备推进剂的要求，通过溶液造粒法制备了球形度高、大小均匀、粒径在 100μm 以下的弹性体微粒，并采用水性聚氨酯，通过乳液包覆技术，对高能炸药填料（RDX）实现了钝感化处理。以上述三种热塑性聚氨酯弹性体为黏合剂的推进剂，对单螺杆压伸、双螺杆压伸及油压机压伸的推进剂成型工艺均有良好的适应性，并以平行双螺杆挤出和锥形双螺杆压伸进行了百公斤级的工艺成型考核。推进剂（质量分数分别为黏合剂 15%/RDX47%/AP18%/Al 12%）具有高能、钝感和可再利用的特点，实测爆热为 6932J/g，摩擦感度为 8%，H_{50} 达 47.3cm。

三种推进剂的加工余料通过了溶剂溶解和压延回收的再利用考核。推进剂的退役样品采用溶剂溶解回收和组分提取分离的方法，实现了固体组分回收率大于 80% 的要求，首次在我国以螺压工艺实现了以含能热塑性聚氨酯弹性体为基的可再利用复合固体推进剂的制备技术。

此外，国内还采用开环聚合法合成了一系列含能热塑性弹性体聚合物，并研究了聚合物相对分子质量对推进剂力学性能的影响规律。在此基础上，开展了 BAMO-AMMO 基绿色含能热塑性推进剂的综合性能调节及研究，系统研究了该推进剂力学性能和燃烧性能规律。设计的推进剂固体质量分数达到 85%，其实测爆热大于 6600kJ/kg，摩擦感度小于 4%，撞击感度 $H_{50} \geqslant$ 45cm，6 ~ 18MPa 下推进剂压强指数小于 0.4，–40℃推进剂延伸率大于 3%。

6. 复合固体推进剂损伤破坏过程研究

国内近几年建立了一套适合于对固体推进剂进行细观观测的原位加载扫描电镜系统。该系统具有以下特点：可观测高延伸率的加载破坏规律，材料最高延伸率可达 200%，采用专用的拉伸、压缩加载传感器，可实现样品的精确加载和应力测量；具有方便实用的图像采集和处理系统；所采用的显微镜具有足够的景深和放大倍数。此系统避免了扫描电镜需对测试样品表面喷金并需在真空腔内测试所带来加温、加载的困难，所设计的高、低温

加载实验舱可满足 +200℃ ~ −70℃范围内的观测要求，利用数字图像处理软件，将固体推进剂原位拉伸扫描电镜照片，进行灰度图像转换成适合计算机读取的黑白二值图，通过 MATLAB 软件进行差分盒维数计算，发现固体推进剂受载过程中表面裂纹黑白二值图的 $\lg r$-$\lg N_r$ 具有良好的线性关系，且具有自相似的分形特征，从而可将样品表面分形维数作为描述损伤程度的变量，定量地描述含填料复合固体推进剂损伤发展各阶段的演化过程，为复合固体推进剂的细观力学研究提供了新的技术手段。

（三）特种推进剂的研究

1. 富燃料推进剂技术

（1）镁铝富燃料推进剂

国内通过对推进剂中镁铝比例调节、模量调节、催化剂含量等技术途径的综合应用，目前该类推进剂达到了以下技术指标要求：实测热值为 22.5MJ/kg，理论热值为 24.1MJ/kg；密度≥ 1.63g/cm^3；燃速在 3.0 ~ 30.0mm/s（1MPa）范围内可调；力学性能为 $\sigma_m \geq$ 1.2MPa（+50℃），$\varepsilon_m \geq$ 45%（−40℃）；喷射效率 $\eta \geq$ 99.5%（三推力发动机试验实测）；抗过载性能≥ 8000g；且其可满足浇铸要求。开展了镁铝富燃料推进剂装药研制，完成了地面联动试验、直连式冲压发动机地面联试试验、2s 和 10s 飞行试验等重要研制工作，为该类推进剂的进一步研究奠定了良好的基础。

（2）含硼富燃料推进剂

我国分别在硼粉与 HTPB 黏合剂相容性及硼粒子点火燃烧、提高燃烧效率方面取得了重要突破，研制成功了硼质量分数大于 35%，理论热值大于 35MJ/kg 的 HTPB 富燃料推进剂。装药发动机地面试验模拟 10km 飞行高度，飞行速度为 2.8Ma，空燃比为 11.3 时，实测比冲≥ 8330N · s/kg，为固冲发动机的研制提供了有力的技术支撑。

我国研究了采用几种醇类化合物和几种胺类化合物对无定形硼粉进行处理，获得了胺类化合物处理无定形硼粉的方法；探索出一种制备周期短、球形度高、粒度可控、颗粒强度大、20 ~ 50 目颗粒，产率大于 70% 的捏合机团聚硼粉方法，解决了配方中硼粉含量难以提高的技术难题。

同时，在高速鱼雷用 Mg 基水反应富燃料推进剂研究中，通过催化活化金属燃烧技术，研究成功 Mg ≥ 60% 的富燃料推进剂，燃烧室压强为 2.26MPa 时，推进剂比冲达 4202N · s/kg。

（3）高能富燃料推进剂

我国还研究了碳氢燃料、高能硼氢盐燃料的富燃料推进剂，质量分数分别为 30% ~ 40%，热值达 22 ~ 31MJ/kg。达到的主要指标如下：实测热值为 28MJ/kg；密度≥ 1.40g/cm^3；燃速 2 ~ 10.0mm/s（1MPa）可调；燃速压力指数 $n \geq$ 0.50（+20℃，0.5 ~ 3.0MPa）；且其可满足浇铸要求。该类推进剂在低特征信号的冲压发动机中具有良好的应用前景。

总之，富燃料推进剂技术已取得了较大的技术进步，主要技术指标和总体技术达到国际先进水平，大大提高了国防能力和武器装备现代化水平，对推动国防科技发展具有重要作用。

2. 凝胶推进剂

国内对凝胶剂和流变性能等方面进行了研究，对高分子胶凝剂、无机颗粒胶凝剂和小分子有机胶凝剂进行了改性研究，在其分子内引入大量含能基团，使其形成富能组分，其能量得到大幅提高。凝胶推进剂在管路中呈“柱塞”形流动，其特性取决于流速、流变指数和稠度系数；管壁附近的剪切速率最大，表观黏度最小；弯管内侧剪切速率小于外侧剪切速率；收缩型截面中，剪切速率逐步增大，黏度逐步降低；突缩和突扩截面存在低速回流区。

3. 膏体推进剂

国内膏体推进剂研究起步相对较晚，20 世纪 90 年代初以来，多家单位相继开展了膏体推进剂配方及性能探索研究，通过凝胶剂种类及含量调节，改善膏体推进剂挤压输送流变性能研究等。国内研究者采用彩色 CCD 比色测温技术，设计了一种非接触式膏体推进剂火焰测温系统。基于膏体推进剂物理性能和化学成分与固体推进剂药浆相似，在固体推进剂 BDP 燃烧模型基础上，引入膏体推进剂燃烧热效应这一新参数，将模型推广于膏体推进剂燃烧研究。模型考虑了氧化剂粒度分布、组分配比、催化剂性能和膏体推进剂燃烧热效应等对燃速的影响，可用于膏体推进剂的配方研制和性能预测。

4. 水反应金属燃料推进剂

国内探索了金属镁在水冲压发动机中应用的可能性。通过模压与浇铸相结合的工艺，利用高效能燃烧催化剂和金属活化剂，提高了镁粉与水的反应活性，制备了金属燃料质量分数≥ 75% 的推进剂，Φ 110mm 药柱在水冲压发动机中燃烧平稳，P–t、F–t 工作曲线正常，实测比冲达 4606N · s/kg 以上，显示了该类推进剂具有高能量性能的水平，表明在配方设计、工艺实施及燃烧和能量性能等调节技术有重要突破，为鱼雷用的新型水反应金属燃料推进技术的进一步发展提供了技术基础。

（四）固体推进剂装药技术

固体推进剂装药技术在推进剂研究过程中具有重要作用，但是一直以来没有受到重视，近年来，由于装药技术研究不深入，在型号研究过程中发生诸多问题，国内逐渐认识到装药技术的重要性。固体推进剂装药技术在固体推进剂专业领域发展较晚，但成绩显著。掌握了组合装药、300s 长航时装药及热防护、抗高过载装药、带药缠绕包覆等关键技术。

通过装药燃面调节、不同燃速推进剂组合装药技术，实现了单室多推力。其装药由不同燃速、不同结构、不同工艺的推进剂组合而成。采用一个发动机实现单室多推力方案，可为先进战术导弹提供灵活、高效的动力输出，其推力大小可通过不同装药组合调节。目前通过组合装药技术实现了单室双推力、单室三推力和单室四推力装药设计和应用，在发动机结构不变条件下发动机总冲可提高 15% 以上。

采用在推进剂装药外直接缠绕壳体的结构模式，最大限度地增大了改性双基推进剂的装填系数，极大地提高了固体火箭发动机的推进效能。采用带药缠绕工艺，将推进剂装药与复合材料壳体一体化缠绕成型，实现了改性双基推进剂的零间隙装填，具有装填系数高、壳体消极质量轻、发动机能效比大的优点。装药静态爆破压强：≥ 25MPa，质量比：≥ 0.65（80mm 口径发动机）。

使用成本低廉的硫化硅橡胶，优异的绝热耐烧蚀性能为长航时装药热防护提供了可靠保障，同时可用于冲压发动机补燃室热防护。目前长航时推进剂装药通过了 300s 的试验考核。

通过配方设计，提高改性双基推进剂力学性能，通过工艺提高装药的结构完整性，同时通过装药结构设计，实现了改性双基推进剂装药抗 10000g 过载，并在多个炮射导弹型号中实现应用。

（五）固体推进剂配方及装药性能数值模拟与仿真技术研究

国内自行研发相应的模拟仿真设计成套软件，使该软件具有改性双基推进剂信息查询、配方设计、性能预示、装药设计、内弹道性能模拟及装药工作过程仿真等功能，为提升目前改性双基推进剂及装药设计水平、实现由经验型设计向科学化设计的转变，奠定了坚实的理论基础与强有力的技术支撑。

1. 固体推进剂知识库

所建知识库包含固体推进剂原材料性能数据库、固体推进剂绝热包覆层材料数据库、已定型固体推进剂配方和性能数据库、经科研实验测得的固体推进剂配方和性能经验库。数据库中已收集原材料数据数千种，收集固体推进剂定型配方和性能数据 100 多种，收集实验测定的研究性固体推进剂配方和性能经验数据 1000 多种，收集固体推进剂绝热包覆层材料数据 150 多条。

2. 改性双基推进剂主要性能预估

（1）将推进剂配方能量计算与遗传优化方法、图形绘制功能相结合，能通过输入的推进剂配方组分迅速地计算出能量特性，并能优化出最高比冲（或特征速度）下的最佳配比，具备绘制多种等性能三角图、二维等高图和三维立体图功能，可将推进剂配方的成分对能量特性贡献的大小直观地表示出来。计算值与 Φ 50 标准发动机实测值相比误差在 ± 3% 以内，已经结合预研和型号项目开展了应用。

（2）通过对含 RDX 的改性双基推进剂燃烧性能进行研究，得出了 RDX 在一定程度上可增强推进剂平台燃烧的催化效果，并把硝胺热分解时 C–N 键断裂到 N–N 键断裂的转化通过函数来表示。改进了一维气相反应理论燃速预估模型，获得了含 RDX 的改性双基推进剂的燃速和压强指数预估模型。结合型号项目配方进行了实验验证，90% 计算值与实测值对比误差在 ±10% 以内。

（3）国内研究者自主创新，建立了推进剂的配方组成与燃速之间的物理模型及数学模型关系，根据推进剂配方组成就可预示推进剂的燃速及其他参数，进而可指导推进剂的配方设计。

（4）特征信号预示包含热力学、流场及特征信号预示。将热力学计算结果和发动机几何参数作为初始条件，通过日志文件驱动 GAMBIT 和 FLUENT 进行网格生成和流场计算，在标准流场基础上，结合 Mie 散射理论，计算获得光学制导信号（激光、红外、可见光）的烟雾透过率；基于等离子体理论的雷达波衰减模型，通过求解 Maxwell 方程获得雷达波穿越羽流时引起的衰减值；研究排气羽流中吸收、发射性介质的辐射传热，通过求解辐射特性传输方程，获得排气羽流辐射特性参数辐射亮度等。结合基础和型号项目配方进行了计算与试验验证技术研究，软件计算数据 90% 误差在 ±15% 以内。

（5）对已有的百余个火药加速贮存试验结果进行分析整理，将有效安定剂含量这一指标作为典型改性双基推进剂的安全贮存寿命临界判据；采用加速老化的试验方法，研究配方组成与贮存性能的相关性，建立了贮存寿命预估模型，编制了改性双基推进剂贮存寿命预估软件，通过输入不同的配方组分，即可获得推进剂装药贮存寿命。

（6）在开尔文三相结构模型基础上，通过材料结构分析、热机械黏弹性表征等，将材料的黏弹性参数结合到改性双基推进剂力学性能模型中，提出改性双基推进剂力学性能二层嵌入黏弹模型，并推导出力学性能与配方组分及粒径、基体模量、黏度系数等因素的数学关系，求得拉伸强度和延伸率，经试验验证数值模拟计算误差在 ±20% 以内。研究成果已应用到某导弹发动机装药、WD 导弹起飞发动机装药研制等型号项目中。

（7）基于热力学、动力学和热爆炸理论，以热点起爆临界温度作为评价改性双基推进剂及其组分热安全性的理论基础，并得到了改性双基推进剂及其组分球形热点起爆临界温度表达式。将推进剂单质组分的量化计算参数与 5s 爆发点热感度和撞击感度之间的相关性进行了研究，获得了量子化学参数对含能材料感度影响的类型和强度，通过引入 BP 神经网络的方法，建立了 5s 爆发点、撞击感度和摩擦感度预估模型。结合改性双基推进剂配方对软件进行了验证分析，热感度、撞击感度、摩擦感度数据计算值与试验值误差小于 10%。

3. 改性双基推进剂装药设计及内弹道性能预示技术

采用体素离散化 GPU 技术，对任意结构的自由装填、壳体黏结及多推进剂混合型装药进行设计及内弹道参量模拟，在某型号发动机装药、推进剂组合装药、无人机助推火箭发动机装药、火箭自导水雷单室双推力自由装填式推进剂组合装药、运载筒水下发动机设计等型号项目及基础科研中开展了实际应用，计算结果与试验结果准确度高于93%。

4. 改性双基推进剂装药工作过程可视化仿真技术

基于UG平台的二次开发原理进行装药的参数化设计和燃面退移过程的动态显示。通过调用流场计算软件来模拟装药的完整工作过程，获取了燃烧室内任意时刻的流场参数。进一步采用动态网格技术控制燃面退移速度和燃气生成率，计算得到燃烧室内各物理参数随时间变化的图像，并通过计算机图像处理技术将工作过程的仿真结果在计算机上进行直观演示。

（六）固体推进剂及原材料制备技术研究进展

1. 固体推进剂用含能材料微纳米化技术研究进展

国内已研发成功采用普通压缩空气的多级流能超细化技术与装备，如图2所示，用于推进剂的原材料强氧化剂高氯酸铵（AP）及硝酸钾等的超细化生产。

图2　多级流能超细化装备

首条生产装置于1993年建成并投入实际生产，产品平均粒度达1μm左右，经近20年生产燃爆事故率为零，实现了安全、节能、低成本、绿色环保制造。AP超细化后由于其内部物理微结构发生了变化，颗粒尺寸减小，使得燃烧反应速度大幅度提高，能量释放快速充分完全。因此，可用于制备新型高能高燃速推进剂与发射药及混合炸药、云爆药剂等。该技术的研究成功，为我国高燃速推进剂及新型云爆药剂研制提供了有力的技术支撑。

国内研发成功了双向研磨连续超细化设备及相应安全技术用于炸药RDX、HMX的微纳米化。已用于亚微米RDX、HMX和纳米RDX、HMX连续化试制。亚微米RDX、HMX的平均粒度在0.1 ~ 1.0μm范围内根据用户需求可调；纳米RDX、HMX的平均粒度处于50 ~ 100nm之间。上述亚微米或纳米RDX、HMX的外形呈类球形，如图3所示。

采用该技术与装备可实现人机隔离、安全、低成本、连续、自动化生产。生产出的

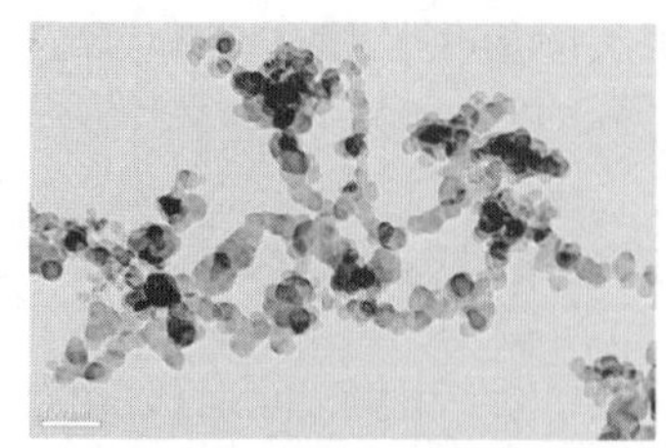
（a）类球形纳米 RDX

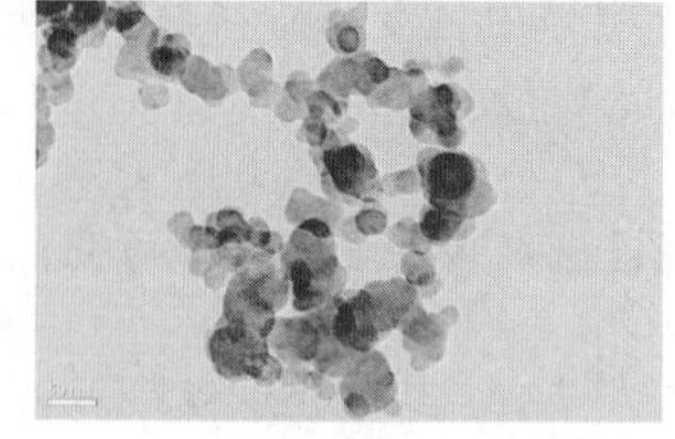
（b）类球形纳米 HMX

图 3　我国批量生产出的类球形纳米 RDX、HMX 的 TEM 照片

亚微米或纳米 RDX、HMX 的冲击波感度与微米级粗颗粒 RDX、HMX 相比，分别下降了 30% ~ 60%；冲击、摩擦感度都分别有不同程度的降低。该技术的研究成功，为我国钝感推进剂与发射药及混合炸药的研究提供了有力技术支撑。

国内研究成功了一种双圆盘连续粉碎技术与设备，如图 4 所示。已用于推进剂与发射药的原材料硝化纤维素（NC）的粉碎（细断）与安定处理生产。将现传统技术的 NC 粉碎（细断）与安定处理融为一体，在一台套设备上完成。将传统技术的多道工序及多台套设备缩减至一道工序一台套设备，实现了安全、连续自动化生产。节能 55% 以上，耗水及废水排放量减少 80% 以上，生产效率提高 45% 以上，成品率提高 20% 以上，产品质量较现有传统技术大幅度提高。实现了安全、高效、高品质、低成本、绿色环保制造。解决了国内外现有传统技术高能耗（有电老虎之称）、高污染（废水排放量大）、低品质、生产本质安全性差的缺点。

国内在微纳米颗粒防团聚、表面修饰与改性方面，也取得很大进展，研发成功了双向

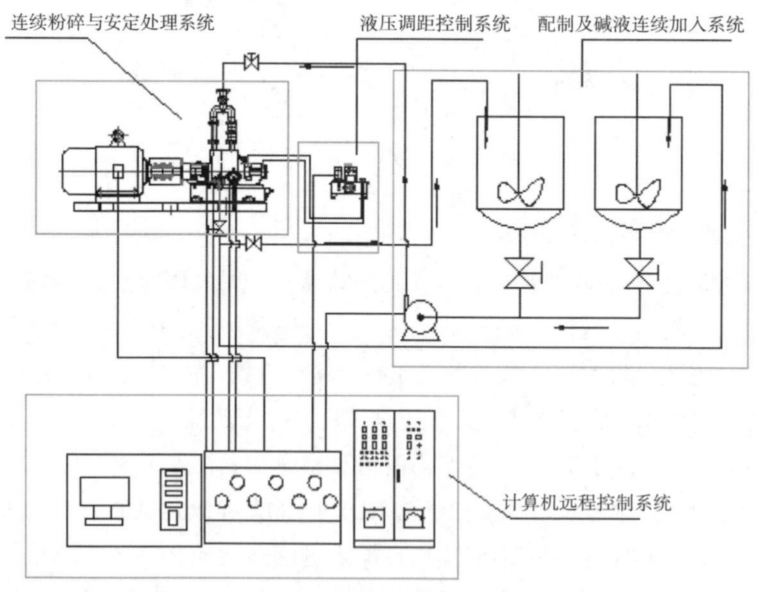

图 4　我国研制成功的用于 NC 安定处理与细断融为一体的新工艺与新设备流程

旋转微纳米粒子复合装置与技术、表面包覆改性技术、掺杂修饰技术及钝感处理技术等，已分别在推进剂或发射药及混合炸药中试用。

2. 螺压改性双基推进剂制造工艺技术研究进展

固体推进剂为了提高能量水平，配方中的固体炸药（如 RDX、HMX 等）和金属粉的含量呈现增加的趋势，因而对其制造工艺过程提出了安全、高效、高品质、节能和降污染的要求，采用传统的制造技术往往无法实现安全、高效、高品质、绿色环保制造。在含硝胺炸药（RDX）和金属燃烧剂（铝粉）的改性双基推进剂中，随着固体含量的增加，在吸收药制造过程中，密度较其他成分高的固相物质易于分层、沉底而导致吸收药成分不均匀，在驱水过程中会产生超细固体成分的流失；在压延塑化过程中，高的固体含量使药料压延塑化不易成张、难塑化，且经常发生燃烧爆炸。导致许多新型高固体含量高能推进剂无法工业化生产，不能及时装备部队。另外使推进剂力学性能下降、质量变差，并对弹道性能带来不良影响。对以吸收—混同—驱水—压延造粒—烘干—压伸为主要工艺过程的改性双基推进剂制造过程，实现连续吸收、连续混同、连续驱水、连续压延塑化、连续干燥、连续造粒及螺压的技术，是螺压成型改性双基推进剂工艺技术近年来发展的一个主要方向。我国近年在螺压改性双基推进剂成型工艺技术方面取得了重要进展，简要总结如下。

（1）高固体含量改性双基推进剂的连续、安全、高效、高品质吸收与脱水技术研究进展

国内研究成功了一种连续精确计量加料、连续吸收、连续脱水的新技术与新装备，已建成工程化试制线，进行了试制生产试验。推进剂的配方中 RDX、Al 及催化剂等固体含量已达 60% 以上，吸收药脱水后水分控制在 25% 左右，吸收药的成分与配方成分误差小于 1.5%，吸收药质量均匀稳定，连续脱水后的废水连续返回前工序循环利用，全系统呈闭环状态无废水排放。实现了连续、安全、高效、高品质、绿色环保制造。连续吸收与连续脱水系统工艺流程及设备流程如图 5 所示。

该技术研发成功，解决了高固体含量推进剂吸收药制造过程中比重大的固体超细颗粒沉底分层、吸收药的成分不均的难题。同时也解决了采用传统的分离技术易使吸收药中大量超细固体颗粒随废水排出，对环境造成的污染问题。

（2）高固体含量改性双基推进剂的人机隔离、安全、连续自动压延塑化与造粒技术研究进展

国内研究成功了一种双螺旋连续剪切压延塑化与造粒技术及装备，其工艺与设备流程如图 6 所示。

我国采用该技术与装备已建成工业化生产线，已用于固体含量达 50% 以上的改性双基推进剂生产，产品已装备多种武器。剪切压延设备的直径达 Φ 360mm 以上。对高固体含量改性双基推进剂实现了人机隔离、计算机远距离控制操作，安全、连续、自动化、高效、高品质塑化与造粒。生产过程中燃爆事故率降为零。成功解决了高固体含量高能改性双基推进剂压延塑化过程中散碴片、药料不成张、塑化困难、经常发生燃爆事故等难题。

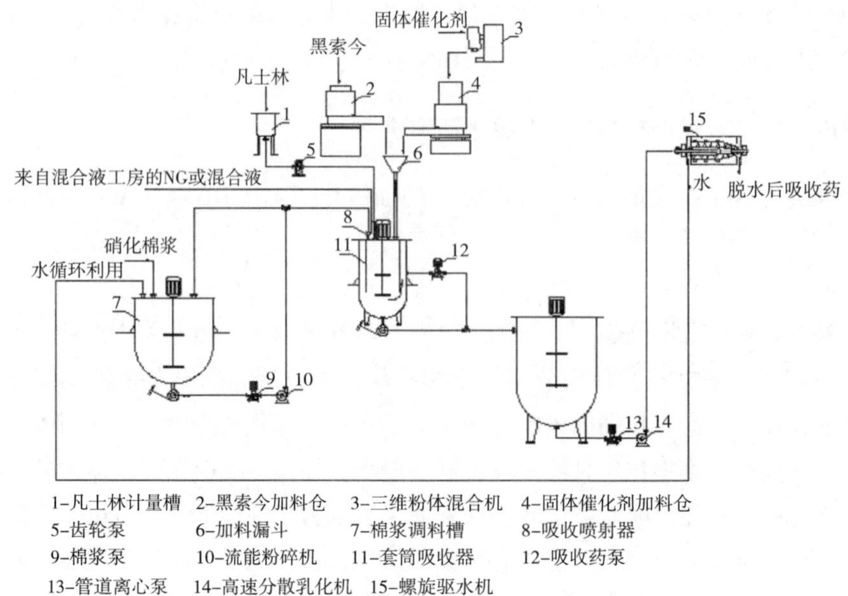

图 5 高固体含量推进剂连续吸收连续脱水工艺与设备流程图

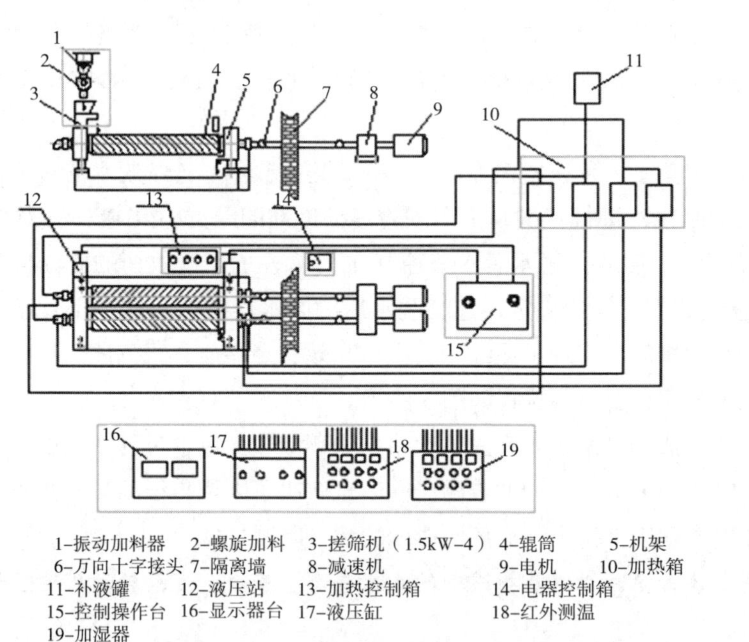

图 6 双螺旋连续剪切压延塑化工艺与设备流程图

（3）高固体含量改性双基推进剂螺压成型技术研究进展

国内研究成功了一种可用于高固体含量改性双基推进剂螺压挤出成型的 *Φ* 90mm 新型螺压试验样机。该样机的设计特点是：

1）长径比较小，有利于挤压成型过程的安全；

2）螺杆的塑化段为突变式设计，螺杆为圆柱形，铜套为圆筒形，减少了螺杆在旋转挤压中锥形螺杆挤压力作用于机体上分力所产生的摩擦力；

3）螺杆头部为典型的鱼雷头形状，具有良好的混合剪切作用，增大了流体的压力并消除了波动现象，有利于高固体含量推进剂的成型质量。

研制成功的新型 Φ90mm 螺压机在试用于双基及改性双基推进剂成型时体现了塑化圈短、摩擦力小、剪切力大、压药功率小、负荷低、安全性高等一系列优点，为我国含 RDX、AP 等高固体含量改性双基推进剂的研制、生产提供了良好的技术支撑。

国内对 Φ120mm、Φ180mm 单螺杆螺压机进行了改进设计，现已成功应用于高固体含量改性双基推进剂的工业化生产。

国内还研究了双螺杆开启式螺压机，用于高固体含量改性双基推进剂的试生产。实验结果表明，该样机具有良好的开发应用前景。

（4）螺压改性双基推进剂的包覆技术研究进展

国内对螺压改性双基推进剂的包覆技术开展了大量研究，已分别研究成功了连续涂覆包覆技术、连续套包包覆技术、连续缠绕包覆技术以及连续挤注包覆技术等。这些包覆技术已分别进入工业化应用，产品已用于多种武器。这些技术研究成功，解决了我国包覆层的脱粘问题，并可根据不同弹道性能需要进行不同燃面的包覆，为武器性能稳定与提高作出了贡献。

3. 复合推进剂制造工艺技术的研究进展

国内对高固体含量高能复合推进剂的制造工艺技术进行了大量研究。研制成功了加压插管浇注与真空浇注相结合的技术，已用于工业化生产，产品已用于多种武器。解决了固体质量分数大于 88% 的复合推进剂黏度高、药浆浇注困难的问题。

国内还研究了连续精确计量加料、混合、药浆排气的双螺杆连续挤压注装原理样机。该系统可对固体质量分数大于 90% 的复合推进剂进行挤压注装成型。为黏度高、药浆流动性差的高固体含量高能复合推进剂的制造提供了一种新途径。

国内还研究成功了复合推进剂的安全、连续整形新技术及连续包覆新技术，目前已用于工业化生产和多种武器。

三、国内外研究进展比较

高能、钝感、低特征信号固体推进剂及固体推进剂的绿色环保型制造是固体推进剂的主要发展方向，在提高能量水平的研究中主要依靠生成焓高、密度大的高能量密度化合物（HEDC）和含能黏合剂的应用。国外在新型 HEDC 的合成探索方面十分活跃，继 CL-20 之后合成了一系列张力环、笼形含能化合物，探索了它们与含能黏合剂结合制备理论比冲大于 2744N · s/kg 的高能推进剂。在低特征信号推进剂的发展中，积极发展以 CL-20、ADN 和相稳定硝酸铵（PSAN）为氧化剂的推进剂。美国研制成功的 CL-20 低特征信号推进剂的燃气中无铅、无酸、无 Al_2O_3、危险等级为 1.3 级，兼具低特征信号和绿色环保特点。同时，也将 ADN 推进剂列入下一代高能低特征信号推进剂，作为长期发展计划，目标是实现 ADN 在推进剂中取代 AP。法、德等国家也研制成功比冲为 2538N·s/kg、燃速、压力指数基本满足使用要求、危险等级为 1.3 级、排气信号为 AA 级的低特征信号推进剂，虽然其力学性能仍有待改善，但分析预示其应用前景良好。此外，排气羽烟特性达到 AA 级、危险等级达 1.3 级的 AN/ 含能黏合剂推进剂的研发也很活跃，在解决了 AN 的相转变温度之后，已制成密度大于 $1.60g/cm^3$、7MPa 比冲高于 2356N·s/kg（240.48s）的推进剂。我国在新型高能量密度化合物方面的合成探索水平与国外基本相近，但在将 HEDC 应用于高能推进剂的研究中尚有差距，主要表现是所研制的推进剂的综合性能尚未完全满足使用要求。在新型低特征信号推进剂研究中，ADN 和 AN 推进剂力学性能和内弹道性能的调节尚有待深入探索。

在推进剂的制造工艺技术方面，实现连续安全、绿色环保、精确定量加料的制造技术是重点发展方向。国外已开发了一种基于双螺杆挤压工艺的闭路绿色制造技术，将剪切变研压与双螺杆挤压机结合，并通过遥控技术显著提高了安全性。我国近年初步研制成功螺压推进剂连续试制工艺，初步成功演示了该试制线的安全和连续工艺特性，实现了连续、安全、闭路绿色制造。

在复合药制造工艺方面，我国在固体、液体物料的自动加料、真空加压、插管浇注和挤注技术方面已取得明显进展。但总体上我国的推进剂制造工艺技术在提高连续性和安全生产方面仍有待进一步提高、改善与推广应用。

在推进剂的原材料微纳米化制造技术方面，俄罗斯、美国已将强氧化剂高氯酸铵、硝酸钾等超细化至 1 ~ 3μm 左右，已用于高燃速高能推进剂中。据悉国外大多采用在惰性气体保护下的低温超细化技术，生产成本很高，挥发排出的惰性气体大多是氟利昂类气体，对环境造成污染。我国强氧化剂主要采用具有自主知识产权的多级流能超细化技术，采用普通压缩空气在常温条件下超细化。产品平均粒径达 1 ~ 3μm，与国外处于同等水平；但生产成本较国外惰性气体保护下的低温超细化技术大幅度降低，而且排放的空气对环境无污染，实现了低成本绿色环保制造技术。

在炸药 RDX、HMX 纳米化制造技术方面，国外报道的是采用间断高能球磨技术，批量较小，产品平均粒度大多是处于 100nm 以上。

我国研制成功的双向连续超细化技术可连续较大批量地生产出平均粒径处于 50 ~ 100nm 的类球形 RDX 及 HMX，正在改性双基推进剂及混合炸药中开展应用试验。

四、我国的发展趋势与对策

经过几十年的发展，我国已实现了改性双基和复合推进剂的系统研发、批量生产和型号化列装的局面，部分高能固体推进剂的能量和力学性能已达到甚至超过国外同类产品。但高能量密度化合物在推进剂应用中的综合性能调节还有待于进一步提高。未来的发展将以发展高能、钝感、低特征信号和绿色环保制造的推进剂为主要方向，在制造工艺技术上，以发展全过程连续化的改性双基推进剂螺压工艺和改善高固体含量复合推进剂的制药质量和实现连续精确自动加料、连续挤出的双螺杆连续挤注工艺技术为发展方向。为此建议及提出对策如下：

（1）继续深入探索新型高能密度化合物，如氮杂环类含能化合物等在推进剂中的应用，以进一步提高推进剂的能量水平。

（2）着重开发高能、钝感、低特征信号的固体推进剂，并提高其综合性能。以实现排气羽烟信号为 AA（或 AB 级）、危险等级为 1.3 级、能量水平可满足战术发动机增程要求的推进剂为主要发展目标。

（3）开展与新型推进剂相适应的新制造原理与新装备及新工艺研究，以实现新型推进剂的安全、高效、高品质制造。

（4）进一步开展推进剂的绿色环保柔性敏捷制造工艺技术研究和推广应用。

（5）开展发动机装药新原理与新方法研究，以提高固体推进剂的能量利用率。

参 考 文 献

[1] 久保田・浪之介著．赵凤起，等译．火炸药燃烧的热化学［M］．火炸药燃烧国防科技重点实验室，2006.

[2] Kai Guo，Yunjun，Lao，Jinzhen Chen，et al．Synthesis of poly（3，3-bis-Azidomethyl Oxetane）via direct azidation of poly（3，3-bis-Oxetane）[J]．Propellants，Explosives，Pyrotechnics，2010，35（5）：423-424.

[3] 赵凤起，李丽，李上文，等．含催化剂 RDX-CMDB 推进剂燃烧机理研究［J］．固体火箭技术，1999，25（1）：52.

[4] 王瑛，孙志华，赵凤起，等．NEPE 推进剂燃烧机理［J］．火炸药学报，2000，23（4）：24-26.

[5] 赵凤起，单文刚，王瑛，等．含催化剂的 RDX-CMDB 推进剂熄火表面形貌特征和燃烧火焰结构分析［J］．含能材料，2000，8（2）：67.

[6] 赵凤起．NC/TMETN 基钝感低特征信号推进剂研究［D］．南京：南京理工大学化工院，2000.

[7] 酒永斌，罗运军，葛震．IPDI 基和 HMDI 基热塑性聚氨酯弹性体的合成与性能［J］．高分子材料科学与工程，2011（3）：19-22.

[8] Meishuai Zou，Rongjie Yang，Xiaoyan Guo，et al．The preparation of Mg-based hydro-reactive materials and their reactive properties in seawater[J]．International Journal of Hydrogen Energy，2011，36（11）：6478-6483.

[9] Meishuai Zou，Xiaoyan Guo，Haitao Huang，Rongjie Yang，Peng Zhang．Preparation and characterization of Hydro-reactive Mg-Al mechanical alloy materials for hydrogen production in seawater．Journal of Power Sources，2012，219，60-64.

[10] 高红旭．新型钝感低特征信号 CMDB 推进剂研究［D］．西安：西安近代化学研究所，2009.

[11] 仪建华．含高氮化合物的高燃速 CMDB 推进剂燃烧性能研究［D］．西安：西安近代化学研究所，2011.

[12] 徐司雨．高能微烟 CMDB 推进剂燃烧机理及燃烧模拟研究［D］．西安：西安近代化学研究所，2012.

[13] 邹美帅，郭晓燕，杨荣杰．镁/硝酸钠富燃料推进剂燃烧性能［J］．推进技术，2009，30（1）：124-128.

[14] 曲正阳，翟进贤，张晗昱，等．端炔基环氧乙烷－四氢呋喃共聚醚合成及固化［J］．推进技术，2012，33（5）：799-803.

[15] 张晗昱，翟进贤，曲正阳，等．端叠氮基聚乙二醇的合成与表征［J］．火炸药学报，2011，34（6）：45-47.

[16] 陈煜，刘云飞，夏吉东，等．键合剂对 NEPE 推进剂破坏趋势影响的定量实验研究［J］．固体火箭技术，2010，33（3）：69-71．

[17] 孙育坤，刘小刚，张丑俊，等．CL-20 基无烟 NEPE 推进剂的燃烧性能和能量性能研究［J］．飞航导弹，2006（5）：42-43．

[18] 王江宁，李亮亮，刘子如．DNTF-CMDB 推进剂的力学性能［J］．火炸药学报，2010，33（4）：23-27．

[19] 付小龙，邵重斌，吴淑新，等．高能无烟改性双基推进剂中高压燃烧性能［J］．含能材料，2010，18（1）：107-109．

[20] 徐司雨，赵凤起，李上文，等．几种钝感低特征信号推进剂的能量特性［J］．含能材料，2006，14（6）：416-420．

[21] 卢栓全，贾延斌．压伸复合推进剂的力学性能［J］．火炸药学报，2008，31（2）：61-63．

[22] 丁黎，赵凤起，李上文，等．含 CL-20 的 NEPE 推进剂的燃烧性能［J］．含能材料，2007，15（4）：324-328．

[23] 窦燕蒙，李国平，罗运军，等．储氢合金燃烧剂基本性能研究［J］．固体火箭技术，2011，34（6）：760-763，771．

[24] 刘晶如，罗运军．含储氢合金的丁羟推进剂固化工艺气孔问题研究［J］．固体火箭技术，2011，34（1）：92-96．

[25] 袁荃，邵自强，张有德．纤维素甘油醚硝酸酯在双基推进剂中的应用［J］．固体火箭技术，2012，35（1）：83-87，103．

[26] 杨斐霏，邵自强，张有德，等．有机溶剂体系中羟烷基纤维素的硝化［J］．火炸药学报，2011，34（1）：54-58．

[27] 张有德，邵自强，李博，等．NGEC 的热行为和热分解机理［J］．含能材料，2010，18（5）：568-573．

[28] 李凤生．超细粉体制备技术及应用［M］．北京：国防工业出版社，1999．

[29] 李凤生．特种超细粉体制备技术及应用［M］．北京：国防工业出版社，2002．

[30] 邓国栋，刘宏英．点火药用硅粉超细化技术研究［J］．爆破器材，2008，37（4）：34-37．

[31] 邓国栋，刘宏英，段红珍．AP/HTPB 复合推进剂用纳米 Co 粉的制备［J］．火炸药学报，2009，5（32）：66-70．

[32] 刘宏英，李春俊，李凤生．易燃易爆材料超细粉碎技术及设备研究新进展［J］．爆破器材，1999，（2）：27-31．

[33] 邓国栋，刘宏英．黑索今超细化技术研究［J］．爆破器材，2009，38（3）：31-34．

[34] 邓国栋，刘宏英，靳玉强．硝化纤维素细断新工艺技术研究［J］．爆破器材，2011，40（1）：12-15．

[35] 邓国栋，刘宏英．超细高氯酸铵粉体制备研究［J］．爆破器材，2009，38（1）：5-7．

[36] 邓国栋，刘宏英．超细高氯酸铵的防聚结技术研究［J］．火炸药学报，2009，32（1）：9-12．

[37] 邓国栋，刘宏英，顾志明．硝化棉在线连续计量技术研究［J］．爆破器材，2012，41（1）：11-14．

[38] 邓国栋，刘宏英，顾志明．黑索今粉料连续计量加料技术研究［J］．爆破器材，2012，41（6）：23-25．

[39] 李凤生，刘宏英，陈静，等．微纳米粉体技术理论基础［M］．北京：科学出版社，2010．

[40] 李凤生，郭效德，刘冠鹏，等．新型火药设计与制造［M］．北京：国防工业出版社，2008．

[41] 李凤生，Haridwar Singh（印度），郭效德，Himanshu Shekhar（印度），等．固体推进剂技术及纳米材料的应用［M］．北京：国防工业出版社，2008．

撰稿人：谭惠民　赵凤起　李凤生　罗运军　徐司雨
葛　震　宋秀铎　姜　炜　邓国栋　安　亭

高能化合物及其制备新技术

一、引言

高能量密度化合物，简称高能化合物（High Energy Density Compound，缩写 HEDC），其实质是高能单质炸药，是可用作炸药、推进剂、发射药和火工品等含能材料的高能量组分化合物。新型高能量密度化合物一般要求为能量性能优于 HMX，即密度 >1.9g/cm^3，爆速 >9km/s，螺压 >40GPa。高能量密度化合物 CL-20 的能量比 HMX 高 6% ~ 9%；以 CL-20 为基混合炸药的能量输出比 HMX 基混合炸药高 14%；以 CL-20 为基的固体推进剂的总比冲将提高 17%，可使吸气式巡航导弹的射程增加 50%，使潜射导弹射程增加 10%。

高能单质炸药的发展经历了多个阶段：以 TNT 为典型代表的第一阶段，以 RDX 和 HMX 为典型代表的第二阶段，以及 20 世纪末以 CL-20 的成功合成为标志的第三阶段。但是随着单质炸药能量的提高，炸药的感度也相应地大大提高，这对于炸药在武器中的使用是很不利的。在现代战争中，武器系统经历的战场环境变得更为苛刻复杂，这要求弹药系统必须在高过载、高温、变形以及电磁环境下保持性能不变，不会发生意外作用，因此研究耐各种极端环境应力的含能材料成为高能单质炸药发展的另一主要方向，设计合成安定性和感度与 TATB 相当、能量与 HMX（或 RDX）相当的钝感高能量密度化合物也成为世界各国追求的目标。

在 CL-20 问世以后，合成能量水平超过 CL-20、密度超过 2.0g/cm^3、感度不高于 RDX 或 HMX 的新型高能量密度化合物成为各国追求的目标。近 5 年高能 HEDC 从概念到体系都在发展，主要体现在以下三个方面：

（1）张力环和笼形化合物、氮杂环化合物、无环化合物是国内近期开发的重点。目前已开发的组分包括 CL-20、ADN、HNF，已有了一定的试生产规模，但是安全性和成本是影响它们可以率先得到大规模应用的关键因素。笼形化合物的张力结构和致密结构使能量密度大幅度提高。除 CL-20 外，多硝基立方烷、呋咱化合物和硼氮三棱柱烷也很有开发潜力。

（2）全氮物质的制备是国内近期发展的热点。全氮物质用于含能材料，有望大幅度提高含能材料的能力水平。全氮物质能量极高，但稳定性比较差、合成工艺难，美国已在离子型全氮化合物等的合成上打开了突破口，随着科学技术的突破性发展，可以加速它们的开发，从而显著提高含能材料的能量水平。

（3）亚稳态材料、金属氢和核同质异形素等有应用于含能材料的潜力，属于长期发展的目标，从理论研究结果看，它们的开发前景十分诱人，但从实验手段来看还是可望而不可即的。

高能钝感含能化合物近年来也有较大发展。在早年的 TATB、PYX、HNS、NTO 的基础上，近年来国内相继合成了一些新的钝感含能化合物。其中有较大发展的新型不敏感单质炸药主要有 1, 1– 二氨基 –2, 2– 二硝基乙烯（FOX–7）、2, 6– 二氨基 3, 5– 二硝基吡嗪 –1– 氧化物（LLM–105）、N– 咪基脲二硝酰胺盐（FOX–12）三种。

同时，国内外还合成了以四嗪、四唑类为代表的高氮含能化合物。这类含能材料具有高的正生成热，不含（或少含）硝基，气体生成量及能量都较高，感度较 RDX 低，是一类高能、钝感、低特征信号的新型含能材料，其典型代表有 3, 6– 二氨基均四嗪 –1, 4 二氧化物（LAX–112）、3, 3′ – 偶氮二（6– 氨基 –1, 2, 3, 5 四嗪）（DAAT）、偶氮四唑胍盐（GZT）等。

近年来，在设计和合成新型 HEDC 的同时，对现有 HEDC（如 RDX 或 HMX）的合成工艺改进及晶体品质改进是当前国内外研究的又一热点。一种新型高能量密度化合物，从合成研发到应用的周期很长，为了加快研究进度，节约实验成本，采用量化计算等手段对高能量密度化合物的性能及合成路线等进行设计和预估成为近年来的一个研究热点，并取得了一些较大发展。

总之，近 5 年是国外高能量密度化合物研究异常活跃、迅速发展的时期，各种新化合物不断被合成出来，新概念、新理论也不断涌现。现代武器装备对 HEDC 的要求越来越严格，除了高能、低感外，还要求成本低、隐身效果好、环境友好等。

本报告就国内外高能量密度化合物，特别是新型高能量密度化合物的设计与合成、高能单质炸药工艺改进等方面取得的进展情况，进行总结归纳。

二、高能量密度化合物合成新技术最新研究进展

（一）高能量密度化合物设计与性能计算

1. 高能量密度化合物性能计算

密度、爆轰性能和安全性是设计新型高能量密度化合物并评判其合成可行性的主要依据，高能量密度化合物爆轰性能的计算通常需要在已知化合物分子式、密度、生成焓的情况下进一步计算获得。

（1）密度的计算

近 5 年来，随着计算机技术的飞速发展，采用量子化学和 QSPR 模型预估含能化合物

密度的方法得到了广泛应用，使得密度的预估精度大幅提高。

1）量子化学法。近 5 年来，量子化学法研究突飞猛进，M06、M06-2X、M11-L、M06-L 等新的方法层出不穷。计算研究表明，基于密度泛函理论（DFT）的 B3LYP 方法在 6-31G、6-31G* 或 6-31G** 基组水平上所得的理论密度与实验值吻合较好，从而成为一种快速、准确预估含能化合物密度的方法。

2）QSPR 法。用 QSPR 法来预估含能化合物的密度目前常用的方法是偏最小二乘法（PLS），它通常是根据含能化合物的结构特点，先对化合物进行分类（如硝基芳香类、呋咱类、硝胺类等），然后根据分类选择合适的计算程序（如 Gaussian、Cerius2、CODESSA、DRAGON、PreADME、MOPAC 等）计算某类化合物的结构描述符，并对结构描述符进行选择与预处理，最后建立合理、可靠的 QSPR 模型，对同类含能化合物进行密度预估。目前，该法已得到了较好的应用。

（2）生成焓的计算

由于含能化合物结构复杂，且分子中含有大量的 $-NO_2$ 等基团，故在过去的很长一段时间，其生成焓的预估存在计算困难、偏差大等问题。随着研究工作的发展，人们采用量子化学法和 QSPR 法使得以上问题得到解决。

1）量子化学法。随着计算技术的发展，第一性原理计算（从头计算和密度泛函）逐渐取代半经验分子轨道法在含能材料中普遍运用。但第一性原理只能求得分子的总能量，无法直接计算生成热。这就要求设计等键反应，利用参考物的实验生成热，借助 Hess 定律，求得目标分子的生成热。

量子化学计算出的生成热是气相生成热，结合遗传算法（GA）、静电势法和神经网络法（NN）等求得固体的升华热后，方可求得固相生成热。静电势法的计算误差小，在含能材料升华热计算中应用较广。

2）QSPR 法。近几年分子子图法、人工神经网络法和拓扑指数法等在计算硝基呋咱类化合物、非芳香系多硝基化合物、多硝基化合物、多硝基烷烃化合物的生成焓时，也取得了满意的结果，其回归方程的相关系数均达到了 0.99。根据上述内容可以看出：只要选取合适的结构描述符或分子子图码，无论选用人工神经网络法、拓扑指数法还是多重线性回归法都可以得到令人满意的预测结果。

（3）爆轰性能的计算

爆轰性能的计算，主要是爆热、爆容、爆速与爆压的计算。

近年来，多用 Explo、Cheetah 等专业软件进行爆热计算。若已知炸药的爆炸变化过程，其爆容可根据 Avogadro 定律求得。

近年来 Explo、Cheetah 等专业软件的开发也取得了长足进步。目前，除了对于传统的含能化合物，这些软件对于高氮、多氮等新型含能化合物爆轰性能的预估也取得了良好结果。

2. 高能量密度化合物安全性计算

高能量密度化合物的安全性可以通过化合物的安全性和感度等来判定。

（1）高能量密度化合物的安定性计算

近年来，伴随着量子化学计算方法以及计算机技术的发展，高能量密度化合物安定性的判定在判定方法以及准确性等方面均有所发展。目前常用的方法主要包括：分子轨道能级差计算、NBO 能级及二阶微扰稳定化能计算、键离解能计算、热分解机理计算等。通常分子轨道能级差越大、NBO 能级越大、二阶微扰稳定化能越大、键离解能越高、热分解活化能越高，化合物越稳定。

近 5 年来，伴随着 M06、M06–L 等密度泛函的发展，键解离能的计算在保证计算精度的同时，计算效率也得到了进一步提高。这些成果为利用键解离能判断含能化合物安定性提供了更为高效、可靠的方法。

（2）高能量密度化合物的撞击感度计算方法

高能量密度化合物的撞击感度计算方法研究国内取得一些进展。使用半经验的量子化学方法，提出了用热力学判据“最小键级”和“最易跃迁原理”，以及动力学判据“热解引发反应活化能”来定性判断撞击感度；在 DFT 理论水平上发现撞击感度与硝基所带电荷之间存在一定的关联；选取原子类型电性拓扑状态指数表征了 20 种均三硝基苯类含能化合物，采用 MLR 方法建立了四参数的线性模型，预测效果较好。

QSPR 研究可以系统、全面地研究描述符与各类含能材料撞击感度之间的内在关系，并建立相应的预测模型。但是，一般所用的描述符精度都集中在经验、半经验水平，不甚精确。QSPR 研究所使用的撞击感度数据来源广、数量少，给研究带来了一定的不确定性影响。

（二）新型高能量密度化合物合成

传统的 CHON 类含能化合物分子结构中一般含有硝基基团，其生成焓较低，多为负值，所释放的能量主要来源于生成 CO_2 和 H_2O 的放热过程。自 CL–20、八硝基立方烷等合成成功以后，传统 CHON 类 HEDC 的合成已经面临瓶颈。

富氮化合物是近 5 年来最受关注的新型高能量密度化合物。富氮含能化合物（HNECs）通常指分子中氮的质量分数超过 50% 的化合物。分子中高氮原子含量使整个分子具有高化学键能，化合物具有很高的正生成焓；富氮化合物的能量输出主要依赖于分子中的高正生成焓，高氮低碳氢含量表现出双重效应，既能提高材料密度，又易于实现氧平衡。此外，富氮化合物分解产物主要是氮气，具有信号特征低、环境友好的特点。富氮杂环的含能基团不同，富氮化合物主要包括叠氮类富氮化合物、氨基类富氮化合物、硝基类富氮化合物。富氮含能分子化合物离子化可得到其相应的阴离子或阳离子，将不同特性的富氮含能阴阳离子相结合获得富氮含能离子盐。与同类含能化合物分子相比，这类离子盐具有蒸汽压小、热稳定性好、密度高、对环境危害低的优点，安全性大大提高。富氮含能盐的设计与合成也是近 5 年含能材料合成领域最热点的研究方向之一。

1. 嗪类高能量密度化合物

近年来，国内论文报道了不少多硝基吡啶酮化合物，如 4- 氨基 -3, 5- 二硝基 -2- 吡啶酮、3, 5- 二硝基 -4- 吡啶酮及其氧化物和这些多硝基吡啶酮的一些高氮含能盐。国内近几年也有不少吡啶类炸药 ANPyO 的合成报道，还有 ANPyO 的氨基衍生物合成新法报道，通过氧化胺化反应高收率得到更为钝感的 2, 4, 6- 三氨基 -3, 5- 二硝基吡啶 -1- 氧化物（TANPyO），以及吡啶并氧化呋咱含能化合物 5- 氨基 -6- 硝基 -［1, 2, 5］噁二唑并［3, 4-b］吡啶 -1- 氧化物（图 1）。

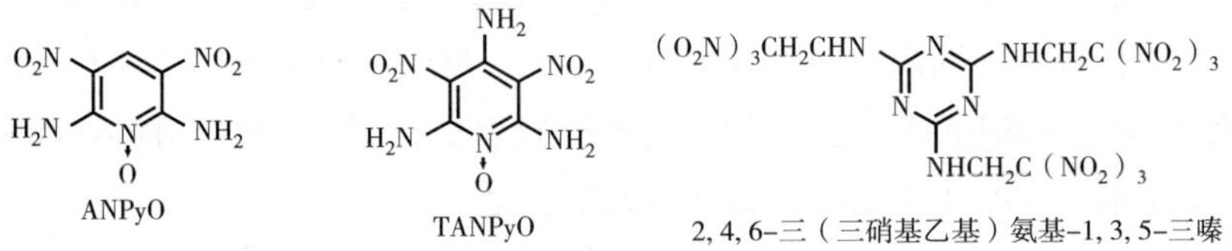

ANPyO　TANPyO　2, 4, 6–三（三硝基乙基）氨基–1, 3, 5–三嗪

图 1　单环嗪类高能量密度化合物

国内近几年合成的三嗪类含能化合物有 2, 4, 6- 三（4- 氨基 -3, 5- 二硝基吡唑 -1- 基）-1, 3, 5- 均三嗪、2, 4, 6- 三（3′, 5′ - 二氨基 -2′, 4′, 6′ - 三硝基苯胺基）-1, 3, 5- 均三嗪（PL-1）和 2, 4, 6- 三（三硝基乙基）氨基 -1, 3, 5- 三嗪（图 2）。PL-1 是一种极其钝感的炸药，密度 2.02g/cm^3，爆速 7861m/s。2, 4, 6- 三（三硝基乙基）氨基 -1, 3, 5- 三嗪密度 1.767g/cm^3、撞击感度（IS）41.8J、生成焓 ΔH_f 为 -186.312kJ/mol、爆速 8401m/s、爆压 31.6GPa。1, 3, 5- 三硝基 - 六氢化 -1, 3, 5- 三嗪 -2（1H）- 酮（662 炸药或 Keto-RDX）为我国自行设计并于 1966 年首次合成出的一种三嗪类炸药，国内近年进行了相关的合成新方法研究。该方法以乌洛托品和硝基胍为原料，在盐酸中进行 Mannich 反应得到 2- 硝亚胺基 - 六氢化 -1, 3, 5- 三嗪盐酸盐（NIHT · HCl），再经 HNO_3/Ac_2O 硝化得到 Keto-RDX，产率为 72.0%，纯度为 98.5%。

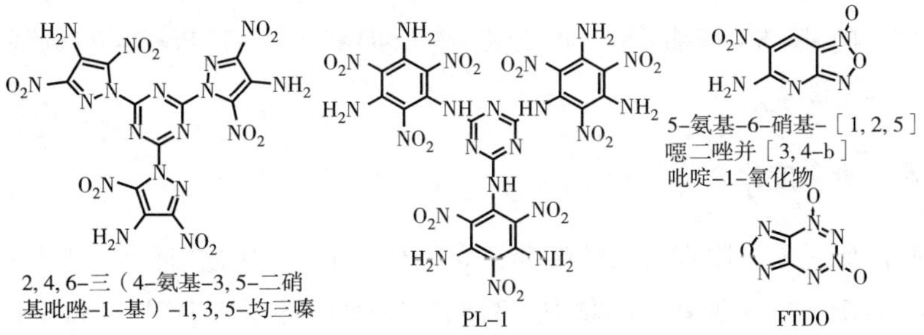

2, 4, 6–三（4–氨基–3, 5–二硝基吡唑–1–基）–1, 3, 5–均三嗪　PL–1　5–氨基–6–硝基–［1, 2, 5］噁二唑并［3, 4–b］吡啶–1–氧化物　FTDO

图 2　多环嗪类高能量密度化合物

单纯的 1, 2, 3, 4- 四嗪是不稳定的，但它的并环化合物性能稳定，代表物为呋咱并［3, 4-e］-1, 2, 3, 4- 四嗪 -1, 3- 二氧化物（FTDO），其密度 1.85g/cm^3、爆速 9500m/s。国内相继采用了不同的合成方法在国内首次得到了 FTDO。FTDO 感度与叠氮化铅相当，影响其使用范围。

2. 呋咱类高能量密度化合物

我国目前正在规模化试制DNTF，又以DNTF为原料，自行设计得到了双呋咱并［3, 4–b：3′, 4′ –f］氧化呋咱并［3″, 4″ –d］氧杂环庚三烯（BFFO）。DNTF未氧化化合物为3, 4–双（3′–硝基呋咱–4′–基）呋咱（BNTF），同样以BNTF为原料，自行设计得到BFFO未氧化的三呋咱并氧杂环庚三烯（TFO）。TFO熔点为76.5 ~ 77.0℃，理论密度1.935g/cm^3，计算爆速8646m/s，撞击感度24%（10kg落锤，25cm），摩擦感度4%（90°摆角），H_{50}%为72.4cm。BFFO密度1.866g/cm^3，熔点92 ~ 940℃，爆速8256m/s，撞击感度12%，摩擦感度0%，H_{50}%为57.5cm。4, 4′–二硝基双呋咱醚（FOF–1）是一种呋咱醚类高能量密度化合物，国内也跟踪合成得到了它。FOF–1熔点63 ~ 64℃，密度1.907g/cm^3，标准生成焓258.8kJ/mol。这几种炸药的熔点较低，可用于混合熔铸炸药和固体火箭推进剂中的增塑剂。FOF–1正氧平衡，还可作氧化剂。

呋咱并三唑是含氮量很高的并环结构，国内跟踪国外报道合成出来两个呋咱并三唑衍生物5–［4–硝基呋咱基］–5H–［1, 2, 3］三唑并［4, 5–c］［1, 2, 5］呋咱（NOTO）和N, N′–二硝基–N，N′–二（3–(［1, 2, 3］–三唑并［4, 5–c］呋咱–4,5–内盐–5–基）呋咱–4–基）二氨基甲烷（MNOTO）。NOTO密度为1.92g/cm^3，经计算, NOTO爆速为9100m/s，螺压36.6GPa，与HMX相当。MNOTO的密度为1.90g/cm^3，爆速9250m/s，螺压40.7GPa，含氮质量分数约51%，发气量大，可作为固体推进剂组分和高能炸药。

在呋咱类高能量密度化合物中，3, 3′–二硝基–4, 4′–偶氮二氧化呋咱（DNAFO）是目前爆速最高的高能化合物之一，其密度达2.002g/cm^3，生成焓为667kJ/mol，实测爆速为10km/s。国内近年成功合成出了它的样品（图3）。

除了上面的呋咱类高能量密度化合物外，国内还报道了亚甲基–双（3–硝氨基–4–甲基呋咱）(MBNMF)、3, 4–二（4′–氨基–3′, 5′–二硝基苯基）氧化呋咱（DANBF），1, 4–二硝基呋咱并［3, 4–b］哌嗪（DNFP），以及噁二唑（异呋咱）类的新型含能材料的合成研究工作。合成的噁二唑（异呋咱）类化合物包括3–硝基–5–胍基–1, 2, 4–噁二唑（NOG）、3–硝基–5–氨基–1, 2, 4–噁二唑（NOA）、3–硝基–5–硝氨基–1, 2, 4–噁二唑（NON）等（图4）。

3. 唑类高能量密度化合物

近年来我国研究人员跟踪合成的吡唑类炸药有3, 4–二硝基吡唑（3, 4–DNP）、3, 4, 5–三硝基吡唑（TNP）、1–苦基–4–氨基–3, 5–二硝基吡唑（PADNP）和1, 4–二氨基–3, 6–二硝基吡唑［4, 3–c］并吡唑（LLM–119）及其前体3, 6–二硝基吡唑［4, 3–c］并吡唑（DNPP）。LLM–119、3, 4–DNP和TNP这三个化合物都是有应用前景的低感含能材料（图5）。

咪唑类的炸药有2, 4–二硝基咪唑（2, 4–DNI）、2, 4, 5–三硝基咪唑（2, 4, 5–TNI）、1–甲基–2, 4, 5–二硝基咪唑（MTNI）和1–甲基–4, 5–二硝基咪唑（MDNI）。2, 4–DNI

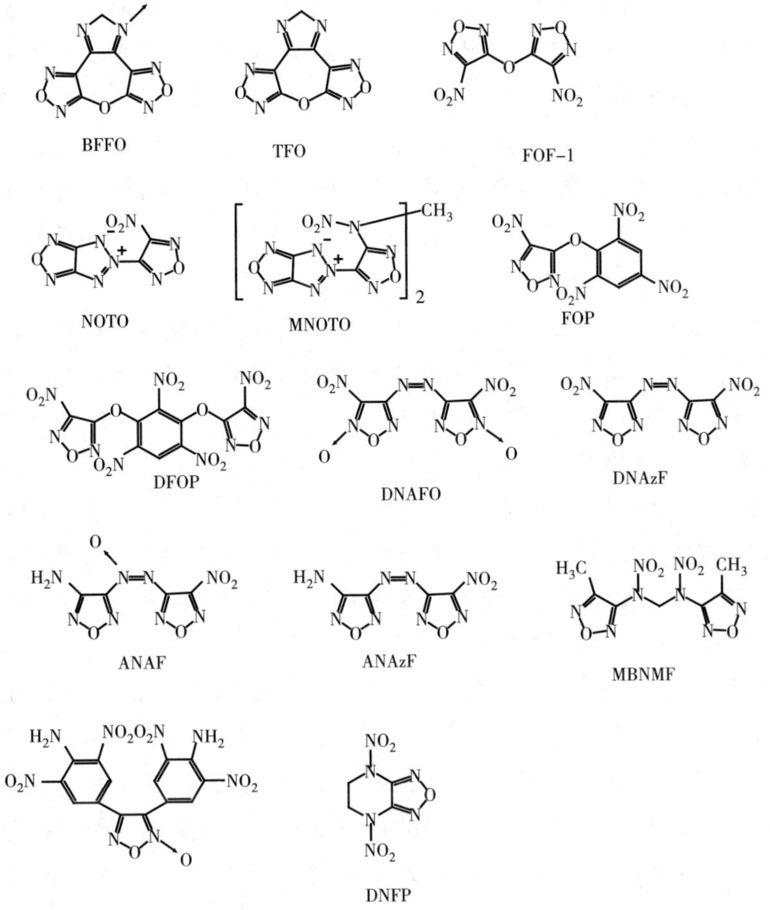

BFFO　TFO　FOF-1

NOTO　MNOTO　FOP

DFOP　DNAFO　DNAzF

ANAF　ANAzF　MBNMF

DNFP

图 3　呋咱类高能量密度化合物

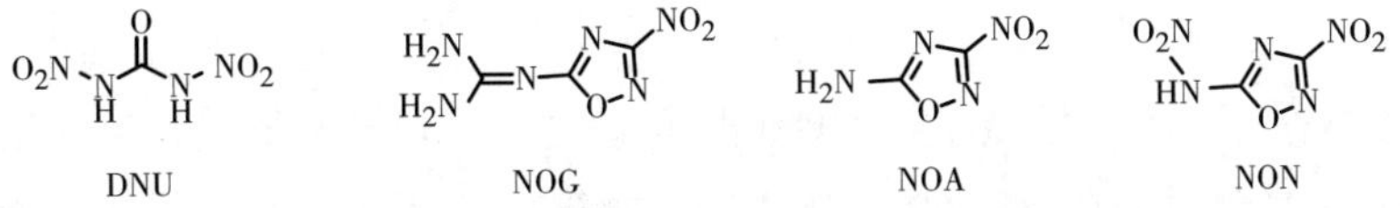

DNU　NOG　NOA　NON

图 4　异呋咱类高能量密度化合物

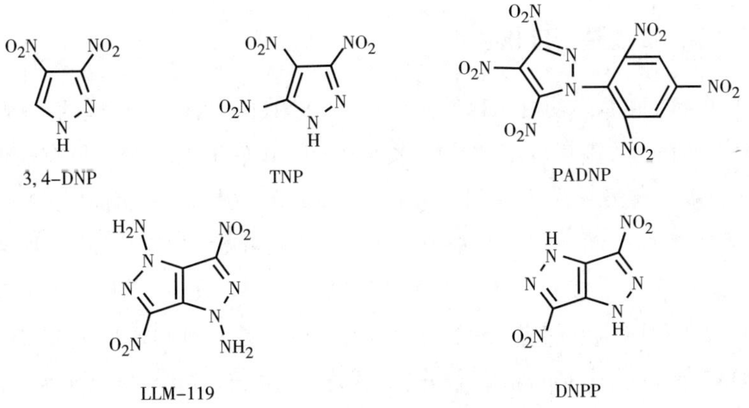

3, 4-DNP　TNP　PADNP

LLM-119　DNPP

图 5　吡唑类高能量密度化合物

是一种早期详细研究过的不敏感炸药，2, 4, 5–TNI 是 MTNI 的合成前体。MTNI 熔点 82℃，是近年研究最多的咪唑类炸药，其爆轰性能与 RDX 相当，感度接近 B 炸药，有望成为 TNT 的替代品，国内报道了通过咪唑碘代来合成它。1– 甲基 –4, 5– 二硝基咪唑（MDNI）熔点 77℃，可望用于熔铸炸药的载体，撞击感度 87.5cm，比 MTNI 钝感高，能量与 TNT 相当，MDNI 的前体 4, 5– 二硝基咪唑也呈酸性，可以制得一系列它的含能有机铵盐。

NTO 是现在广泛应用的三唑类钝感炸药，此外在碳原子上带一个硝基的三唑炸药 5– 氨基 –3– 硝基 –1, 2, 4– 三唑（ANTA）和 4– 氨基 –5– 硝基 –1, 2, 3– 三唑（ANTZ）都是很钝感的炸药，我国也先后跟踪合成得到了它们。它们的钠盐具有亲核性，能得到连有 ANTA 和 ANTZ 基团的新炸药，如国内已经跟踪合成得到的 6– 双（5– 氨基 –3– 硝基 –1, 2, 4– 三唑基）–5– 硝基嘧啶（DANTNP）、1– 苦基 –3– 氨基 –5– 硝基 –1, 2, 4– 三唑（ANTA–TNB）和 2, 4, 6– 三（3– 氨基 –5– 硝基 –1, 2, 4– 三唑）–1, 3, 5– 均三嗪（ANTA–TCT）。另外，用现生成的高锰酸来氧化 ANTA 可制备 5, 5′ – 二硝基 –3, 3′ – 偶氮 –1H–1, 2, 4– 三唑（DNAT），我国也合成得到了它。三唑类新炸药中，1– 甲基 –3, 5– 二硝基 –1, 2, 4– 三唑（MDNT）由于其合成步骤短、较为钝感、能量适中（爆速 7850m/s）、熔点低（95 ~ 98℃）等特性，有望替代 TNT 用于熔铸炸药。

通过在三唑氮原子上引入偶氮键，国内报道了一系列具有扩展氮结构的新型 HEDC，并通过理论计算与实验相结合，提出了一个新的观点：与在氮杂环的碳原子上引入偶氮键相比，在氮杂环的氮原子引入偶氮键对高氮化合物的密度（ρ）和生成焓（HOF）都具有更大的改善。例如，在 1, 2, 4– 三唑的碳原子上引入偶氮键，密度和生成焓分别增加了 0.112g/cm^3 和 1052kJ/kg，然而在 1, 2, 4– 三唑的氮原子上引入偶氮键，密度和生成焓分别增加 0.225g/cm^3 和 1918kJ/kg。相对于在 1, 2, 4– 三唑的碳原子上引入偶氮键，在 1, 2, 4– 三唑的氮原子上引入偶氮键的密度和生成焓分别增加了 0.066g/cm^3 和 1219kJ/kg（图 6）。

进一步在三唑环上引入叠氮基等含能基团可以进一步提高其能量，例如最近合成的四叠氮偶氮三唑的氮含量达到 85.36%，比 TAAT 的氮含量还高。其生成焓达到 6933kJ/kg，超过 3, 6– 二叠氮基 –1, 2, 4, 5– 四嗪，是目前生成焓最高的含能化合物（图 7）。

4. 胍类等非杂环高能量密度化合物

2– 硝亚氨基 –5– 硝基六氢化 –1, 3, 5– 三嗪（NNHT）是一种新型的不敏感胍类炸药，分子结构中既含有硝基又含有氨基，都可形成分子间和分子内氢键，具有较低的感度。国内近几年以硝基胍、乌洛托品为原料的新法合成降低了其成本，有利于 NNHT 的工业化推广。在新型胍类炸药方面，国内跟踪合成了 1, 7– 二氨基 –1, 7– 二硝胺基 –2, 4, 6– 三硝基 –2, 4, 6– 三氮杂庚烷（APX）和 1, 2– 二硝基胍铵（ADNG）；APX 的 DSC 分解温度为 174℃，计算的爆速和爆压分别为 9540m/s 和 40.3GPa，是一种很敏感的高能炸药，也可用作起爆药；ADNG 密度为 1.86g/cm^3，撞击感度 78cm/14.2J，计算的爆速为 9066m/s，爆压 33.1GPa，综合性能超过了 RDX，缺点是其具有水溶性（图 8）。

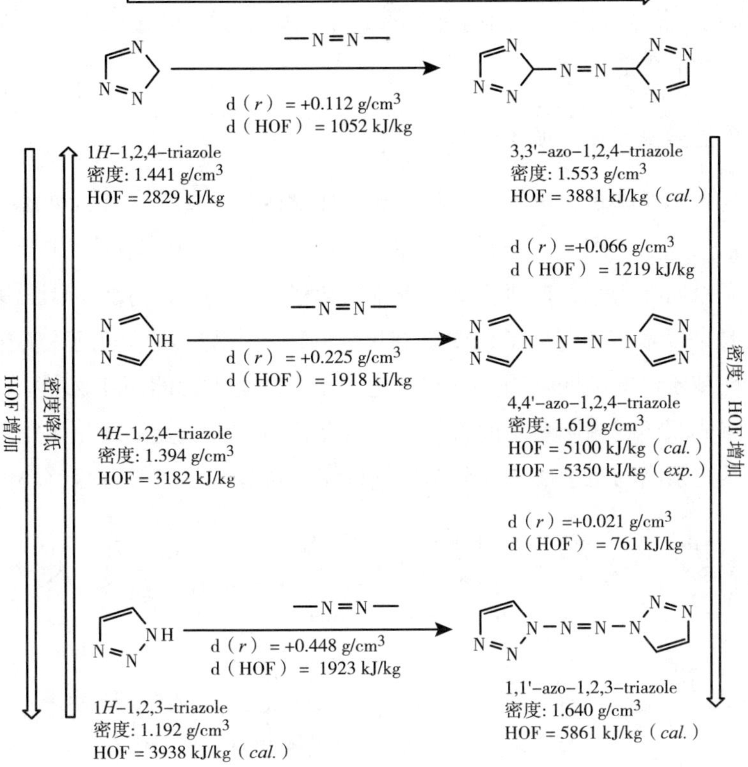

图 6　扩展氮结构对性能的影响

DiATC$_2$N$_{10}$
ρ=1.719g/cm^3（293K）
N%=85.36%
DSC Exo.=130℃
ΔH_f=6709kJ/kg
N(ΔH_f)=91.75kJ/atom

TAATC$_6$N$_{20}$
ρ=1.674g/cm^3（294K）
N%=79.55%
DSC Exo.=200℃
ΔH_f=6168kJ/kg
N（ΔH_f）=83.50kJ/atom

ρ=1.795g/cm^3（152K）
N%=85.36%
DSC Exo.=136℃
ΔH_f=6933kJ/kg
N(ΔH_f）=94.75kJ/atom

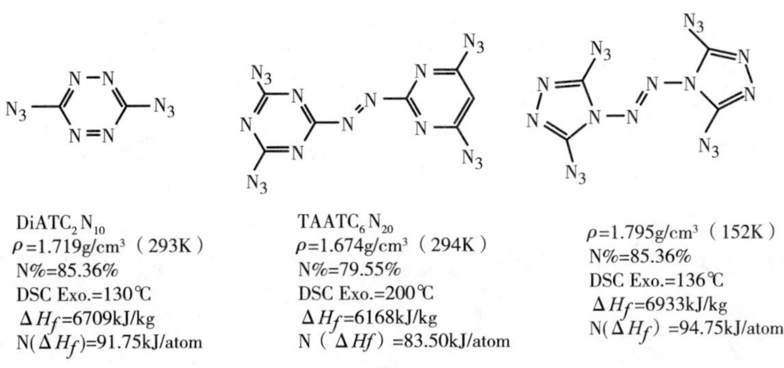

图 7　高生成焓富氮化合物

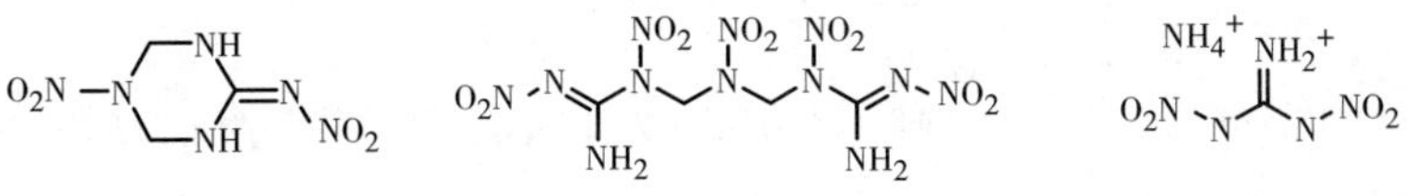

NNHT　　APX　　ADNG

图 8　胍基高能量密度化合物

二硝基脲（DNU）密度 1.98g/cm^3，是硝酰胺的优良母体，也是 K-6 合成的关键原料。2011 年国内通过尿素经过硝化在国内首次得到了二硝基脲，并进而在国内首次制得了一系列二硝基化合物的含能盐。

5. 富氮含能盐类高能量密度化合物

富氮含能盐大多是唑类、嗪类衍生物，相对于咪唑、三唑、三嗪和四嗪，四唑具有更高的含氮量和正生成热，同时由于其五元环的芳香性而具有的良好热稳定性，而得到了科学家们的青睐。以四唑为例，四唑含能盐根据其离子的不同可以分为三类，第一类获得研究的四唑盐主要是以氨基四唑质子化或烷基化后的阳离子与其他负离子复配而得（图 9）；第二类是以其他基团修饰的四唑阴离子与其他阳离子复配得到的四唑含能盐（图 10）；第三类是以联四唑或双四唑为阴离子的含能盐。这些四唑类含能盐表现出了很大的优势，包括含氮量高、具有很高的正生成热、分解后释放出大量氮气、更符合绿色环保要求。

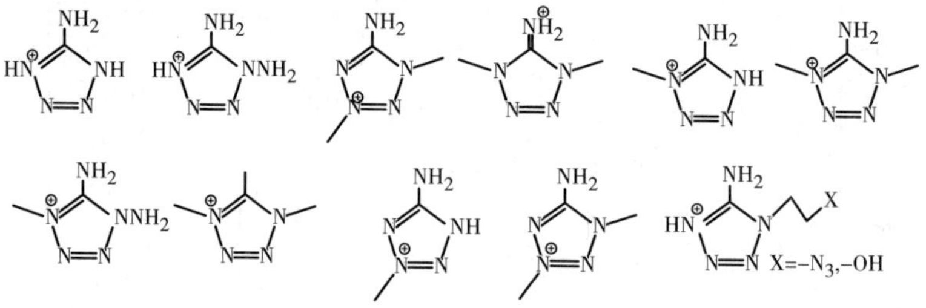

图 9 四唑阳离子

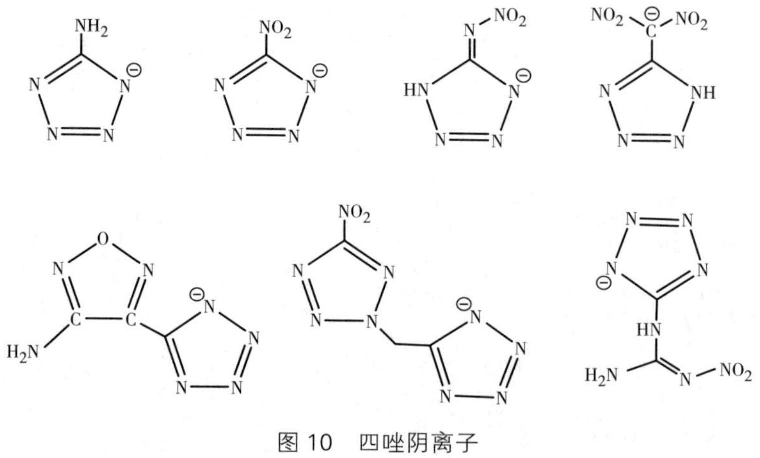

图 10 四唑阴离子

从咪唑（ΔH_f^{θ}=+58.5kJ/mol）到三唑（ΔH_f^{θ}=+109.0kJ/mol）再到四唑（ΔH_f^{θ}=+237.2kJ/mol），随着杂环上氮原子数的增加，它们的生成焓也相应增加。咪唑由于环上只有两个氮原子，氮含量低，因此应用于含能材料的前景有限。

三唑、四唑含能盐今后努力发展的方向是对其合理修饰以提高综合性能。国内近来在含能盐方面取得不少突破，如设计合成了氨基修饰的 1, 2, 3- 三唑阳离子，制备了一系列 1- 氨基 -1, 2, 3- 三唑和 3- 甲基 -1- 氨基 -1, 2, 3- 三唑的含能离子盐衍生物，其熔点范围在 80 ~ 150℃，分解温度在 150 ~ 250℃，显示出良好的热稳定性和较低的熔点；其爆速在 7236 ~ 9031km/s 之间，螺压在 21.2 ~ 32.6GPa 之间，能量水平均高于 TNT，且感度较低，可作为 TNT 的替代物使用。还设计合成了肼基修饰的四唑阳离子和一系列 5- 肼基 -1, 2, 3, 4- 四唑的含能离子盐衍生物，该系列含能盐具有较高的能量水平，其爆速在 8602 ~ 9626km/s 之间，螺压在 31.3 ~ 46.8GPa 之间，能量水平与 HMX 相当，且由于肼基高含氮量、高生成焓的特点，其计算比冲高于 CL-20。另外合成了计算爆速超过 HMX 和 CL-20 的重（2, 2- 二硝基乙基）硝胺含能盐等。

6. 全氮高能量密度化合物

全氮类物质最突出的特性是分解产物全部为极其稳定的 N_2，因而分子中蕴含有巨大的能量（在已知的双原子分子中 N_2 是最稳定的，其 N ≡ N 三键分解为原子需要吸收 941.69kJ/mol 的能量）；同时由于 N 的电负性（3.04）仅次于 F 和 O，能形成较强的化学键，全部或部分由氮元素组成的全氮类衍生物具有一定的稳定性（图 11）。相对于传统 C、H、O、N 类含能材料，全氮材料具有高密度、高生成焓、超高能量及爆轰产物清洁无污染等优点。因此它们极有希望作为新一代超高能含能材料应用于炸药、发射药和推进剂等领域。

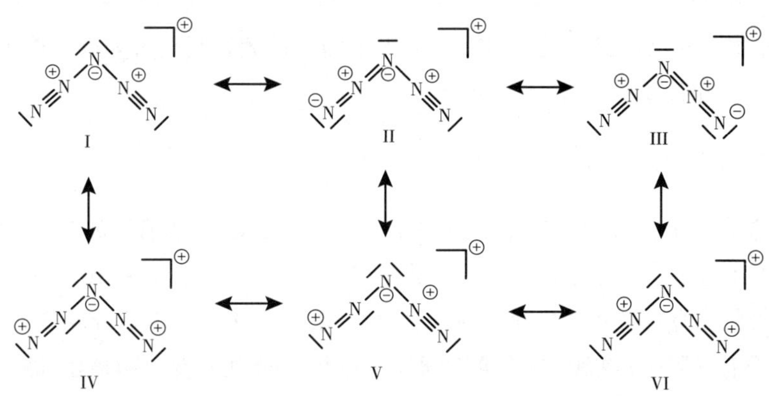

图 11　N_5 阳离子的共振结构

国内在近 5 年开始开展全氮化合物的研究工作，以量化计算为主，在合成工作方面也取得一些突破。

7. 高能燃料

高能燃料是分子中含有多环或笼状结构的碳氢化合物或含硼化合物，具有高密度、高体积燃烧热、高吸热、高燃速的特点，主要用于提高炸药毁伤效果、富燃料推进剂增程、超音速飞行器燃料及高超音速飞行器燃料等领域。

在过去 5 年，国内合成出五环［$5.3.0^{2,6}.0^{3,10}.0^{5,9}$］十一烷、甲基五环［$5.3.0^{2,6}.0^{3,10}.0^{5,9}$］

十一烷、四环庚烷等多环高密度化合物，可作为燃料添加剂用于提高燃料的密度和体积燃烧热，在此基础上研制出了密度大于 1g/cm^3 的燃料配方。

为满足高速飞行器的冷却需求，国内开展了吸热燃料研究，这类燃料在进入燃烧室之前，先流经发热的飞行器或发动机表面，吸收热量后汽化、裂解为小分子烃类化合物，再进入燃烧室燃烧，通过化学反应来吸收热量。在石油基吸热燃料研制的基础上，建立了碳氢化合物吸热性能的计算方法，关联了化合物结构与吸热性能的关系，研制出合成型吸热燃料。同时为提高燃料的吸热量，开展了碳氢燃料催化裂解的研究，开发了薄膜催化剂、纳米催化剂、均相催化剂等类型的裂解催化剂，燃料吸热量在 750℃达到 3.5MJ/kg，可满足高超音速飞行器的冷却需求。

高热值燃料研究以硼簇类化合物为主，合成了系列具有硼笼结构的化合物，不仅包括十氢十硼酸铜、十氢十硼酸铁、十氢十硼酸铯等硼基金属盐，还合成出十氢十硼酸的含能离子盐，将肼、嗪、唑等引入分子，提高了化合物的能量。此外，取代碳硼烷化合物具有高燃烧热，但由于成本较高制约了其应用，通过设计了低成本的催化合成新路线，合成出热值大于 50MJ/kg 的高热值燃料。

（三）高能量密度化合物先进制造工艺

对应用广泛的一些代表性 HEDC 如 RDX、HMX、CL-20、DNTF、TATB 等，为了实现降低生产成本、提高产品品质等目标，世界各国均持续开展相关先进制造工艺研究，近 5 年来我国在该方面也取得了较大进展。

1. RDX 制备工艺的改进

RDX 先进制造工艺方面，近年的进展主要为开发了以新型硝化剂 N_2O_5–HNO_3 硝解乌洛托品制备 RDX 的新工艺技术，项目突破了 N_2O_5–HNO_3 硝解合成 RDX 的关键技术，采用多点加料和在线检测技术，优化制备工艺并获得 N_2O_5–HNO_3 硝解合成 RDX 的最优工艺参数；捕捉了硝解反应过程中的关键中间体，推导出合理的 N_2O_5–HNO_3 硝解乌洛托品制备 RDX 的反应历程；添加酸性功能离子液体催化 N_2O_5–HNO_3 硝解乌洛托品制备 RDX，揭示酸性功能离子液体对该反应的催化历程，获得酸性功能离子液体催化条件下的反应机理及优化的催化工艺条件；研究 RDX 的氧化结晶工艺，优化氧化结晶工艺参数，研究真空结晶等技术在 RDX 氧化结晶中的应用；研究添加剂甲撑二硝胺、硝酸铵等硝酸盐在 N_2O_5–HNO_3 硝解乌洛托品制备 RDX 反应中作用条件和作用机理，揭示添加剂作用下的反应历程和反应机理，获得添加剂作用下的优化工艺参数。

在现有直接硝解法生产工艺的基础上，以一定质量比的乌洛托品与浓硝酸为反应物料，将乌洛托品从不少于 2 个的加料口同时均匀加入盛有浓硝酸的装置中，在 10 ~ 15℃条件下与浓硝酸进行反应制备 RDX，仅仅通过改变反应物料的加料方式及细度，使 RDX 的收率有了明显提高，由原来的 78% 提高到 85% 以上。

新近研究的 RDX 干燥工艺方法是一种连续、高效、安全的干燥方法，其工艺过程从加料到干燥，再到冷却出料全程实现自动化连续操作，且实现了在线水分、温度、静电监测。该干燥设备除能够干燥 RDX 等类粉状单质炸药，还能够干燥造型粉等类炸药，也能够干燥球形药和小粒药等。

对 RDX 采用湿式研磨粉碎制备超细 RDX，RDX 超细化后，撞击感度随粒度的减小而降低，摩擦感度随粒度的减小而上升，热分解峰温提前 2℃，放热量减少，表观活化能下降。

2. HMX 制备工艺的改进

奥克托今（HMX）是当前国内外已使用的能量水平最高、综合性能最好的单质炸药。由于 HMX 性能优异，近年来国内开展了其合成新方法研究，开发了多种合成方法，主要包括以乌洛托品为原料的醋酐法（Bachmann 法）、综合醋酐法、DADN 法、TAT 法、DANNO 法等，以及以小分子为原料的小分子综合法、二硝基脲法等。同时开展了包括使用离子液体、五氧化二氮等新工艺制备 HMX 的研究。

（1）醋酐法

目前工业上主要采用的是醋酐法生产 HMX。醋酐法是以乌洛托品为起始原料，醋酐—硝酸为硝解体系，在有硝酸铵参与的条件下，经两段反应制备 HMX 的方法。虽然醋酐法经历了几十年的研究与发展，有了很大的改进，但仍然存在一些严重的缺点，如：原材料消耗量大，使用大量的醋酐增加了 HMX 的成本；反应复杂，生成 HMX 的同时还伴随着 RDX 和多种直链硝胺副产物的生成；反应废液处理量大等等。这些缺点制约了 HMX 在军事上的广泛应用。近年来醋酐法制备 HMX 主要在降低醋酐、醋酸用量和提高乌洛托品利用率上取得了一些进展。

（2）综合醋酐法

国内在综合醋酐法主要用于制备 HMX/RDX（70/30）混合物取得进展。乌洛托品在不同的硝化体系可获得不同的硝解产物，即使同一硝化体系，也因条件不同而得到不同的结果。如在以醋酸为介质，由硝酸铵、醋酐为硝化剂的体系中，改变反应条件，乌洛托品硝解反应的主产物可以是 RDX，也可以是 HMX。在醋酐法生产 HMX 的基础上，利用其料比小、产率高的优点，改变以制备 HMX 为主的工艺，通过经济、简单的分离法将 HMX、RDX 分离，在同一条生产线上生产两种高能炸药，这就是新醋酐法的基本思想。

（3）以乌洛托品为基的新方法

以乌洛托品为底物的新法（也称之为酰化—硝化法）被广泛研究，国内近期在 DADN 法、TAT 法及 DANNO 法等方法制备 HMX 上取得进展。如 DADN 法，用乌洛托品经醋酐酰解得到 DAPT（二乙酰基五亚甲基四胺），DAPT 硝解后生成 DADN，DADN 进一步硝解得到 HMX（图 12）。

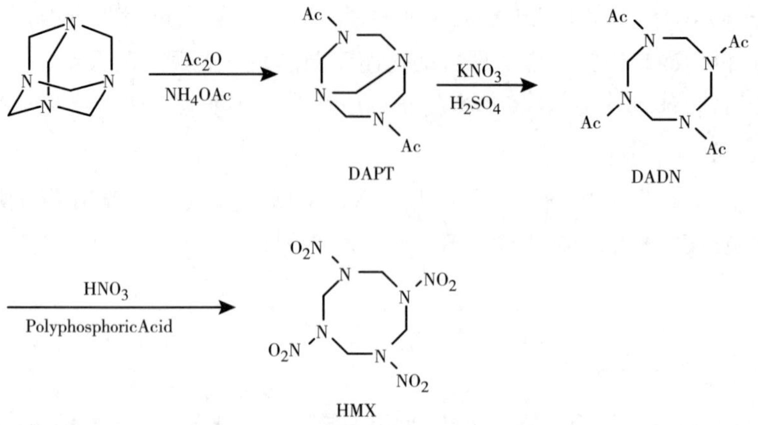

图 12　DADN 法合成 HMX

（4）小分子综合法

以小分子为基础底物综合制备 HMX 和 RDX 的方法，是以乙腈和三聚甲醛为原料，生成 TRAT/TAT（70/30）混合物，再将该混合物硝化制备 RDX/HMX（70/30）混合物。也可将 TAT 和 TRAT 的混合物先进行分离，再分别硝化得到 HMX 和 RDX。本方法避免了醋酐的使用，较大程度地降低 HMX 和 RDX 的生产成本，制备过程中硝化条件温和，温度易控制，反应安全性较高，且污染小。

小分子综合法得到的 HMX/RDX 混合物，可以通过硝酸分离法或 HMX-DMF 络合物法等分离，工艺简单，且 HMX 和 RDX 纯度高。小分子综合法所得产品也可不经分离，直接用于混合炸药配方，其性能与纯品 HMX 相当。法国已采用 HMX/RDX 混合物与 TNT 作为注装炸药使用，其中 HMX 质量分数为 65% ~ 70% 的 HMX/RDX 混合物可以代替纯 HMX。该法不仅节省了分离工序，且降低了成本。

（5）二硝基脲法

国内近期大力发展二硝基脲法制备 HMX，以尿素为主要原料，经中间体二硝基脲合成 DPT，再硝解得到 HMX。这种方法原材料价格低廉，避免使用醋酐，降低了 HMX 的生产成本；制得的 HMX 无需转晶，纯度高，产品中无 RDX。二硝基脲法是目前最有工业化前景的 HMX 制造方法。

二硝基脲法主要制备过程如下：尿素在发烟硫酸、发烟硝酸混酸中硝化生成二硝基脲，然后将反应液倒入冰水中水解生成硝酰胺，硝酰胺与甲醛和氨水溶液生成 DPT，DPT 在硝酸中硝解生成 HMX（图 13）。

3. CL-20 制备工艺的改进

CL-20 是一个具有复杂分子结构的笼形化合物，相对于传统的 RDX、HMX 等含能材料，其合成工艺要复杂得多。近几年，我国在优化 CL-20 制备工艺方面开展了许多工作。

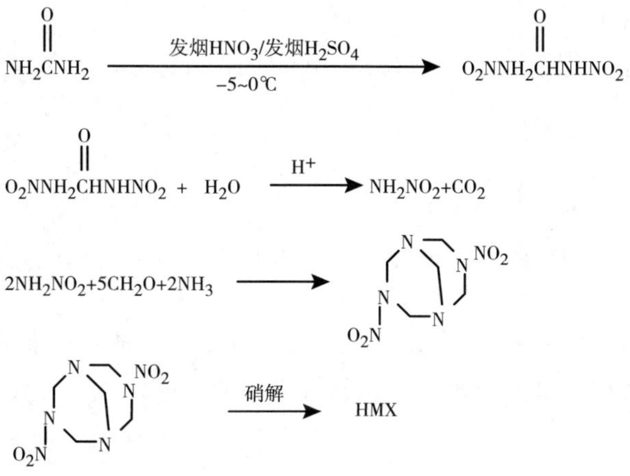

$$NH_2CONH_2 \xrightarrow[-5\sim0℃]{发烟HNO_3/发烟H_2SO_4} O_2NNHCONHNO_2$$

$$O_2NNHCONHNO_2 + H_2O \xrightarrow{H^+} NH_2NO_2 + CO_2$$

$$2NH_2NO_2 + 5CH_2O + 2NH_3 \longrightarrow$$

$$\xrightarrow{硝解} HMX$$

图 13　小分子综合法合成 HMX

（1）CL–20 的工程化制备工艺

1）HBIW 的制备工艺优化。

目前，国内外能够实现工业化的 CL–20 制备路线均以六苄基六氮杂异伍兹烷（HBIW）为前体（图 14）。

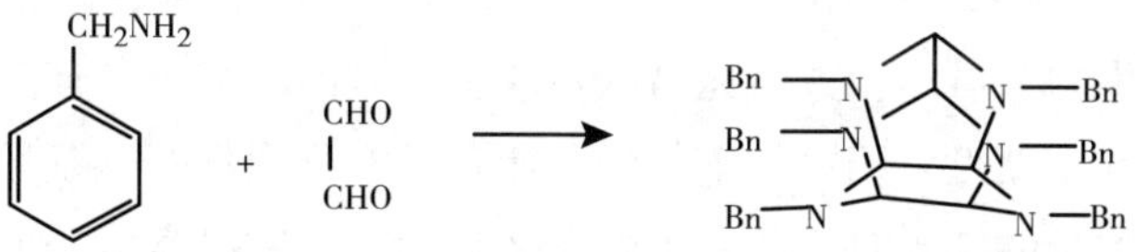

CH_2NH_2 + CHO–CHO →

图 14　HBIW 的缩合

近期国内系统地研究了 HBIW 同系物的合成，得出使用不含取代基的苄胺为原料时，HBIW 的得率最高。由于从简单小分子合成复杂异伍兹烷笼形结构的副反应较多，制备 HBIW 是目前 CL–20 合成方法中收率最低的一步。为了防止催化剂中毒，精制步骤又会造成一定损失。提高缩合产物 HBIW 的收率，是降低 CL–20 生产成本的瓶颈技术之一。

2）CL–20 的制备工艺优化。

由 HBIW 出发，有多条路线可合成 CL–20。目前，CllL–20 的硝化前体已经超过 15 种，但真正实现千克级以上制造的，国内外都只有三种，分别为 TADB 路线、TADF 路线、TAIW 路线。其中 TAIW 路线（图 15）为我国首创，在醋酸介质中氢解 TADBIW 制得 TAIW，并经 TAIW 合成出 HNIW。我国目前已经完整掌握具有自主知识产权的 TAIW 路线工程化制备技术，并已经实现 CL–20 批量化试制。

（2）CL–20 合成新工艺研究

如上所述，目前各国 ε 型 CL–20 工程化制备，均采用以苄胺和乙二醛为起始原料，通过缩合反应、两次加氢脱苄反应、硝化反应和转晶的放大路线。

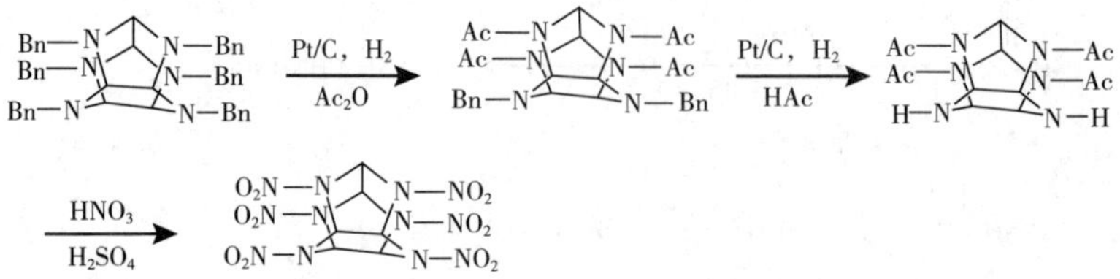

图 15　TAIW 基 CL-20 合成路线

由于该路线存在苄胺原子经济性低、需用贵金属催化剂、路线长等缺点，使 CL-20 生产成本偏高。为了降低 CL-20 的成本，我国开发出新的合成路线，主要包括无氢解法、两步法等。

1）无氢解法。

无氢解法主要针对 CL-20 合成需使用贵金属催化剂钯，试图探索其他不使用钯催化的方法脱除 HBIW 上的苄基，从而节约成本。无氢解路线的瓶颈在于 HBIW 在多种反应介质中稳定性差，且六个取代基的反应活性有较大差异，难以一次转换。除了相对温和的催化氢解体系外，其他路线的收率都难以满足要求。

2）两步法。

两步法主要针对中间体 HBIW 合成路线原子经济性低、路线长等问题，试图合成其他异伍兹烷前体，然后直接进行硝化，从而降低成本。国内开展了两步法的研究，合成了很多新型异伍兹烷衍生物，虽然相关研究与国际同步，但也没有取得有实用价值的突破。

两步法的瓶颈在于新型异伍兹烷前体及其硝化产率都很低，这是异伍兹烷分子笼形结构和醛胺缩合反应本身的特点决定的，大量研究表明，苄胺等富电子取代胺适于和乙二醛反应生成异伍兹烷母体，而酰基等取代胺难以发生此反应，合成得到的新前体的稳定性也与 HBIW 相似，难以直接硝化。而且由于异伍兹烷笼形结构易破裂，使得温和的催化氢解成为必然选择。因此，新工艺瓶颈的突破有赖于化学新原理、新方法的突破，如新的廉价、高效催化剂的出现，这些突破非短期可以获得，HBIW 基路线仍然是目前唯一可行的工业化路线。

4. DNTF 制备工艺的改进

3, 4- 双（4′ - 硝基呋咱 -3′ - 基）氧化呋咱（DNTF）是一种性能优良的高能单质炸药，具有密度高（$1.937 g/cm^3$）、爆速高（8930m/s，$\rho =1.870 g/cm^3$）、威力大（164.3%TNT 当量）、安定性好（分解温度 253.6℃）、感度适中（摩擦感度 44% ~ 60%，撞击感度 80% ~ 96%）、爆发点高（315 ~ 340℃）等优点，特别是由于其熔点适中（109 ~ 110℃），可替代 TNT 用作熔铸炸药中的液相载体炸药。DNTF 是我国近年来含能材料领域新一代高能量密度材料的代表，是研制高性能火炸药的关键原材料之一。

国内设计了合成 DNTF 的方法，以丙二腈为原料，经亚硝化、重排、肟化、脱水环化、分子间缩合环化以及氧化等反应合成出 DNTF，合成路线如下（图 16）：

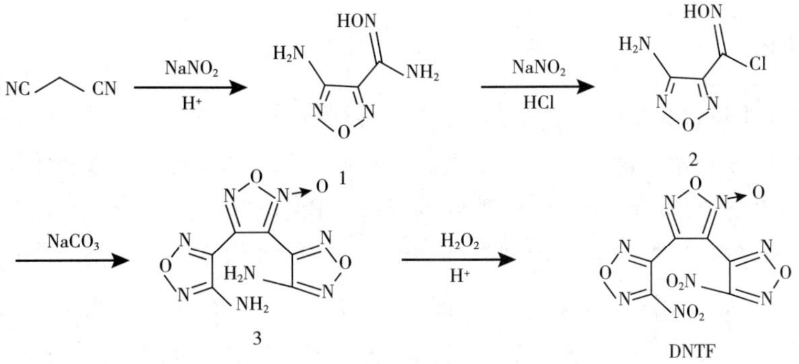

图 16　DNTF 合成路线

5. TATB 制备工艺的改进

TATB 是一种重要的钝感高能炸药，原有制备方法以三氯苯为原料经过硝化、氨化得到，因此 TATB 的主要杂质均含氯。TATB 含氯量直接影响产品的热安定性，对药柱成型、药柱强度、金属弹体等有不良作用。尤其是当无机杂质 NH_4Cl 含量占总杂质的 80% 以上时，TATB 会变黑、变粗糙，总收率降低，并且 TATB 的晶体表面形貌会改变。因此国内重点发展 TATB 无氯制备工艺，普遍采用的方法为氢亲核取代法（VNS）和间苯三酚法。

近几年，我国研究人员通过 VNS 反应制备 TATB。2011 年国内报道了以乙醇为溶剂，苦基氯与氨水反应得到了 2, 4, 6- 三硝基苯胺（TNA），后者再与 4- 氨基 -1, 2, 4- 三氮唑（ATA）经氢的亲核取代反应（VNS）生成了 1, 3, 5- 三氨基 -2, 4, 6- 三硝基苯（TATB），总收率大于 95.7%。2010 年报道了通过三硝基苯（TNB）的 VNS 反应制备钝感炸药三氨基三硝基苯（TATB），产率 90.6%，HPLC 显示 TATB 纯度大于 99%。

TATB 还可以间苯三酚为起始原料经过硝化、烷基化和胺化三步反应来制备（图 17，其中 R 可以是甲基、乙基或丙基）。国内 2009 年报道通过该方法制备 TATB，同样以间苯三酚为原料，经过五氧化二氮硝化、甲基化（R=Me）和氨气胺化得到 TATB，收率为 75%。国内 2012 年改进了间苯三酚硝化、乙基化（R=Et）和胺化合成无氯 TATB 的工艺，各步收率达到 91% 以上，并在胺化反应中采用低毒乙醇替代高毒甲苯作为反应介质，减小了对操作人员的损害。

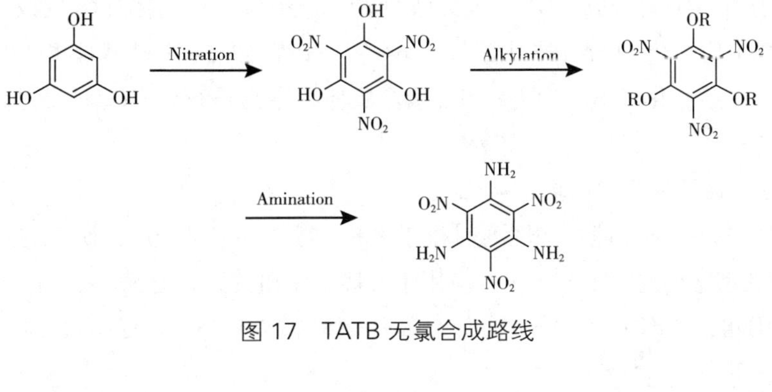

图 17　TATB 无氯合成路线

6. 绿色硝化

当前火炸药的制造存在污染问题。单质炸药制造过程是精细化工单元反应的集合，其工艺技术正在大幅向绿色化发展，这是当前炸药研究的重要课题，也是节能减排、减少污染的要求。硝化反应是炸药合成中最重要的反应，通过硝化反应技术，在炸药分子中可引入多个硝基。工业硝化常用的硝化剂是硝硫混酸体系，此工艺技术已经应用 100 多年，由于反应后废酸量大，无法满足环境和节能减排的经济发展需求。因此，研究绿色硝化技术，寻找安全、环保、节能、无毒、经济的新方法和新技术，是炸药科研与生产发展不容忽视的重要方向，具有现实性和前瞻性。

当前国内外研究的各种清洁硝化反应，都从根上杜绝了酸的使用，彻底消除了废酸污染。以新型硝化剂 N_2O_5 为硝化剂的硝化技术显示了巨大的优越性。国内使用 N_2O_5/HNO_3 体系和 N_2O_5/ 有机溶剂体系，对一系列底物进行硝化，取得了较高进展。N_2O_5 对制备 TNT、TATB、HMX、RDX 以及 CL-20 等笼型化合物等的硝化，在其选择性及转化率方面呈现出独特的优势，由于 N_2O_5 硝化可采用低酸或无酸的中性硝化，基本做到低污染或无污染。一些环境友好的催化剂如离子液体可用于芳烃绿色硝化，如乌洛托品（HA）硝解成 RDX 以及 DPT 硝解成 HMX 等，其中使用 N_2O_5/ 离子液体硝化体系可使 RDX 及 HMX 得率较大幅度提高。

（1）N_2O_5 硝化剂

近年来，随着环境污染问题日益受到各国关注，对环境污染小的硝化剂颇受青睐。N_2O_5 硝化反应体系可分为两大类：① N_2O_5/HNO_3 体系，具有高酸度和活性，适用面广，无选择性，尤其适用高度钝化的硝基芳烃和硝胺类化合物的合成。② N_2O_5/ 有机溶剂体系，虽然活性不高，但反应条件温和、选择性较高，尤其适用于含氧或氮的张力环的开环硝化。这两种硝化体系优势互补，广泛应用于芳烃、胺类、醇类等硝化。

（2）N_2O_5/HNO_3 硝化技术

N_2O_5/HNO_3 硝化体系活性中等，接近于硝硫混酸，是一种最有应用前景的硝化体系。该体系不仅消除了废酸的污染，而且反应可在低温下进行，其温和的可操作性使得应用范围愈加广泛。该体系主要用于 RDX、HMX 及 CL-20 等的合成，其中 N_2O_5/HNO_3 体系硝化 TRAT，产率为 86%。国内研究了用 DADN、TAT、DPT 及 DAPT 四种原料在 N_2O_5/HNO_3 体系中绿色硝解制备 HMX。以 DPT 为原料合成 HMX，无 N_2O_5 时硝化产率为 48%；有 N_2O_5 时反应率为 58%。

制备钝感单质炸药 LLM-105 中间体 2, 6- 二甲氧基 -3, 5- 二硝基吡嗪的硝化反应，采用 N_2O_5/HNO_3 体系硝化 2, 6- 二甲氧基吡嗪。反应在室温进行，N_2O_5 只要过量 1.5 倍，收率就可以达到 60%，并且反应过程温和。

（3）N_2O_5/ 离子液体中的绿色硝化

离子液体作为一种环境友好性溶剂和催化剂，近几年来已经成为研究的热点。国内合成了 50 多种新型结构的离子液体，并应用于芳烃硝化和胺类的硝解。在硝酸体系中使用离子液体制备 RDX，产率可达 72.6%，而无离子液体时，RDX 产率仅为 59.5%。HNO_3/ N_2O_5/

离子液体体系用于硝解乌洛托品，在最佳工艺条件下,RDX的产率为84%。其中反应平稳，温度波动较小，离子液体可反复使用。还有研究表明离子液体对DPT的硝解反应有一定的催化作用，使HMX产率提高到64%。

7. 高能量密度化合物的球形化与高品质

近年来，国内在球形化RDX等方面取得重大进展，已形成10 ~ 50kg级生产能力，为球形化RDX、球形化NQ的应用奠定了坚实基础。用球形化RDX与TNT制备熔铸混合炸药，固含量可达80%，爆速达到8300m/s。

国内还开展钝化RDX和钝化HMX的研究工作，并在近年获得了高品质的RDX（代号钝-RDX、D-RDX）千克级制备技术，建立了批量可达1.5kg级高品质HMX的制备工艺，实现了RDX和HMX晶体形貌、内部缺陷、颗粒密度和粒径大小的控制技术，基本实现了炸药晶体（颗粒）品质表征技术。

D-RDX与原始RDX对比，D-RDX的品质得到了大幅度提高，晶体内部缺陷大幅度减少；普通RDX的最大密度为1.793g/cm^3，D-RDX的密度达到了1.798g/cm^3，已接近于RDX晶体的理论密度（图18）。

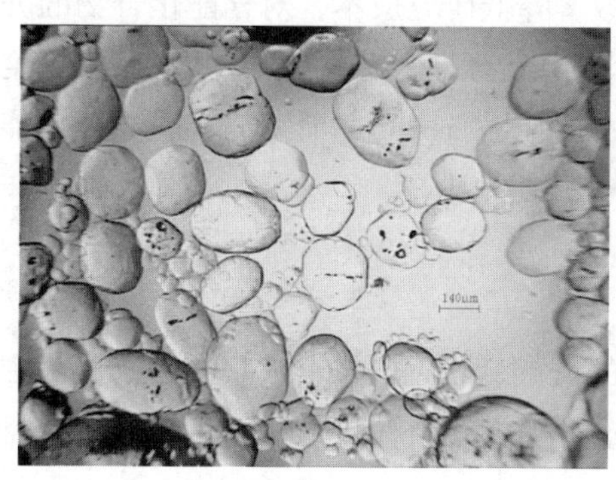

球形 RDX

D-RDX

图18　球形RDX和D-RDX

三、国内外研究进展比较

由于高能量密度化合物的核心作用，世界军事强国一直高度重视新型HEDC的研制和应用。

因为发展核武器用高能炸药的牵引，我国在世界上曾一度处于高能量密度材料合成研究的最前沿，797（TEX）、7201等化合物的合成均早于国外10多年。此后由于各种因素，特别是相关投入一直在减少，我国在新型高能量密度化合物合成领域已远远落后于世界先进水平，集中表现在近年来新化合物的合成报道很少，近30年内基本上没有合成出具有自主知识产权的新含能化合物。同时，由于研究难度大、风险高，从事新型高能量密度化合物的合成研究工作者也日趋减少。进入21世纪以后，尤其是“十一五”期间，我国高能量密度化合物的合成工作重新受到重视，近 5 年也取得了较大发展，但与国际先进水平相比尚有差距，以下从几个方面进行分析。

（一）新型高能量密度化合物合成

1. 国外新型高能量密度化合物合成进展

国外近 5 年在新型高能量密度化合物合成方面投入了大量人力物力，也取得了较大进展，特别是富氮、多氮、全氮化合物成为近来国际新型含能材料研究的核心。美国洛斯阿拉莫斯（Los Alamos）国家实验室的 Hiskey、南加州大学的 Christe、爱达荷州立大学的 Shreeve、德国慕尼黑大学的 Klapotke、俄罗斯科学院泽林斯基有机化学研究所的 Tartakovski 等研究组近年来非常活跃，在新型富氮化合物合成、全氮化合物合成、富氮离子液体合成等方面取得了显著成果，大量的新型 HEDC 被合成并报道，有些化合物已经进入到应用研究阶段。

很多新的体系和概念也在近 5 年被提出和发展，如含能离子液体（盐）。与此同时，理论和实验相结合已成为国际上新含能化合物合成研究的重要特点。运用相关理论知识，借助理论计算要合成的新型 HEDC，计算其标准摩尔生成焓，并进一步估算其爆轰性能（如爆速和爆压），除了可以减少预实验的次数、降低研究成本，对含能化合物的分子设计和筛选也具有重要意义。目前，国外关于含能化合物的计算精度大为提高，如密度计算误差在 $0.04g/cm^3$ 以内，生成焓误差在 40kJ/mol 以内。Cheetah 等计算含能化合物性能的专用软件日趋完善并普遍应用，但相关软件目前禁止对华出口。

2. 国内新型高能量密度化合物合成进展

国内方面，经历了 20 世纪 80 ~ 90 年代的低潮后，近 5 年合成报道的高能量密度化合物较多，总数超过了 30 个。但是大多数化合物都是国外早期合成过的，基本上是通过跟踪或改进国外的合成方法得到产物。

在跟踪仿制的基础上，国内研究者也开始自主设计、合成新型高能量密度化合物，如国内首次设计合成了 N，N′－偶氮杂环类、噁二唑（异呋咱）类等新型 HEDC，自行设计得到了一系列新型呋咱类高能化合物，并开展了制备规模放大和许多应用基础研究。在含能化合物的设计与理论计算方面，我国的相关研究组也陆续开展了一些工作。但目前还没有通用的、得到国际认可的计算方法体系。

（二）高能量密度化合物的工程化放大

1. 制备工艺工程化放大的国外进展

4– 氨基 –3, 5– 二硝基吡唑（LLM–116）于 1993 年由 Vinogradov 等首次合成，其显著优点是能量高、感度低，其能量为 HMX 的 90%。H_{50} 为 167.5cm，分解温度 178℃。2011 年，瑞典国防研究所（FOI）放大了 LLM–116 合成工艺，对其 200g 规模的批量生产得到最佳的制备路径。经过研究论证他们拟采用以 4- 氯代吡唑为原料，经过硝化和胺化来对 LLM-116 进行小批量生产。

2012 年，美国 ATK 公司对 TEX 作为钝感炸药成分进行全方位的评估，目前已用 4L 无盖的夹套反应釜进行小规模放大制备的 TEX，并进行相容性、小规模感度、热稳定性、爆轰性能等评估，并认为 TEX 是下一代钝感弹药的炸药组分。伊朗则在同年报道了用杂多酸为多相催化剂和硝化剂的新型环保工艺来制备 TEX。

二硝基甘脲（DNGU）是一种低成本介于 RDX 与 HMX 之间的低感高能炸药，DNGU 我国在 20 世纪就详细研究过，至今仍没见用于装药，其中最主要的问题是得到的产物粒径太小和“珊瑚礁”外观。近年美国的 BAE 重新评价了 DNGU，研制了制备新方法并进行了放大，得到晶态俱佳、粒径在 200 ~ 300μm 的 DNGU，希望用其来替代 PBXN-7 和 PBXW-14 中的 TATB 以及 IMX-101 和 IMX-104 中的 NTO。

2. 制备工艺工程化放大的国内进展

LLM-105 的能量比 TATB 高 20%，是 HMX 的 81%，并且有着良好的热安定性，是一种相当钝感的含能材料。LLM-105 的合成前体是 2, 6- 二氨基 -3, 5- 二硝基吡嗪（ANPZ），其国内外早期合成是以 2, 6- 二氯吡嗪为原材料，通过单甲氧基化、硝化和胺化反应获得。国内对此方法进行了改进，得到中间体 2, 6- 二甲氧基吡嗪，在室温下就可被硝化，提高了产率。采用此法合成的 ANPZ 的成本大约是 TATB 的成本的三分之二，目前该法已经放大到千克级。国内近期对 ANPZ 热性能、安全性能和爆轰性能进行的研究，表明 ANPZ 是一种综合性优良的单质炸药，对机械刺激非常钝感，耐热性好，密度高，甚至某些性能优于美国能源部唯一批准的钝感单质炸药 TATB 为基的钝感炸药。

FOX-12 是一种钝感含能材料，可广泛用于弹药和推进剂的装药，EURENCO Bofors 从 2000 年就开始了它的工业化生成。2012 年国内开发了 FOX-12 制备的新工艺，增强了批量生成的安全性和可操作性，并放大了千克级。

如前述，CL-20、DNTF 等的工业化放大工作也取得了很大进展。

（三）高能量密度化合物制造工艺改进

1. 制造工艺改进的国外进展

二硝基苯甲醚（DNAN）现已取代 TNT，是美国熔铸炸药的主要熔融相。美国过去 DNAN 主要来自我国民营工厂，但是纯度有问题。因此美国研究了一个大型 DNAN 合成工艺，现在由 Holston 陆军弹药厂生产 DNAN，生产能力超过了 90000kg/ 天，约 1498kg/ 批。美国 Holston 陆军弹药厂以现有低密度硝基胍（NQ）生产为基础，生产高堆积密度 NQ（HBD-NQ），产量超过 22700kg/ 天（1362kg/ 批）。HBD-NQ 能量虽低于 RDX 和 NTO，但是对降低 IMX-101 配方感度具有重要作用。

NTO 现在是国外熔铸炸药和浇注固化炸药最为常用炸药之一。在美国 Holston 陆军弹药厂，NTO生成能力超过了45400kg/天（1589kg/批），每年光是IMX配方就需要953000kg的NTO，现在的造价是$33/kg。为了降低NTO的成本，美国Army工业研究发展所对NTO的制备（包括重结晶）进行了优化。他们发现把重结晶的温度降到5℃，能提高10%收率，并不会影响NTO总的质量问题。在2012财政年不仅证明工艺改进的良好结果，验证了项目的度量体系，还完成了项目的采办、安装和冷却系统。在熔铸炸药加工时，当普通标准的NTO含量超过60%时，熔融相的黏度很高，不利于加工。为此，法国SNPE的附属单位EURENCO研制出一种高品质NTO（他们命名为NTO CF），当它用于熔铸炸药装药时能明显降低加工时的黏度，这种高品质的熔铸炸药也适用于TNT为基的熔铸炸药。

TATB是一种重要的钝感炸药，美国ATK公司改进了TATB的新工艺，采用间苯三酚为原料生成无氯TATB，已经达到22.7kg/批，目前正在试验90.8kg/批的规模。与此同时，英国的BAE系统公司和法国CEA-Le Ripault都在研究试验低成本制备TATB的方法，如法国采用三氯苯（TCB）为原料，在DMSO中，与MeONa 62℃反应3h制得二氯苯甲醚（DCA），后经硝化再胺化制备TATB，制备成本节约30%。英国则采用二氯苯丙醚为原料。这两种工艺降低了初始投资，使硝化更为容易，缩短了批量生成的时间。

与肼相比，ADN更稳定、无毒、对人和环境几乎无危害性，一种绿色的氧化剂和炸药。EURENCO从2006年开始研究高纯度ADN的制备，从实验室规模开始，经历小批量制备，到2011年已经达到了10kg/天的小规模化生产。他们所制得的高纯度ADN已经成功用于液体单基推进剂LMP-1035。

2. 制造工艺改进的国内进展

对于NTO，国内也有相关合成，但是用于弹药定型的配方几乎没有，间接限制了NTO的规模化生产。2012年，国内报道了以1, 2, 4-三唑-5-酮（TO）为原料，在60 ~ 65℃，与70%硝酸溶液反应合成NTO。其中硝酸可以循环使用，实现了废酸绿色硝化，但是该工艺还处于实验室规模。

国内近几年也对无氯TATB进行过研究，以三硝基苯（TNB）2, 4, 6-三硝基苯胺（TNA）通过氢的亲核取代（VNS）反应制备无氯TATB，产率分别为90.6%和95.7%，但是所用氨化试剂4-氨基-1, 2, 4-三唑（ATA）价格太高。以间苯三酚为原料，经过硝化、烷基化和胺化合成无氯TATB，特别是后者采用原甲酸三乙酯来乙基化，在胺化反应中采用低毒乙醇替代高毒甲苯作为反应介质，减小了对操作人员的损害。

二硝基苯甲醚（DNAN）方面，国内开发了高纯度DNAN合成工艺，正在进行放大试验。此外，如前所述，国内在RDX、HMX等新制造工艺方面也有较大进展。

（四）高能量密度化合物晶体优化

1. 晶体优化的国外进展

根据国外对RS-RDX和RS-HMX的研究，目前存在的问题是对于RS-RDX和RS-

HMX 钝感的原因还不明确，它们的表征参数及判别方法还没有形成标准化。法国 SNPE 公司指出 I-RDX 与常规的 RDX 在原材料级别上不能通过化学的、物理的、安全性能方面的表征来区分，还没有一种晶体单质炸药的参数可以用来区分钝感和非钝感，目前仅能从测量 PBX 配方的冲击波感度来判别是否是 I-RDX。

目前国外对通过单质炸药晶体品质改进获得钝感弹药的研究比较重视，众多的 RS-RDX 和 RS-HMX 生产公司也都确认产生钝感 RDX 和 HMX 的技术就是一个重结晶技术，因此研究钝化 RDX、HMX 的过程实际上是一个制备高品质结晶含能材料的过程。但是仅仅是简单的重结晶，也达不到钝感的效果，澳大利亚的 Ian J.Locher 等指出不是所有的重结晶技术都会产生钝感的 RDX。在国外由于有较大军事用途前景，各国对 RS-RDX 和 RS-HMX 的制备过程都严格保密，就连标准化方面的资料也是受控发布。

除了高品质 RDX 和 HMX 外，国外也在对其他炸药进行结晶处理，制备高品质炸药晶体，如美国放大制备的高品质二硝基甘脲（DNGU）和 NTO 以及高堆积密度 NQ（HBD-NQ）等，还有法国开发高品质 NTO（他们命名为 NTO-CF）等。同时，借鉴医药等领域的经验，美国提出了含能共晶的概念并取得了初步成果。

2. 晶体优化的国内进展

国内开展了相关研究和工艺放大，目前制得的 D-RDX 和 D-HMX 在性能上与国外的不相上下。虽说如此，国内无论是制备还是表征方面，还是落后于西方各国，要迎头赶上，就要求对含能材料的结晶做详细的应用基础研究。目前国内对于含能材料结晶学的应用基础研究还没有广泛深入开展，其研究深度还远远不能与其他材料（如无机材料、光学材料等）的结晶学基础研究相比。对于含能材料晶体成核生长动力学、晶体生长动力学和晶体形态预测等基础研究还很不系统，有些还基本处于空白。所以对国外采取的何种结晶技术（溶剂蒸发法、溶析法和冷却降温法）与起晶技术（自然起晶、超声波刺激起晶和晶种起晶）都不得而知。还有 RDX 和 HMX 在不同溶剂中的晶体成核动力学数据和晶体生长动力学数据公开的很少，也很零散。即使在国际上，对于钝感 RDX 和钝感 HMX 还没有实现真正意义上的球晶，还无法对 RDX、HMX 的结晶形态进行自由控制。关于鉴别钝感含能晶体材料的表征方法上还没有统一的标准。

四、我国发展趋势与对策

（一）高能量密度化合物技术发展趋势

高能量密度化合物是用作炸药、推进剂和火工品的高能组分。这类材料几乎用于所有战略武器系统和战术武器系统，在所有兵种装备中使用，为发射推进和毁伤提供能源，总是沿着不断提高能量和应用安全的方向发展。现代武器对火炸药的能量、安全性和可靠性又提出了极为苛刻的要求，促进了含能材料技术、高能量密度化合物设计与合成技术的发展。高能量密度材料的性能改进，会对武器系统的性能产生极大的影响，从而显著提升武器系统的效能。

（1）发展能量水平更高的高能量密度化合物

提高武器射程和爆炸的破坏威力是武器对高能量密度化合物始终不变的需求，不断提高单质炸药的能量是提高炸药能量威力的主要途径。提高单质炸药的能量必须发展新的能量水平更高的高能量密度化合物和高能量密度材料，包括多硝基多环笼状化合物、全氮物质材料、聚合氮材料等。

（2）设计合成钝感/低感的高能量密度化合物

高能单质炸药，第一代的典型代表为梯恩梯（TNT），第二代的典型代表为黑索今（RDX）和奥克托今（HMX），其中 HMX 是目前国内外公认性能优良的高能单质炸药。第三代的典型代表是六硝基六氮杂异伍兹烷（CL–20）。随着合成的单质炸药能量的明显增高，炸药的感度也相应地大大提高，这对于炸药在武器中的安全应用是很不利的。以 CHNO 炸药为例，其爆炸能量输出从 TNT 的 4.076kJ/g 提高到 CL–20 的 7.804kJ/g，仅有 91% 的提高，而撞击感度却从 TNT 的 4% ~ 8%增加到 CL–20 的 100%。数据说明 CHNO 炸药的能量已接近发展的极限，安全性、稳定性随着能量的增加而急剧下降。

20 世纪末，合成的高能单质炸药有：CL–20、八硝基立方烷（ONC）、1, 3, 3– 三硝基氮杂环丁烷（TNAZ）、二硝基酰铵 $NH_4N(NO_2)_2$（ADN）和 3, 4– 二硝基呋咱基氧化呋咱（DNTF）等。CL–20 的能量密度只比 HMX 提高了约 6% ~ 10%，但安全性、稳定性下降了许多。

因此，为了解决高能量密度化合物在生产和使用过程中的安全性问题，同时保持其高能特性，迫切需要合成安全性高的低感高能量密度化合物，这对于提高含能材料和武器装备的安全性和使用可靠性，具有十分重要的理论意义和实际意义。

（3）注重发展高能量密度化合物的清洁生产技术

高能量密度化合物的合成制备存在原子经济性不高、污染严重的不足。虽然近年来通过技术改进和设备引进，有效地减少了环境污染，但还有许多工作要做，必须从高能量密度化合物的设计源头开始考虑高能量密度化合物的清洁生产技术问题。

绿色化学的核心是利用化学原理，从根本上减少或消除化学工业对环境的污染。在其基础上发展的技术称为清洁技术，它使化学反应具有极高的选择性、极少的副产物，甚至达到在获取新物质的转化过程中充分利用每个原料原子，实现“零排放”和原子经济性。硝化反应是高能量密度化合物的主要制备反应和重要污染源，发展绿色硝化技术、优化生产工艺是减少三废排放的有效途径。

（二）高能量密度化合物发展对策

综上可以看出，近 5 年来我国在高能量密度化合物合成与制造领域取得了大量成果，缩小了与发达国家的差距，但要赶上或超越发达国家水平，还需要实现从目前以跟踪仿研为主到以自主创新为主的转变和以经验为指导到以理论为指导的转变。在未来的工作中，应采取如下对策。

（1）加大投入力度。投入不足是造成我国含能材料技术落后于美俄等国的重要原因之一。如前所述，军事发达国家长期以国家级重大专项的形式对新型高能量密度化合物的研制及应用进行支持，而我国由于含能材料长期处于配套单位，相关支持较少，制约了本领域的研究和技术进步。建议相关部门加大投入，保证科研人员可以得到连续、稳定、充足的支持，全身心地投入研究中。

（2）加强基础研究，实现源头创新。在高能量密度化合物方面，国内跟踪合成国外已合成的化合物较多，凡是国外文献报道或提及到的含能化合物都跟踪合成得到。近两三年虽在新型化合物合成方面有所创新，但数量有限，且创新性也还限于具体新化合物、新结构层次。而美国国家自然科学基金委与美国国防高级研究规划局合作对 HEDC 基础研究进行了长期专门支持，不断推出全氮化合物、含能盐、共晶等新体系和新概念，在国际上处于引领地位。建议国家自然科学基金委为新型高能量密度化合物的设计与合成设置专门的学科申请代码，应用部门也应加强基础研究课题的设置和投入，鼓励探索，宽容失败，大幅度提升我国在 HEDC 方面的原始创新能力。

（3）加强应用研究对 HEDC 合成与改性的指导。我国的高能量密度化合物合成与应用尚有脱节现象。如新化合物合成方面，与美国相比，他们的目的性更强，针对性更明确，为了配制钝感熔铸炸药，他们有针对性地找到了 MTNI、3, 4- 二硝基吡唑（DNP）、MTNP、MDNT、MDNTO、1MTNET、2MTNET 和含能离子液体等，并且大都是新的含能材料。再如 NTO，在熔铸炸药加工时，当普通标准的 NTO 含量超过 60% 时，熔融相的黏度很高，不利于加工；为此，美国通过 NTO 的重结晶，使其在熔铸炸药中的含量达到 65%。法国 SNPE 的附属单位 EURENCO 则研制出一种高品质 NTO，当它用于熔铸炸药装药时能明显降低加工时的黏度，使 NTO 的质量分数达到 70%，这样高含量的 NTO 相当于赋予了熔融介质 DNAN 的二次生命，但我国目前尚未解决 NTO 的规模应用问题。

（4）通过组分复合、晶型优化等加快新型 HEDC 的应用。20 世纪 70 年代初国内投入了大量人力、物力开展一系列高能材料的合成探索研究，合成了大量高能材料，很多新化合物的合成早于国外。但限于当时技术条件和水平，特别是应用研究没有跟上，这些新材料都没有得到应用，而很多我国认为有缺陷的 HEDC，美、俄等国却实现了应用，如二硝基甘脲（DNGU）等。该含能材料由我国最先合成得到，而把它首先应用于实际装药的却是美国。在现用炸药方面，我国虽都有生产，但是美国、法国比我们的研究更为深入，如美国能生成出纯度达 99.5% 的 TNT，二硝基苯甲醚和 NTO 已广泛用于实际装药，而我国则才刚刚开始着手这方面的研究。此外，国外通过高品质结晶等手段，拓展了 RDX、HMX 等传统 HEDC 的应用范围。因此，对于某些单项指标（感度、能量、热稳定性、酸度等），有缺陷而综合性能优异的 HEDC 应通过研究方法取长补短，缩短新型 HEDC 的研发和应用周期。

参 考 文 献

[1] Byrd E F C，Rice B M.A comparison of methods to predict solid phase heats of formation of molecular energetic salts [J]. J.Phys.Chem.A.，2009，113：345-352.

[2] Wu X，Long X P，He B，Jiang X H.VLW equation of state of detonation products [J]. *Science in* China Series B：Chemistry，2009，52（5）：605-608.

[3] Lai W P，Lian P，Wang B Z，et al.New Correlations for Predicting Impact Sensitivenesses of Nitro Energetic Compounds [J]. Journal of Energetic Materials，2010，28（1）：45-76.

[4] 李冠琼，李玉川，马巧丽，等. 富氮唑环类化合物的环加成合成研究进展 [J]. 有机化学，2010，30（10）：1431-1440.

[5] 刘晓建，张慧娟，林秋汉，等. 唑类含能离子化合物的合成研究进展 [J]. 火炸药学报，2010，33（1）：6-10.

[6] 聂福德. 高品质炸药晶体研究 [J]. 含能材料，2010，18（5）：481-482.

[7] Gao H X，Shreeve J M. Azole-Based Energetic Salts [J]. Chem. Rev.，2011，111：7377-7436.

[8] 吕春绪. 绿色硝化研究进展 [J]. 火炸药学报. 2011，34（1）：1-8.

[9] 黄海丰，周智明. 基于有机阴离子的含能离子盐研究进展 [J]. 火炸药学报，2012，35（3）：1-10.

[10] 李玉川，庞思平. 全氮型超高能含能材料研究进展 [J]. 火炸药学报，2012，35（1）：1-8.

[11] 肖鹤鸣，朱卫华，肖继军，等. 含能材料感度判别理论研究——从分子、晶体到复合材料 [J]. 含能材料，2012，20（5）：514-527.

[12] 王伯周，李辉，李亚南，等. 呋咱醚含能化合物研究进展 [J]. 含能材料，2012，20（4）：385-390.

[13] 张光全. 离子液体在含能材料领域的应用进展 [J]. 含能材料，2012，20（2）：240-247.

[14] 公绪滨，孙成辉，庞思平，等. 异伍兹烷衍生物的研究进展 [J]. 有机化学，2012，32：486-496.

[15] 丁可伟，李陶琦，葛忠学，等. 多叠氮类化合物的合成研究进展 [J]. 含能材料，2013，21（1）：116-120.

撰稿人：庞思平　陆　明　葛忠学　张光全

混合炸药设计与制造技术

一、引言

炸药是常规武器爆炸产生破坏与杀伤作用的能源，是武器装备实现高效毁伤的基础，是决定武器系统威力的关键因素。目前世界各国武器装备使用的炸药绝大部分都是混合炸药，弥补了单质炸药在品种、成型工艺、威力、原料来源和成本方面的不足，具有较大的选择性和适应性。20 世纪 90 年代以来，随着对炸药爆炸毁伤相关物理、化学规律认识的不断深入以及计算机仿真技术的不断发展，在新材料和高新技术的带动下，混合炸药技术领域在设计理论、研究方法、制造工艺和工程应用等各个方面都取得了革命性的进展，呈现出许多超越传统概念和内涵的新的发展趋势。

本报告从混合炸药设计研究、配方研究、制备及装药工艺技术和性能评估技术四个方面，介绍我国混合炸药技术方面的最新研究进展，分析比较国内外研究差距，展望了发展趋势，提出了我国混合炸药设计与制造技术发展对策。

二、混合炸药研究进展

（一）混合炸药设计研究

1. 混合炸药爆轰性能研究

提高混合炸药爆轰性能的途径主要有三种：一是不断提高单质炸药的能量；二是在炸药中添加高能金属粉，如铝粉、镁粉；三是发展以氧化剂和可燃剂构成的复合炸药。

（1）提高主体单质炸药的能量和含量。CL–20、DNTF、TNAZ 等高能量密度化合物在混合炸药配方中的应用是当前研究的热点。CL–20 主要用于在金属加速炸药中取代 HMX，从而提高聚能装药、EFP 及破片杀伤战斗部的性能。DNTF、TNAZ 主要用于代替 TNT 作为熔铸炸药的液相载体炸药，从而提高混合炸药的能量和能量密度。

（2）在炸药中添加高能金属粉。含铝炸药作为一类高密度、高爆热的高威力炸药，已被广泛应用于水中兵器和对空武器弹药。纳米铝粉作为一种新型材料，具有燃烧快、放热量大、活性高等特点，在炸药中加入高活性纳米铝粉可改善炸药爆轰反应的动力学性质，提高铝粉的反应速率和反应完全性。

利用锰铜压力传感器和测时仪测量了不同铝含量的 RDX 基含铝炸药的螺压和爆速，拟合出螺压、爆速与铝含量的关系式。结果表明，随着铝含量的增加，RDX 基含铝炸药的螺压和爆速呈线性减小。不同铝含量的 TNT 基含铝炸药的螺压、空中爆炸参数测试结果表明，随着铝粉含量的增加，炸药的螺压呈指数衰减，近距离的冲击波超压也快速减小，但爆炸场温度和爆炸火球的直径及持续时间会增大。

炸药中除了可以加入铝粉以外，还可以加入其他金属，如锂、铍、硼、镁、钛、锆等，这类炸药统称为金属化炸药。

从热力学角度看，元素周期表中存在许多燃烧热相当于或者超过铝的元素，硼的燃烧热相当于铝的两倍，但是其应用同样存在问题：铝的燃烧反应是在蒸气相中进行的，服从 Glassman 准则，其燃烧温度（4000K）等于氧化物的挥发温度，远远高于铝的沸点（2791K），燃烧反应不会受到表面氧化物的制约；而硼的燃烧反应则不服从 Glassman 准则，其燃烧温度（2340K）低于硼的沸点（4139K），因而硼的燃烧反应受到表面氧化物的制约，内部的硼难以和氧化物发生接触，不能实现完全燃烧。

近年来，随着纳米粉体技术的发展，以及纳米金属表现出显著改善的反应动力学特征，金属在炸药中的应用再次受到人们的关注，相关研究集中在纳米铝粉的制造和应用、金属合金粉的制造和应用以及金属基反应性材料三个方面。

近年来，还开展了金属氢化物（贮氢材料）MgH_2、LiH、AlH_3、$Mg(BH_4)_2$ 等的合成以及在炸药中应用的可行性的探索研究，取得了一些初步进展。

（3）氧化剂和可燃剂构成的复合炸药。国内研制了一种高威力混合炸药，由氧化剂 AN、可燃剂铝粉、液体功能添加剂及敏化剂组成，原材料来源广泛，生产工艺简单易行，安全可靠。该混合炸药爆炸过程分阶段进行，除了自身爆炸反应放出能量外，还可以利用空气中的氧参与装药的释能反应。相比于常规炸药，它具有体积爆炸或分步爆炸性质，释能反应时间显著增长，因此具有较高的爆炸威力，用现场标定 TNT 当量法计算结果表明，其当量比为 2.0 以上。

2. 混合炸药能量及其输出规律研究

（1）空中爆炸能量输出

分析了 AP 对炸药空中爆炸的冲击波超压、最大爆炸火球半径及火球持续时间、爆炸场温度等参数的影响。测试了相同质量不同密度的 TNT、PBX 和 Hexel 的空中爆炸参数，比较了三种炸药在相同测点处的冲击波峰值超压和冲量的大小。测试了 TNT 基含铝炸药的螺压和空中爆炸冲击波参数，建立了螺压与铝氧比的关系曲线、5 种 TNT 基含铝炸药的冲击波相似律方程和 TNT 基含铝炸药的螺压与空中爆炸冲击波超压的关系式。

对炸高影响爆炸超压的规律进行了理论分析和实验研究，提出了描述超压与对比炸离和对比距离两个变量的拟合公式，得到了最有利的起爆高度（对比炸高）与对比距离的关系。

分析了不同铝粉含量对带壳炸药装药破片速度的影响，利用含铝炸药榴弹装药的空爆试验，测试了不同铝粉含量装药的破片速度，结果表明铝粉含量为20%时，炸药能够更好地完成破片加速作用。

（2）水中爆炸能量输出

用锰铜压力传感器测量了TNT药柱水中爆炸冲击波的初始压力，结果表明TNT药柱水中爆炸的近场轴向压力遵循指数衰减规律，近场冲击波具有收敛性和相似性特征。利用PVDF法研究了RDX基含铝炸药水中爆炸近场冲击波压力的衰减规律，得到了冲击波压力小于4GPa情况下的冲击波的压力衰减历程和近场压力剖面曲线。

研究了有限水域和无限水域条件下Pentolite炸药的气泡脉动周期，分析了边界对气泡脉动过程的影响。采用1kg球形TNT研究了不同水深对水中爆炸气泡运动特性的影响，通过对气泡最大半径、脉动周期及压力场的对比分析，得出了不同水深对爆炸气泡脉动的影响规律，同时发现气泡上部的压力最大，侧面次之，下部最小。用爆炸水箱进行了0.125g、1.000g、3.370g、8.000gTNT当量的PETN球形炸药水中爆炸，获得了气泡脉动图片，通过分析得出气泡脉动过程中气泡直径、速度及加速度与时间的拟合曲线，符合爆炸相似律。

采用位标函数捕捉物质界面，用修正的虚拟流体方法及多物质Euler算法对TNT、PETN及PBXW-115等炸药在水中爆炸的能量输出特性进行了研究，得到了炸药水中爆炸能量输出特性和水中冲击波参数及气泡脉动参数的变化规律。通过炸药水中爆炸压力实验，获得了TNT、HLZY-1、HLZY-3和RS211等炸药水中爆炸冲击波压力—时间历程，比较了四种炸药的水中爆炸冲击波能与气泡能构成比例，分析了含铝炸药水中爆炸冲击波远场传播的相似律特性，发现水中爆炸能量损失主要发生在近场的10倍装药半径范围内。

利用TNT进行了端面点起爆和中心点起爆下水中爆炸作用参数的变化特性研究，发现端面点起爆比中心点起爆的冲击波压力峰值和冲量增大约10%，在装药形状不变的条件下，改变起爆方式可实现在水下特定方位处的爆炸能量输出结构变化，聚能结构的存在有利于提高爆炸远区冲击波冲量。

用高速摄影观测了PETN药柱水中爆炸形成的气泡的运动。当药柱水平放置时，气泡表面的运动呈非对称性，气泡的不对称坍塌将产生不对称的射流，且射流的影响区与长径比有关；当药柱垂直放置时，气泡表面的运动和射流呈轴对称；在同等药量下，药柱垂直放置时形成的射流速度比药柱水平放置时高，水射流具有非常明显的方向性，对目标毁伤作用明显。

（3）密实介质中爆炸能量输出

研究了大长径比带壳装药毁伤混凝土规律；研究了炸药在混凝土和土壤复合介质中的爆炸破坏效应，并利用LS-DYNA软件进行了数值模拟研究，定量研究了土壤覆层对混凝土毁伤破坏的影响，定量给出了不同埋深下炸药在混凝土中爆炸时的毁伤破坏区域。

（4）密闭环境中爆炸能量输出

研究了半密闭条件下炸药爆炸场温度、压力的响应特征及规律。结果表明，含铝炸药的爆炸场压力明显低于理想单质炸药，但是，铝含量的增加可增大爆炸压力的作用时间，并提高爆炸场温度及温度对环境的作用时间。

将温压药柱放在自行设计的两个相互连接的密闭和半密闭房间，测试了有限空间内爆炸冲击波的传播特性。试验和数值计算结果表明，与开阔空间不同，密闭空间的超压曲线由多峰构成。

（5）复合装药结构爆炸能量输出

研究了双元装药结构空中爆炸的能量输出特性，结果表明，采用外层高爆速炸药包裹内层非理想炸药的内外层双元装药结构，不仅能提高空中爆炸的冲击波效应，而且可以增加爆炸火球的持续时间。

选择 GH-1 和 GUHL-1 两种炸药及内外层和上下叠加两种典型的双元装药结构，研究了其水下爆炸的能量输出特性。结果表明，同样化学组成下，采用双元炸药装药结构，能够改变水下爆炸测点处的爆炸载荷，减少冲击波在传播过程中的能量损失，提高能量利用率；采用外层高爆速炸药、内层非理想炸药的同轴内外层双元装药结构，比单一配方装药的比气泡能提高 22.4%。

3. 混合炸药安全性能研究

通过量子化学的理论计算，探讨含能材料结构和性能的关系，并与含能材料的感度相关联，这弥补了实验测定需要耗费大量人力、物力和财力，有时还很不安全等缺陷。而且，可以预测一些尚未合成或处于设计和评估中的含能材料。

通过隔板试验研究了高品质 HMX 的粒度对压装 PBX 冲击波起爆性能的影响。结果表明，对于相对密度较高的压装 HMX 基 PBX，与普通品质 HMX 相比，高品质 HMX 基 PBX 的冲击波感度下降了 7%，当高品质 HMX 的粒度增至 150μm 后，其冲击波起爆感度下降 13%；药柱的相对密度提高 0.9% 后，冲击波感度下降 24%。

通过采用多点测温的烤燃实验装置，对 PBX-C10 炸药进行了不同加热速率下的烤燃实验，结果表明 PBX-C10 炸药热感度在 JB-9014 和 JOB-9003 炸药之间。

采用机械混合法制备了含纳米 Al 的 RDX 基混合炸药，测试了其机械感度和火焰感度。结果表明，加入纳米 Al 后，RDX 基炸药的撞击感度、摩擦感度和火焰感度增大；随着纳米 Al 含量的增加，撞击感度、摩擦感度和火焰感度明显增大；且含纳米 Al 炸药的撞击感度、摩擦感度和火焰感度均高于含微米 Al 炸药。

利用 400kg 落锤加载装置对 TNT、B 炸药、钝化黑索今等典型炸药药柱进行了撞击感度试验。结果表明，在试验条件下，组成相近的配方，药柱撞击感度与抗压强度、成型工艺相关；TNT 基炸药中，TNT 在冲击加载下安全性最好；浇注、压装炸药中，HMX 基炸药比 RDX 基炸药药粒撞击感度低，药柱撞击感度也低。

采用热重（TG-DTG）及高压差示扫描量热（PDSC）技术，考察了 RDX 基含硼炸药的热行为。结果表明，RDX 分解及其分解产物能“活化”硼粉，使之在高温下更易被氧化或氮化。

在不同升温速率（β）下，对 JH-94 和 JO-96 进行了非等温 DSC 实验。结果表明，无限长平板和无限长圆柱 JO-96 的热安全性优于 JH-94，后者绝热分解至爆炸的加速趋势小于前者。

利用一种新的火炸药综合感度评估方法——修正雷达图法，对常用的 21 种火炸药进行综合感度评估，并与 BZA-1 法的数据进行对比，分析表明该方法对火炸药综合感度的分辨率更高。

4. 混合炸药力学性能研究

利用 PBX 压缩强度远大于拉伸强度的性质，不采用承压环，在反射式霍普金森拉杆（SHTB）上对采用与铝杆端面黏结的 PBX 动态拉伸样品进行动态拉伸性能测试。结果显示，TATB 基炸药在 $30s^{-1}$ 应变率下动态拉伸强度达到了 13MPa，远高于准静态下的拉伸强度 7MPa。采用扫描电镜对样品细微破坏形貌进行了观察，结果表明，由于准静态下裂纹不同发展方式和动态下温升使黏结剂发生了软化，准静态下的拉伸破坏模式和动态下的模式明显不同，准静态下是沿晶断裂和穿晶断裂共存，动态拉伸下属于黏结剂脱黏破坏。

对某 PBX 炸药分别进行了传统巴西试验、30° 圆弧巴西试验和橡胶垫巴西试验，得到的间接拉伸强度分别为 3.57、5.22 及 5.48MPa，与此 PBX 炸药的直接拉伸试验强度值 5.50MPa 相比，只有橡胶垫巴西试验结果与直接拉伸强度最接近。表明，橡胶垫巴西试验方法更适合于测试 PBX 炸药的拉伸强度。

设计了一种能进行超长时恒定拉伸应力加载的新实验装置，对以 HMX 和 TATB 为基的 PBX 炸药进行不同拉伸应力下的常温长时加载和 45℃下的高温长时加载试验。结果表明，该实验能够有效研究 PBX 在低应力拉伸下的承载能力，并获得了在一定温度一定拉伸应力条件下 PBX 的老化寿命。

应用广义能量释放率及动态断裂理论，结合黏弹性效应建立了 PBX 炸药的统计细观损伤本构模型，将该模型嵌入到 LS-DYNA 有限元程序中对平面撞击实验进行了数值计算。通过与实验结果比较表明，建立的细观损伤本构模型能较好地描述 PBX 炸药在冲击作用下的动态损伤力学行为。

开展了三种 PBX 炸药的动态巴西实验，初步建立了描述三种炸药动态拉伸行为的修正 Johnson-Cook 模型。结合平台巴西盘实验和霍普金森加载技术建立了动态拉伸实验测试系统，得到了 PBX 炸药在应变率 10^2s^{-1} 附近间接拉伸条件下的应力应变曲线，并建立了对应的动态拉伸本构关系模型。

引入含有炸药密度参数的“界面结合修正系数”，得到了一个改进的 Hashin Shtrikman 模型，并利用该模型计算了该 PBX 的有效体积模量和有效剪切模量，模型的预测结果与实验值的误差在 1% 左右。

5. 其他相关性能优化研究

研究了在不同压制条件下 HMX 基 PBX 炸药的微观结构的演变。为评估压制参数对微结构的影响，在 50t 压机上分别采用 50、100 及 250MPa 压力压制 Φ20mm × 5mm 的药柱，采用深度腐蚀方法，去掉表面黏结剂，并用扫描电镜及激光粒度仪测试表征。结果表明，压力越大，颗粒的破碎及孪晶的形成现象越严重，从而改变晶体颗粒的粒度分布，压制前平均粒径为 34.37μm，经 50、100、250MPa 压力压制后平均粒径分别变为 31.16、27.90、26.37μm。

开展了 PBX 炸药成型件低压热处理研究。结果表明，采用后处理方法能在短时间内有效释放 PBX 炸药件内应力，相对密度从 96.53% ~ 98.83% 提高到 99% 以上，并能抑制长大，改善炸药件内部质量。解决了时效处理会造成炸药件尺寸长大、密度降低、甚至可能使裂纹扩大和分层等问题。

通过对以 TATB 为基的 PBX 进行超声空化处理，并利用扫描电镜（SEM）观察了处理前后炸药表面的细观形貌，用 X 射线能谱仪（EDS）检测处理前后炸药表面的相对元素含量。结果表明，超声空化处理可以使炸药表面的黏结剂和炸药晶体的界面脱粘，使炸药晶体裸露。随着超声空化处理时间的延长，炸药晶体裸露程度加大，炸药晶体表面的小孔洞增加，表面也变得更加粗糙和疏松，起爆感度提高。

（二）混合炸药配方研究

本节将分别对抗过载炸药、温压炸药、燃料空气炸药、水下炸药、不敏感炸药、基于高能量密度材料的炸药六大类混合炸药配方及其相关研究进行论述。

1. 抗过载炸药

抗过载炸药是指在外界强动态载荷条件下能够保持装药安定且具备爆炸功能的炸药类型。根据武器类型和载荷作用特性，抗过载炸药主要分为抗侵彻过载炸药和抗发射过载炸药两种类型，其中抗侵彻过载炸药用于反硬目标动能侵彻战斗部，抗发射过载炸药用于大中口径炮弹。近几年来国内研究工作主要集中于炸药装药动态响应机制、炸药组分对过载性能影响、炸药装药的抗过载性能等研究内容。

用大落锤模拟冲击装置研究了含 $KClO_4$ 和铝粉炸药发射安全性能；利用冲击波感度实验研究了炸药晶体缺陷数量、尺寸对 PBX 冲击波感度的影响。通过测试梯黑铝炸药的机械感度和抗过载安全性，探讨了复合钝感剂对梯黑铝炸药的钝感机理。

分析研究了在弹体侵彻单层靶和多层靶的冲击波点火机制，提出了冲击波点火可能不是影响单层靶侵彻安定性的主要问题，但是弹体内部炸药装药产生一定的损伤；多层靶侵彻时，由于炸药预损伤的存在，冲击波点火可能成为影响多层靶侵彻安定性不可忽视的因素。用平面波发生器爆炸驱动不同厚度的飞片撞击带隔板装药，获得了某新型炸药与

THAL 炸药的冲击波起爆临界隔板厚度，建立了炸药临界起爆特性参数分析模型，计算得到了两种炸药的冲击波临界起螺压力和起爆能量常数。通过飞片平面正撞击试验，测试抗侵彻过载战斗部模拟装药的冲击波速度和粒子速度，获得了 Hugoniot D–u 曲线。

采用分离式霍普金森压杆技术对 JH–14C 传爆药在不同应变率冲击过载作用下的动态响应特性及细观损伤模式进行研究，获得相应的应力应变曲线。通过改进型 SHPB 实验方法，研究了 JHB–1C 传爆药高应变率力学行为。采用铝套筒和 TATB 基 PBX，应用霍普金森压杆被动围压试验方法，研究了 PBX 在围压下的动态力学响应，得到了 PBX 不同应变率下的屈服强度。

采用装药缩比弹侵彻试验后回收内装药样品的方法，观测分析某新型炸药装药侵彻后的外观和密度变化，并通过损伤样品的冲击起爆隔板试验，测试其临界隔板厚度变化，进一步研究侵彻过程冲击载荷对装药损伤的影响。采用弹载小尺寸 PBXN–5 装药和加速度传感器，侵彻不同强度混凝土靶板，获得弹体侵彻的过载数据，通过对比分析侵彻前后装药试样的细观结构和外部形状的变化，研究了装药在不同过载条件下的动态力学特性。

采用钢质弹丸对 TNT、B 炸药、PBX–2、PBX–1 炸药进行了 Steven 试验，测试了样品中的压力变化过程，通过高速录像照片估算了点火反应的延迟时间，获得炸药的反应超压和炸药点火反应阈值速度，并研究了加速老化前后的炸药在试验中发生反应的反应程度和受力过程变化。采用 2kg 小钝头弹丸、针状弹丸和平头弹丸分别对 PBX–2 炸药进行了 Steven 试验，得到样品中的压力变化过程和点火反应过程，获得了不同形状弹头撞击的影响规律。

利用 AUTODYN 数值仿真软件，研究了 PBX 炸药药柱动态撞击性能和力学变化；运用 ANSYS/LS–DYNA 模拟软件，采用相应的弹药以及靶板数学模型，对弹药侵彻一定强度混凝土靶板进行了仿真计算，分别得出了弹体与内部炸药的过载曲线。从炸药选择、装药结构及装药工艺出发，研究了大、中型动能侵彻战斗部的装药抗高过载技术，对装药的结构和工艺进行了改进并验证安定性、有效性。设计了一种可以满足高过载性能的不敏感炸药，采用试验弹，对其装药安全性进行了试验研究，得到了炸药装药在高过载条件下安全性的影响因素。

运用 ANSYS 软件建立了迫击炮灭火弹在发射过程中易发生危险的断面部分（圆柱部）的仿真模型，分析了最高膛压下的应力变化情况。开展了不同典型炸药在 400kg 落锤加载下的药柱撞击感度。利用大型冲击模拟加载装置对不同密度的高能炸药药柱进行了安全性模拟实验并进行了理论分析，提出了提高装药抗发射过载安全性的途径。

2. 温压炸药

温压炸药是一种富燃料炸药，能够同时产生高热和压力毁伤效果，而且能量释放的时间显著高于常规炸药，因而具有较长的作用时间和较高的总冲量。温压炸药的爆炸过程分为三个阶段：①最初的无氧爆炸反应：不需要从周围空气中吸取氧气，持续时间为数百万分之一秒，主要是分子形式的氧化还原反应。此阶段仅释放一部分能量，并产生大量富含燃料的产物。②爆炸后的无氧燃烧反应：不需要从周围空气中吸取氧气，持续时间为数万分之一秒，主要是燃料粒子的燃烧。③爆炸后的有氧燃烧反应：需要从周围空气中吸取氧气，持续时间为千分之一秒，主要是富含燃料的产物与周围空气混合燃烧。此阶段释放大量能量，延长了高压冲击波的持续时间，并使火球越来越大。近年来，国内在温压炸药的研究方面取得了较大进展，在液固混合态温压炸药技术的基础上，研究成了几种固体温压炸药，有的已得到实际应用。

国内开发的一种具有较高能量释放效率和速率的含铝温压炸药配方，其有效破坏作用主要体现为较强的爆炸冲击波和持续的高温燃烧效应。这种含铝温压炸药不仅能够展现出一般固体炸药的爆轰性能，在空气中爆炸产生较强的冲击波，而且能够产生高温持续时间较长的爆炸火球，爆炸火球体积约为初始装药体积的（2.0 ~ 3.0）$\times 10^4$ 倍，瞬时高温可达到 2500℃以上。

研究表明，AP 是一种比高能炸药反应稍迟缓，却比金属粉更易被点燃和释放能量的物质，它不仅可以提供金属粉前期反应所需要的氧，而且反应释放的能量能够建立和维持铝粉燃烧的高温条件。经过超细粉碎处理的 AP 与工业 AP 相比，可以使释能反应更为迅速，对较近距离冲击波超压的贡献也更为显著。

采用直接测温法，对密闭爆炸罐中 Al-HMX 混合炸药的爆炸场温度进行了测量，结果表明，爆炸场温度随铝含量增加而升高，当铝粉质量分数为 30% ~ 40% 左右时，爆炸场温度最高；铝粉含量为 30% 时，爆热最大。这说明在密闭条件下，含铝炸药爆炸反应比较完全，铝粉的利用率较高。

利用红外热成像仪对温压炸药和常规炸药的火球特征参数进行了测量，发现温压炸药具有高于常规炸药数倍甚至数十倍的热辐射能量。根据高速摄像记录的温压炸药的二次爆炸现象，通过与 B 炸药的爆炸过程对比发现，二次爆炸对温压炸药的爆炸火球具有一定的增强作用。

3. 燃料空气炸药

燃料空气炸药（FAE）是由可燃液体或粉尘与空气混合形成的具有可爆炸性能的气—液、气—固或气—液—固型非均相混合物。与传统高能炸药相比，FAE 的密度、爆速、爆压小，但由于其装药效率高、爆轰体积大、爆炸压力衰减缓慢且冲量大，在威力范围内转化的毁伤能量要远远高于传统炸药，一般可达 3 ~ 5 倍 TNT 当量，高威力 FAE 可达 5 ~ 8 倍 TNT 当量，而且 FAE 爆轰产物的总热量和气体量远高于传统炸药，因此，已经成为今后高效毁伤炸药技术发展的重要方向。

国内针对燃料组分对 FAE 爆炸性能的影响开展了一系列研究，如环氧丙烷 / 铝粉燃料的 FAE 爆轰参数研究，发现铝粉含量的增加能提高 FAE 爆轰性能，但含量过高不利于燃料分散，导致单位质量的燃料在空气中覆盖范围降低，反而影响 FAE 爆炸威力。同时，铝粉颗粒尺寸对 FAE 的做功能力和反应时间有一定的影响，研究了入射波作用下纳米铝粉与环氧丙烷快速反应的热力学特性，得出其点火温度在 600℃以下，点火延迟时间约为

8μs。如果燃料空气炸药中铝颗粒的直径较大，由于铝颗粒的点火滞后于炸药颗粒的点火，可能形成双波阵面的爆轰波。

采用烟迹技术研究了环氧丙烷、90# 汽油、硝酸异丙酯、庚烷、癸烷、戊二烯等燃料的气液两相云雾爆轰的爆速、螺压、临界起爆能和爆轰胞格尺寸与当量比的关系，发现环氧丙烷的爆速和螺压随当量比的增加先增大后平缓减小；碳氢液体燃料云雾爆轰的临界起爆能与当量比呈“U”型关系，最佳值点偏向富燃料一侧；液滴的碎解、汽化过程以及燃烧区前导是控制气液两相云雾爆轰的主要因素。

研究了两种不同抛撒壳体、不同结构的云爆模拟装置，结果得到，对于中心与周边辅助抛撒药结构，采用延展性好的壳体可以提高燃料的抛撒速度，从而提高云雾爆轰威力；对于中心起爆抛撒结构，壳体强度过高，不利于提高云雾爆轰威力。在燃料空气炸药的使用中必须兼顾燃料的抛撒均匀性、混合均匀性、抛撒速度等，才能有效提高云雾爆轰威力。

4. 水下炸药

水下炸药是依据炸药水中爆炸特性设计的用于装填水中弹药的一类炸药。近年来，水下炸药发展的重点是通过试验与仿真模拟相结合，研究水中爆炸的基本规律和特性，结合水中爆炸对目标的毁伤要求，揭示炸药爆炸能量输出特性及毁伤威力与炸药的组成和装药结构的内在关系，设计高冲击波能、高气泡能和低易损性的高能混合炸药。

20 世纪 90 年代末，国内开始研究水中爆炸现象和新一代水下军用炸药、水中爆炸规律与高效毁伤机理。

近年来，国内研制成功一系列爆炸威力大、装药工艺性能好、安全性能高的 PBX 炸药，尤其是以复合浇注 PBX 炸药为代表的高能炸药，开始作为主装药应用于我国水下武器系统，它以黑索今为主体，其质量分数为 20% 左右，其余为黏结剂、球形铝粉、高氯酸铵、固化剂等，其密度在 1.82g/cm^3 时，爆速为 5400m/s，爆热高达 8200kJ/kg 以上。对比试验结果表明，其水下爆炸总能量比 TNT 提高了 100% 以上，比 RS211 提高了 35% 以上。与 TNT 基炸药相比，该炸药综合性能优良，满足低易损性要求。

通过添加不同含量的 Al 粉和 AP 制成 6 种 RDX 基复合炸药，采用水中爆炸试验研究，从冲击波参数和气泡参数等方面分析了 Al 粉和 AP 对复合炸药水中爆炸性能的影响。结果表明，主炸药含量不变时，随着 Al 与 AP 物质的量的比的增大，冲击波峰值压力、时间常数、冲量和能流密度都逐渐减小，气泡周期、气泡能和最大气泡半径先增大后减小，当 Al 与 AP 的物质的量的比为 3.8 左右时，达到最大值。

通过水下试验测试了含硼铝、硼镁、硼镁铝合金、硼钛、硼锆等混合金属粉炸药的水下能量，并与相应含铝炸药的水下能量进行了对比。结果发现，以 HMX 为基，金属粉的质量分数 20% 时，镁粉、镁铝合金与硼粉混合后水下总能量比单独使用硼粉时约提高 40%；含硼铝 20% 的炸药的水下总能量比含铝 20% 的炸药高约 7%；以 RDX 为基，含硼铝、硼镁、硼镁铝合金 20% 的炸药的水下总能量比含铝 20% 的炸药均有提高，其中硼镁达到 9%。随着硼铝金属粉含量的增加，水下总能量不断提高，均高于相应含铝炸药，当硼铝金属粉质量分数为 35% 时达到最高，比含铝 35% 炸药约高 7%，质量分数 40% 后开始降低。硼粉与铝粉混合使用，可提高硼粉氧化效率和炸药水下总能量。

进行了不同铝氧比的 RDX/Al 体系炸药水中爆炸试验，测试了 RDX/Al/wax 和 AP/RDX/Al 两类含铝炸药水中爆炸的冲击波能、气泡能、总能量，发现最大冲击波能大小顺序为 AP/RDX/Al>RDX/Al/wax>RDX/TNT/Al/wax，为水中炸药配方设计提供了重要的科学基础。

5. 不敏感炸药

不敏感炸药是指在意外刺激下不易发生剧烈反应的一类炸药。近几年国内针对不敏感炸药的研究主要包括炸药及装药意外刺激下的响应机理、不敏感炸药的性能等方面。不敏感炸药主要包括两类混合炸药：一是高聚物黏结炸药，二是含不敏感单质炸药的混合炸药。

（1）高聚物黏结炸药（PBX）

PBX 配方通常由主炸药和黏结体系组成，是一大类具有各种特殊性能的多组分复合材料，国内一般根据物理状态和成型工艺分为造型粉压装 PBX、浇铸 PBX 和塑性 PBX。

国内传统 PBX 配方的优化和改进主要关注两个方面：①传统主炸药和黏结体系的改性，尤其是针对影响配方感度、密度和工艺性能的组分进行改性；②含能黏结体系的应用。

基于 PBX 配方的能量和安全性要求，国内利用各种现实技术改变炸药颗粒的形态分布、炸药晶体的形貌特征，实现配方某方面性能（如爆炸性能、安全性能、工艺性能等）或综合性能的提高。有相当数量的 PBX 研究项目聚焦于配方相关性能的影响因素分析、试验和模拟，以及配方性能优化和改性的效果表征，涉及主炸药的改性及其应用研究，如微米级 / 纳米级炸药的应用、具有特定晶体特征炸药的应用、经过特殊加工或处理炸药的应用等。

烤燃试验结果初步表明：PBX-2 炸药随着升温速率升高反应程度降低。热和枪击复合环境试验结果表明：PBX-2 炸药的反应程度基本一致，为评估炸药在异常环境下的安全性能提供了一种新的技术途径。

参照 MIL-STD-2105C 对抗高过载炸药 PMX-1 进行了 12.7mm 子弹射击、快速烤燃、慢速烤燃试验，并对试验结果进行了分析讨论，PMX-1 炸药通过了上述易损性试验，是一种高安全性的不敏感炸药。

通过快速烤燃、枪击感度、冲击波感度等试验，研究了浇注 PBX 的低易损性能，并将浇注 PBX 的做功能力和爆炸威力与 TNT 基混合炸药进行了对比，结果表明，浇注 PBX 的低易损性能和做功能力以及爆炸威力都显著优于 TNT 基混合炸药。

（2）含不敏感单质炸药的混合炸药

近年来研究的不敏感单质炸药主要包括：1, 3, 5- 三氨基 -2, 4, 6- 三硝基苯（TATB）、3- 硝基 -1, 2, 4- 三唑 -5- 酮（NTO）、2, 6- 二氨基 -3, 5- 二硝基吡嗪 -1- 氧化物（LLM-105）、2, 4- 二硝基苯甲醚（DNAN）、不敏感 RDX（I-RDX）等。

1）TATB 基炸药。

测试了纳米 TATB 与某敏感炸药复合体系的 50% 冲击起爆电压阈值，结果表明：复合体系中各组分的分布方式与纳米网格 TATB 聚集体尺寸大小密切相关，决定了复合物中敏感炸药所受短脉冲作用的压力大小和时间长短。

采用飞片短脉冲冲击起爆装置，研究了 TATB 基炸药中爆轰波的传播性能。研究结果表明，在一定的短脉冲冲击起爆条件下，TATB 微观结构对炸药爆轰波传播性能影响较为明显。

对某 TATB 基 PBX 进行了加速老化试验，并对老化前后的样品进行了不同温度下压缩性能、拉伸性能和弯曲蠕变实验。结果表明：长期高温贮存后，TATB 基高聚物黏结炸药晶体与黏合剂仍具有良好的黏合界面，其模量、破坏强度、破坏应变和稳态蠕变速率等力学性能指标均未发生明显的变化。

2）NTO 基炸药。

对 NTO 基的三种 PBX 样品的热行为及其与铝、铜、不锈钢的相容性进行了研究。结果表明：三种 PBX 的放气量很小，具有好的安定性；各自与铝、铜、不锈钢的相容性较好。

3）LLM–105 基炸药。

以 EPDM 为黏结剂制备了 LLM–105/EPDM 造型粉，测试了相关性能，结果表明，造型粉表面形貌得到了明显改善，EPDM 在一定程度上可降低 LLM–105 的热感度，且机械感度较低。

4）DNAN 基炸药。

研究了 3, 4– 二硝基氧化呋咱（DNTF）、二硝基茴香醚（DNAN）以及不同比例 DNTF/DNAN 共熔物冲击波感度的变化情况，结果表明 DNAN 能够有效降低 DNTF 的冲击波感度。

5）I–RDX 基炸药。

开展了 I–RDX 炸药的合成和应用研究，认为 I–RDX 晶体中不含 HMX、或含有微量 HMX、或机械混入少量 HMX 时，材料老化后的冲击波感度特性没有明显变化。

6. 基于高能量密度材料的炸药

针对具有高能量密度特性的第三代含能材料的应用研究成为目前的一个研究重点。这些新的含能材料包括 TNT 的潜在取代物，如 DNTF、TNAZ 等，以及新合成的高能炸药，如 CL–20、ADN 等。

（1）CL–20 体系

向 CL–20 中加入 HMX，该体系的分解表观活化能提高，这表明 HMX 的加入有利于提高 CL–20 炸药体系的热安全性。

采用重结晶及包覆的方法，其中包括将 CL–20 与 TNT 形成共晶物，或是在 CL–20 炸药表面包覆 EPDM、接枝型水性聚氨酯、SA、Estane5703 等材料，均在不同程度上降低了 CL–20 的感度。

开展了新型贮氢材料和CL–20的相容性研究，结果表明二者相容。

（2）DNTF体系

开展了DNTF的冲击波感度研究，考察了DNAN、TNT、TATB、石蜡、聚酯等材料对DNTF的降感效果，结果表明，DNAN由于可以和DNTF互溶而具有更优的降感效果。

开展了DNTF的低共熔物研究，发现当DNTF/PETN体系的低共熔物组成为68.20/31.80时能有效降低DNTF混合体系的熔点；在DNTF中加入RDX、HMX能有效降低其结晶过程的过冷度，从而优化结晶过程。

通过水下能量及爆热测试研究了DNTF基含硼和含铝炸药的能量特性，含硼质量分数15%的DNTF基炸药水下能量可达到2.1倍TNT当量，并出现最大值；含铝质量分数10%～50%的DNTF基炸药的水下能量随铝含量的增加呈上升趋势，其最大值可达到2.67倍TNT当量；当铝或硼的质量分数低于18%时，含硼DNTF炸药的能量高于含铝炸药；硼铝联用，也可获得较好的能量特性。

用圆筒试验研究了含铝和不含铝两种配方的DNTF基熔铸炸药的金属加速作功能力，并与Octol炸药进行了对比，结果表明DNTF可显著提高混合炸药的金属加速做功能力；加入少量铝粉虽然会降低筒壁初始速度，但在圆筒膨胀后期，筒壁速度可超过不含铝配方，从而具有更持续金属加速做功能力；与Octol炸药相比，含铝DNTF基熔铸炸药的格尼系数提高了6.2%。

以DNTF基熔铸炸药制备了精密爆炸网络，起爆同步性试验表明，该爆炸网络的多点起爆的同步误差可控制在100ns以内。

（3）ADN体系

采用溶胶—凝胶法制备了ADN/Fe_2O_3复合湿凝胶，再将复合湿凝胶进行超临界CO_2萃取后，获得ADN/Fe_2O_3气凝胶，制得的ADN/Fe_2O_3纳米复合氧化剂的粒径为50～10nm，撞击感度和摩擦感度与原料ADN相比有显著降低。

为了减轻ADN的吸湿性，对其进行了多种包覆研究，结果表明，包覆后的ADN，其吸湿性均得到了有效的控制。

（4）其他

研究了3-氨基-2, 4, 6-三硝基苯甲醚（ANTA）对TNAZ性能的影响，当TNAZ与ANTA质量比为60/40时为最低共熔物，共熔点为84℃；最低共熔物热分解温度高、热安定性好，撞击感度、摩擦感度和静电火花感度与TNT相当，做功能力相当于148%TNT和114%Comp B；70℃恒温放置6h不渗油，是一种具有潜力的可替代TNT的熔铸炸药。

采用DSC法和真空安定性法考察了BAMO–AMMO与含能组分RDX、HMX、DNTF、CL–20、AP、Al、NG、DIANP的相容性，结果均相容。

研究了ATP在浇注PBX炸药中应用的可行性，结果表明，ATP在增塑剂DOA的作用下，黏度降低97%，可以作为黏结剂用于浇注固化炸药；含ATP配方的浇注炸药爆速高于HTPB配方。

（三）混合炸药的制造与装药工艺技术

混合炸药制备及装药技术是指混合炸药制造技术和将其装填到弹体中的技术。制备及装药工艺是炸药应用技术发展中的一个极为重要的方面，一旦弹药战斗部的装药结构和所用炸药配方确定之后，制备及装药技术便成为能否达到弹药设计意图和要求、实现预期毁伤效果的决定因素。

提高装药能量和装药质量是装药技术研究的主要目标，制备和装药工艺的好坏直接影响到装到弹体内的炸药装药的质量，处理不当，就有可能出现装药密度不均匀、装药中有气泡、缩孔、裂纹等疵病，大大增加弹药的易损性，可能造成不可估量的后果。

1. 炸药原材料的加工处理技术

（1）**超细化**

炸药原材料经超细化后，对机械刺激感度降低，但对高压短脉冲的敏感性使得其临界起爆直径降低，有利于装药尺寸降低和微型化，也可显著提升燃烧速率和能量释放速率，有效提高能量输出水平和杀伤破坏力。

近年来，国内炸药原材料超细化发展了较多新的制备方法，表现为多学科的交叉和多种技术的融合，如溶剂 / 非溶剂喷射与声结晶化学、电化学、胶体化学、模板技术、分子组装技术、超临界流体技术、冷冻干燥技术相结合的方法。传统的技术方法得到改进，促成了细化技术和设备的发展与革新。炸药原材料细化产品质量获得有效提升，包括颗粒纳米级的细微化程度，产品颗粒良好的尺寸均匀性和分散性，晶体内缺陷及所含溶剂等杂质含量显著降低，产品后处理技术得到较大发展，细化制备量级获得放大。

基于炸药原材料超细化技术，制备了多种纳米复合含能材料，如 RDX、HMX、CL-20 基 PBX，RDX/RF、HMX/AP/RF、HMX/AP/RF、CL-20/NC 等凝胶复合物，HMX/NTO、HMX/TATB、RDX/TNT 等含能混合炸药以及分子间亚稳态复合物（MIC）。与普通粒径炸药相比，基于超细原料的混合炸药安全和爆轰性能得到显著改善。

在实际应用过程中，基于超细化原材料的混合炸药还存在一些问题，如超细粒子活性保护、团聚抑制、粒子均匀分散等。若这些问题得不到合理解决，将导致超细炸药失去粒子特性，影响混合炸药的性能。

1）溶胶—凝胶法制备技术。

采用溶胶—凝胶法与超临界流体干燥技术，制备了 Fe_2O_3/Al/RDX 纳米复合含能材料，呈均匀粒状分布，大小在 100 ~ 200nm 之间，复合良好，RDX 含量为 85%，与原料 RDX 相比，样品的撞击感度和摩擦感度都明显降低，密度为 1.55g/cm^3 时爆速可达 7185m/s。

以氯化铝为前驱物，N，N- 二甲基甲酰胺为 $AlCl_3 \cdot 6H_2O$ 和 RDX 的溶剂，1，2- 环氧丙烷为胶凝剂，常温常压下，采用溶胶—凝胶法制备 RDX/AlOOH 复合炸药，产物用超临界流体干燥后得固体粉末。结果表明，溶胶—凝胶法与超临界流体干燥技术相结合，可以较好地保持凝胶的多孔结构，其热分解过程不同于物理掺杂的混合炸药，RDX/AlOOH复合炸药的撞击感度和摩擦感度均较低。

利用溶胶—凝胶法制备RDX/SiO_2纳米复合含能材料的干凝胶及气凝胶。分析表明，与初始原料RDX相比，RDX/SiO_2干凝胶中RDX的起始分解温度和分解峰温都有所降低，并随着RDX含量的减少温度降幅增大。炸药晶体粒径的减小以及惰性基体的网络结构降低了复合材料的撞击感度。

以间苯二酚和甲醛为原料，$Na_2CO_3 \cdot 10H_2O$为催化剂，采用溶胶凝胶法，通过RDX在间苯二酚-甲醛树脂（RF）形成的纳米网格中结晶，制备了RDX/RF纳米复合含能材料。结果表明，与同组分的机械混合物相比，RDX/RF复合物的热分解峰提前约25℃，机械感度有所降低。

2）超临界流体包覆技术。

采用超临界CO_2包覆技术制备超细HMX/FPM_{2602}、HMX/NTO、CL-20/FPM_{2602}核—壳型复合材料，通过氟橡胶FPM_{2602}在超细炸药表面的沉积，达到对混合物进行包覆改性的目的，结果表明，采用超临界流体反溶剂工艺制备以超细炸药为主体炸药的超细混合炸药，能彻底克服水悬浮工艺存在的缺陷，且搅拌、包覆、干燥、分离等过程一次性完成，是一种制备过程耗时短、后处理简单、绿色环保、本质安全的制备工艺，有望成为超细混合炸药新的制备方法。

（2）铝粉处理技术

纳米铝粉是真正能够批量生产并可能应用于主装药的为数不多的纳米含能材料的典型代表之一，已成功应用于固体推进剂、凝胶推进剂、混合炸药。

铝粉活性是影响纳米铝粉性能发挥的一个重要指标。目前国内对铝纳米粒子活性保护方法主要有表面吸附惰性气体原子或在贮存纳米材料的瓶子或袋子里充上惰性气体后进行密封保存；在空气中将纳米铝粉进行钝化处理，使其表面形成氧化物壳层；还可通过表面包覆处理技术在铝纳米粒子的表面包覆一层保护膜。

表面包覆技术是保护纳米铝粉活性的一种有效方法，其不但可以有效地解决团聚以及氧化问题，而且还可有效提高铝粉的燃烧效率，选用特殊的包覆物还可以赋予铝粉新的功能。如碳包覆纳米铝粉不仅可以在低温时保证活性铝不被氧化，而且在高温燃烧时还可以提供额外的燃烧能；镍包覆纳米铝粉可明显改善纳米粒子的团聚行为，同时由于铝与镍可反应生成金属间化合物，反应放出大量的热，缩短点火延迟时间；聚合物包覆不仅能够有效地保护纳米铝粉的活性，并且可以改变铝粉的表面电荷性质、功能化特性和表面化学反应特性，提高粒子的分散性，使纳米铝粉能量快速释放。

2. 炸药混制与装药成型技术

（1）浇注

从装药材料性能来看，浇注PBX炸药具有抗过载能力强、能量高、力学性能好、环境适应性好、抗意外事故能力强的特点，对冲击、枪击、殉爆、烤燃等意外环境条件可以达到不敏感的程度，是 TNT 基熔铸炸药的升级换代产品，将成为未来常规兵器主要装药品种。目前浇注 PBX 炸药主要以 HMX 或 RDX 为主炸药，以 123 树脂、HTPB、含能高聚物等为黏结剂，可根据需要添加铝粉、AP 等。

伴随不敏感炸药配方和材料的研究发展，国内在浇注 PBX 炸药的装药成型工艺技术上也得到相应的研究和发展。浇注 PBX 炸药需要进行原材料性能优选、高真空度处理、高剪切力真空混药、振动浇注等特殊的工艺过程。目前我国浇注 PBX 炸药已经推广应用在高性能、数量较少的导弹战斗部和小批量试验件的装药上，装药工艺大多为单元式操作方式。

通过实现浇注 PBX 炸药各工序、各设施生产能力的匹配，采用系列机械化、自动化的工艺设备，实现隔离或远距离操作。其中关键工艺装备包括大型混合机系统、炸药及氧化剂自动称量处理系统、铝粉处理系统、大型真空浇注系统和自动清洗系统。

设计了混合炸药生产过程中自动加料控制系统的硬件结构和软件流程，加料的精度可控制在 ±0.15kg 范围内，系统的人机交互能力良好，整个控制过程的人工操作均放在远离现场的安全区域，大大增强了生产的安全性。

（2）熔铸

熔铸装药法是将炸药加热熔化，经过一定的处理后将熔融态炸药注入弹体或模具中，冷却、凝固成具有一定形状、尺寸的药柱的成型方法，在装药过程中要经历固态—熔态—再凝固的过程。传统熔铸炸药普遍采用 TNT 作为液相载体，采用 RDX、HMX、NTO 等作为固相填充物，工艺成熟，成本低廉，三废处理趋于完善。随着含能材料技术的发展，DNTF、TNAZ、含能离子液体等新型化合物已逐渐在工艺上代替 TNT 作为熔铸液相载体。

近年来，国内发展了多种熔铸成型技术，并在熔融炸药结晶的基本原理、流变特性、固相炸药的综合颗粒级配原理、炸药的凝固规律及其特性、浇铸产品内部质量检测等方面做了大量工作。在加料工艺中，通过设计炸药组分精确加料装置，能实现对炸药加料的精确控制。在熔药工艺中，通过设计自动化真空熔药机，采用绝对编码器实现了熔药机转速和位置的实时测量，通过程序实现了熔药机停止定位及熔药自动化。

为了实现熔铸炸药块铸工艺，研究了 TNT 炸药、B 炸药、梯黑铝炸药破碎工艺技术，采用三级轧辊式破碎技术实现 TNT 基熔铸炸药的安全自动化破碎，炸药破碎设备能够满足对 TNT 炸药、B 炸药、梯黑铝炸药的破碎要求，98% 以上粒度不大于 40mm × 30mm × 5mm，仅有极个别粒度达到 45mm × 35mm × 15mm，最大破碎能力 4.08kg/min。

采用工业 CT 对熔铸成型 TNT 及熔黑梯药柱内部的缩孔和缩松情况进行检测，分析了炸药熔铸成型过程中内部缩孔和缩松产生的模式和机理。采用有限元法对炸药熔铸成型过程中缩孔、缩松的形成过程进行了数值模拟。结果表明，熔铸炸药内部缩孔、缩松的形成过程可以分为三个阶段：一次缩孔形成阶段、二次缩孔形成阶段和缩松形成阶段，缩孔、缩松主要是由于其凝固过程中结晶收缩、固体收缩及气体析出形成的，采用临界固相率和补缩距离相结合的方法可以有效预测熔铸炸药内部缩孔缩松的形成，在炸药熔铸成型时采用冒口保温、冒口和模具隔热及加大冒口尺寸等措施可以显著减少熔铸炸药内部的缩孔和缩松。

研究了将真空振动装药法引入热塑态装药工艺设备的设计方案，综合应用自动控制技术、大型真空室振动装药技术，实现了对弹药产品热塑态装药过程的自动控制，并在产品试制中得到成功应用。

（3）压装

压装装药工艺包括造型粉的制备和药柱压制过程。目前，采用不同的高分子材料，已发明了几十种造型粉制备方法，主要有：溶液混合蒸馏法、水悬浮法、直接法、共沉淀法、熔融混合法等。其中水悬浮法的造粒过程中，以水为悬浮介质和分散剂，有利于保证生产安全，是造型粉生产的主导方法。

在造型粉制备工艺上，目前国内基本上都是以“锅”为单位的间断式生产。近年来在造粒、烘干等工序上也部分实现了自动化连续生产。为提高压装 PBX 包覆度，形成了一些新的黏结剂包覆工艺，如用表面活性剂、键合剂对炸药晶体进行表面修饰后再进行黏结剂包覆，以单体分子为原料，通过原位聚合来实现高包覆度的工艺技术等。为提高 PBX 能量水平，还研究了以低感炸药如 TATB、NTO、TNT 等作为含能包覆降感材料的制备技术，有效降低了 RDX、HMX、CL-20 这些敏感猛炸药的机械感度。

在药柱压制工艺中，国内近年来开发了一些新的压制工艺技术，如分步压装技术、等静压技术等。

分步压装工艺技术综合了螺旋装药与油压机压装的优点，广泛应用于大口径榴弹系列产品、火箭弹、导弹等战斗部装药。采用模拟药分析了装药直径、螺杆直径以及压力等因素与装药密度的关系，在其他工艺参数相同的情况下，装药直径越大，弹体装药密度越低，螺杆直径与装填弹种存在匹配关系；装药密度随压力增大而增大，当压力增大到一定程度，密度增加趋于缓和。结果表明，选取合适的螺杆并且控制压力是提高装药密度以及密度一致性的关键。为研究造型粉流动性对分步压装工艺适应性及其装药安全性的影响，测量了不同配方造型粉的流散性和堆积密度，通过分步压装工艺试验，研究炸药的流动性对分步压装工艺及其安全性的影响。结果显示，炸药的流散性在一定范围内才能适合分步压装工艺，降低炸药的流散性，可提高局部装药密度，但增加了径向密度差，降低了装药过程的安全性。在流散性适宜的条件下，分步压装装药密度随堆积密度的增加而增加。为提高大口径弹药分步压装装药效率，对某大口径战斗部分步压装装药进行有限元模拟与实验。根据分步压装特点制定针对某大口径战斗部的分步压装工艺流程，采用 ANSYS 有限元模拟方法分析装药过程中弹壁与导爆管与变形受力情况，开展工艺试验制定工艺参数，采用相应的工艺参数进行大口径战斗部分步压装高能炸药。结果表明，装填结果完全满足某大口径战斗部的装药质量要求。

等静压工艺技术成型效果好，可实现复杂形状炸药件的净成型，减少原材料损耗。对 TATB 基 PBX 进行等静压压制试验，研究了 PBX 压制过程中的一些力学行为，通过对力学和物理性能测试及微观形貌分析，得到 PBX 的微显结构和在成型过程中的性能参数变化规律。在 PBX 颗粒压制成型过程中，成型件的密度、泊松比、压缩模量和压缩强度与压力呈对数函数关系。成型件泊松比、压缩模量和压缩强度随成型密度的增加快速增大。在相同压力条件下，延长保压时间可以有效提高 PBX 造型粉压实密度，使成型效果更好。

（4）其他成型技术

超细钝感 HMX 小尺寸沟槽的装药设计，为爆炸逻辑网络的小型化设计、提高网络的作用可靠性提供了试验依据。同时对其他微火工领域的爆炸序列设计、微型雷管设计等具有参考价值。

结合同步多点起爆网络的设计方法及其对爆轰波输出同步性的要求，国内设计了“一入四出”偏心式圆周线同步起爆网络，提出并试验了一种新的网络装药技术—精密压装装药技术，对其爆轰波输出同步性进行了理论分析，并用探针法测定了其爆轰波输出同步性。采用精密压装装药技术可以使该同步起爆网络的爆轰波输出同步性满足 EFP 战斗部的要求。熔铸炸药的沟槽装药技术制作爆炸网络，并使爆炸网络在战斗部中预埋，以解决爆炸网络小型化和精确控制爆轰波的问题，为多模毁伤弹药的爆轰波形控制开辟了新的技术途径。

3. 装药质量评估技术

（1）在线检测

在线检测技术可以及时、有效评估装药质量，对装药工艺改进具有直接的促进作用，由于工艺特点不同，在线检测技术最主要用于熔铸混合炸药。

在熔铸炸药的在线检测中，利用多通道数据采集仪对几种熔铸炸药冷却过程温度场进行测试，发现熔铸炸药冷却过程特别是相变发生的瞬间，温度曲线发生较大的拐点变化，通过对实验数据的分析，探讨了相变发生机理，得到了几种熔铸炸药的相变温度，随着熔铸炸药固相含量的增加，相变温度有下降趋势。利用热电偶，通过测试熔铸炸药冷却成型过程中的温度随时间的变化情况，动态研究浇注成型过程的炸药内部温度场及其变化规律，探讨相变结晶温度，以及裂纹、缩孔产生的时间及其之间的相互关联等问题。

利用微焦点工业 CT（μCT）对 TNT 炸药熔铸结晶成型过程进行在线监测试验研究，进而获得成型过程 TNT 炸药结晶与成型质量的三维细观结构及其分布的演化特征与规律。采用工业 CT 对熔铸成型 TNT 及 RHT 药柱内部的缩孔和缩松情况进行检测，分析炸药熔铸成型过程中内部缩孔、缩松产生的模式和机理。

（2）无损探伤

无损探伤技术是 PBX 炸药部件内部的晶体孔洞、微孔隙、微裂纹 / 闭合裂纹等微界面损伤程度及其扩展演化过程的重要表征技术，对深入研究武器系统的有效性、安全性及可靠性具有重要的技术支撑作用。目前，国内无损探伤研究工作主要集中在对造型粉等 PBX 炸药部件、药柱内部微损伤的研究，观测方法包括工业 CT、扫描电镜、折射率匹配光学显微、荧光发射、X 射线衍射、正电子湮灭寿命谱等。

国内基于超声技术在炸药部件内部缺陷诊断、损伤表征、成型工艺研究、老化性能评价方面开展了大量研究工作。利用超声脉冲反射 C 扫描成像的基本原理，可建立炸药部件内部分层、裂纹等异质界面缺陷的超声C扫描成像评价方法；利用超声特性参量法，可实现对PBX材料在热冲击和温度循环中的损伤表征；利用声发射技术，成功实现对温度梯度冲击、力学加载条件下PBX试件损伤产生及演化过程的动态监测；利用多通道超声透射法，成功实现对战斗部装药浇铸凝固成型过程中不同部位的超声波幅、波形和声速等参数及其变化的监测。

（四）混合炸药性能评估技术

1. 炸药起爆、传爆性能评估技术

炸药起爆过程是炸药从未反应状态转变为反应状态的重要过程。经过初始反应状态，爆轰波逐步成长直至稳定爆轰，该过程中所涉及的爆轰波传播规律是近年来爆轰物理研究的基本问题之一。认识点火机制、爆轰成长过程以及该过程中爆轰波传播规律对炸药使用的可靠性具有至关重要的意义。

研究炸药起爆及爆轰成长过程的外部载荷主要以冲击为主。近年来，二维拉格朗日分析方法快速发展，设计了二维拉格朗日传感器，有效地解决了一维流场分析发展到二维流场的问题，对研究侧向稀疏波对炸药冲击起爆过程的影响提供理论和实验支撑。

国内开展了大量基于细观结构、多物理场耦合条件下炸药起爆过程的研究工作，获得了基于孔隙率、炸药颗粒度、损伤以及热等条件下的炸药起爆性能。提出的弹黏塑性双球壳塌缩热点反应模型考虑了PBX炸药中的黏结剂效应，把基于炸药球壳在冲击压力作用下速度、应变等物理量的新的热点反应项和低压下慢反应项以及高压反应速率方程相结合，较好地解释了炸药颗粒度和孔隙度的影响以及黏结剂强度和含量对PBX炸药冲击起爆感度的影响，在计算PBX9501和PBX9502炸药起爆过程时，对实验值的模拟更加准确。

采用锰铜压阻法对PBXN-5在一系列小尺寸装药直径下的输出压力进行实验测定，得到了各装药直径下的压力值，通过实验数据分析，得出了小尺寸下装药直径对PBXN-5输出压力影响的定性规律和定量模型。对超细化钝感HMX在小尺寸沟槽装药条件下的爆轰波传播临界特性进行了研究，得到了一定装药密度下的临界尺寸、极限尺寸和拐角传爆的临界尺寸。

基于傅里叶变化轮廓技术，已初步建立了炸药传播过程三维面形测量基本方法。同时，近年来，获得了不同组分HMX/TNT、不同温度条件下JB-9014等典型理想炸药和非理想炸药DSD实验标定参数。

在爆轰波传播问题的理论计算方面，特别是针对比较平滑、变化缓慢的非理想炸药爆轰波传播问题，进行了广泛探讨。理论计算过程把爆轰波阵面运动和反应区动力学进行解耦处理，再把它们结合于流体力学编码，结合Level Set计算方法，能够较为准确地反映出反应区对波阵面的影响，使曲面爆轰波传播研究走向实用，用以解决一些工程问题特别是同钝感炸药装置有关的问题，具有较强实用价值。

2. 炸药爆轰性能评估技术

炸药爆轰是一个响应快、不可逆、破坏性强的物理过程，因此，对测试仪器具有较为苛刻的要求。不断涌现和改进的新技术使获取较高时空分辨率的物理场信息成为了可能。瞬态辐射测温技术已成功用于爆轰温度的直接测量，并且实现炸药爆轰发光光谱分析，有效获取爆轰反应产物成分。激光速度干涉技术，例如 VISAR 测速系统、DISAR 测速系统，解决了连续测量界面粒子速度和飞片运动速度的问题。高能质子照相技术实现了三维动态照相、精细结构分辨等功能，成为了解炸药爆轰过程反应流场的最先进的诊断技术。

研究人员利用光电技术观测反应区的空间跨度和持续时间。研究结果表明，典型理想炸药化学反应区存在明显的 CJ 点，JO-9159 炸药的化学反应区宽度随着装药密度的降低而减小。典型非理想炸药 JB-9014 没有明显的对应 ZND 模型的反应区终点，而且，当 JB-9014 炸药密度减小时，Neumann 峰压力、反应区宽度和反应过程时间均减小。因此，对于非理想炸药而言，需对 ZND 模型进行改进。

国内将平板和圆筒试验结合，获得了更优的炸药爆轰产物状态方程参数，弥补了标定 JWL 状态方程参数的圆筒实验存在起始点不清楚的缺陷。

在 P.K.Tang 研究超压爆轰产物状态方程基础上，提出了一种针对 Hugoniot 冲击起爆压力和声速同时拟合的方法，修正后的状态方程能较好地描述超压爆轰的高压流体动力学过程。研究人员对含有金属的炸药进行了大量的 JWL 参数标定实验，用以解释温压炸药化学反应存在二次反应的现象。

建立了凝聚炸药起爆过程电导率的平面测试方法，四次实验得到 TNT 炸药爆炸的化学反应时间分别为 0.11μs、0.12μs、0.16μs 和 0.15μs。

利用冲击起爆方式改进了炸药爆轰过程电导率的同轴测试方法，推导出其电导率计算公式。采用输入冲击波压力匹配的方法减小了反应区内波的反射作用和爆轰成长过程的不稳定性对其电导率的影响，进而测得铸装 TNT 炸药和 TNT/RDX 混合炸药爆轰过程中随时间变化的电导率曲线。通过分析曲线中拐点出现的原因，推导出炸药的化学反应时间和反应区厚度。得出铸装 TNT 炸药的化学反应时间约为 0.08μs，反应区厚度约为 0.41mm，几种铸装 TNT/RDX 炸药的反应区厚度均在 0.5mm 左右。

3. 炸药能量评估技术

在传统的炸药爆热测量的基础上，近年来国内在水下爆炸中通过测量水下冲击波能和气泡能来表征炸药总能量，或通过空中爆炸测量爆炸波超压和冲量，然后通过拟合获得所测炸药的超压 TNT 当量或冲量 TNT 当量。前者尤其适合应用于水中兵器所装填炸药，而后者特别适合于燃料空气炸药和温压炸药的能量评估。

近年来发展的温压炸药、燃料空气炸药等，由于爆轰过程存在多次反应能量释放过程，其毁伤效应不同于理想炸药。通过红外热成像仪和高速摄像，比较温压炸药和常规炸药爆炸火球的表征参量数据，记录了温压炸药的二次爆炸现象，合理解释了其热辐射毁伤效应。温压炸药后燃效应使其在空气中爆炸存在双峰现象，提高冲击波正压时间，增大毁伤作用场的能力。同时，近年来，阐述和分析了 FAE 的特点和作用原理，建立了健全爆炸场表征参量确定及提取方法，研究、探讨 FAE 爆炸综合毁伤效应评估方法，建立了综合毁伤评估数据库。

4. 炸药安全性能评估技术

炸药在使用过程中会受到外来刺激，存在引发燃烧甚至爆炸的风险。根据外来刺激的种类，考虑炸药安全性主要涉及机械感度和热感度等几个方面。

炸药机械感度的评估可以分为落锤撞击试验、跌落撞击、苏珊试验、枪击试验、摩擦感度试验以及 Steven 试验等评估试验。研究对象涉及炸药颗粒、药片、带有一定装药结构的药柱以及新型炸药。

对炸药摩擦感度的问题进行了初步的理论探讨。基于炸药的热爆炸理论，建立了装药弹体侵彻混凝土厚靶中的炸药摩擦起爆模型，解释了炸药早炸的现象。

研究了含有不同含量、不同形状 Al 粉的 RDX 机械感度的变化趋势，Al 含量越高，摩擦感度降低越多，撞击感度却随 Al 粉的加入呈现非线性的变化。

建立了一套用气体检测判定法测试炸药药柱撞击感度的新方法，结果表明其明显好于传统的方法，药粉与药柱由于结构的不同，试验结果也不完全一致，即使相同种类的炸药由于尺寸不同也可能带来结果的差异。

建立了一种摆锤撞击带动砂靶摩擦炸药药片的摩擦感度试验方法，并测试了 PBX-1、PBX-2 及 PBX-3 药片的摩擦感度。结果表明，三种炸药的摩擦安全性排序与摩擦感度爆炸概率及滑道试验结果一致，该方法可用于评估成型 PBX 的摩擦安全性。

改造落锤撞击仪器，在落锤与撞击底座中增加光学系统和压力测试部件，利用高速摄像仪，拍摄了 HMX 颗粒炸药受撞击加载过程中微秒量级时间的变形—熔化—点火—燃烧过程图像。研究了下落高度、颗粒松散程度对变形和点火时间长短及燃烧剧烈程度的影响。

国内建立了大药片落锤撞击实验方法，实验对象针对相对较大的炸药药片（500mg~2g），有别于现有的落锤仪感度测试方法（以造型粉为研究对象）、苏珊试验药柱撞击感度测试（Φ50mm × 100mm 左右的药柱），药片药量从百毫克量级增加到克量级。

用冲塞试验评价大药量装药在撞击、剪切、绝热加热等综合作用条件下的安全性。结果表明，PBX-2 炸药的冲塞试验撞击感度高于 PBX-1 炸药。

研究了一种测试炸药冲击波感度的方法——水下卡片间隙试验方法，将炸药的水下爆炸能量测试方法与冲击波感度试验方法（小隔板法）结合起来。

采用改进的枪击试验（12.7mm 机枪）对四种不同尺寸 PBX-2 炸药柱进行试验，结果初步表明，枪击试验中随着 PBX-2 炸药长度的增加，其反应程度也随之增强。

设计了小弹丸撞击方式模拟破片作用，对 PBX-2 炸药进行了撞击试验。结果表明，模拟破片试验中 PBX-2 炸药反应程度明显高于枪击试验；建立的模拟破片撞击试验方法为评估炸药在异常环境下的安全性能提供了一种新的技术途径。

进行了壳装固黑铝炸药殉爆实验，通过观察残留炸药、壳体和见证板变形，判断被发炸药的爆炸情况，得到了炸药临界殉爆距离，建立了壳装炸药殉爆实验方法。

利用自行研制的炸药烤燃试验系统，选用TNT和JB-B两种炸药进行试验，得出结论：随着装药孔隙率的增大，炸药从开始发生自加速分解反应到发生烤燃反应的延滞时间会增长，相应的烤燃反应温度也会提高；同时，孔隙率的增大也会增大炸药发生烤燃反应的剧烈性。

分别开展了温度75℃、100d和65℃、180d的加速老化试验。对加速老化前后的炸药件进行了热爆炸试验、火烧试验和跌落试验，对比分析了试验数据，结果表明：老化炸药柱的热爆炸延滞期缩短、热安全性降低；老化炸药件的烤燃时间缩短、烤燃温度降低、爆燃后对炸药外壳的破坏程度更大、热安全性下降；老化炸药件跌落爆燃时产生的冲击波超压大，靶板上未反应的剩余药量少，撞击安全性降低。

采用尖端放电方法，测定RDX、RDX/Al混合物的静电火花感度，采用斜槽法测量了RDX、RDX-Al混合物摩擦产生的静电积累量。

5. 炸药力学性能评估技术

炸药与一般的颗粒填充复合材料具有较大的差别，它的组成比较复杂，颗粒含量很高，其力学性能具有一定特殊现象。而且炸药经老化处理后，对力学性能有一定影响。因此，认识力学性能和炸药老化后的性质对发展高性能武器系统至关重要。

目前，发展了一些适合炸药损伤和力学性能研究的实验技术，为从宏观到细观再到微观多尺度观测提供了条件。采用超声波法对炸药应力状态进行测试，获得炸药件声弹性参数，验证了在大应力作用下超声波法无损测定炸药实际构件载荷应力的可行性。小角X射线散射技术被用于对TATB钝感炸药进行细观结构检测，根据SAXS测量谱，获取了样品材料的颗粒分布即内部微孔大小等微结构参数。通过扫描电镜，对含能材料的细观破坏特征进行表征，获得了PBX炸药在高应变率条件下的破坏模式。

将云纹干涉法与圆盘对径受压实验相结合，测量了PBX材料蠕变及恢复过程，得到了PBX圆盘的全场变形，为研究PBX材料的非均匀变形场提供了一种有效的测量手段。用半圆盘弯曲实验和数字散斑相关方法，获得试样的应变场和位移矢量场分布，定量分析了试样全场的变形特征。

利用声发射检测技术实现对PBX炸药在温度冲击、劈裂和压缩等试验中裂纹产生和扩展直至宏观断裂全过程的动态监测。采用巴西实验作为间接拉伸加载手段，研究了PBX炸药试样拉伸作用下的断裂损伤特性，获得了试样在光学显微镜下的细观表面形貌和断裂损伤形貌。

国内越来越关注PBX炸药动态力学破坏问题。结果表明，随着冲击能量的增加，其温度效应的影响越来越显著，损伤模式从物理损伤向化学损伤过渡。这为XDT问题中“热点”形成机制等研究提供了实验基础。

利用Φ57mm轻气炮进行逆弹道实验，研究短脉冲高冲击条件下试样的力学性能。实现了炸药的磁驱动无冲击压缩实验技术，获得了5GPa内JO-9159炸药在磁驱动准等熵压缩加载下的速度响应历史。

6. **炸药性能数值仿真评估技术**

国内用分子动力学方法，对HMX基含少量TATB、F_{2311}和石蜡的四组分PBX的结构和性能进行模拟研究。研究发现，各PBX的弹性较纯HMX有所改善，以黏结剂组分对主体炸药的力学性能影响最大，而钝感剂与HMX的相互作用很弱。利用COMPASS力场和NPT系综方法，对钝感炸药TATB和F_{2311}所构成的PBX，进行不同温度下的周期性模拟，获得了PBX力学性能和结合能随温度的变化规律。同时，利用COMPASS力场和NpH系综方法，模拟β-HMX晶体的绝热压缩，能够较好预估炸药的冲击温度。从微观的角度，采用Hartree-Fock方法和密度泛函BPW91方法，对TATB分子的几何结构进行优化，计算了电子能量和热运动能量，得到的TATB生成热与实验结果符合较好。

采用两相流方法对炸药颗粒直径为20.0μm时与铝颗粒混合物的爆轰波发展与传播过程及爆轰波参数进行了数值计算。结果表明，在炸药粉尘中加入铝颗粒，可以大大提高爆轰波参数。当铝颗粒直径为3.4pm时，尽管铝颗粒的直径较炸药颗粒直径小，但由于炸药颗粒的点火温度低，两者的点火时间相差不多。如果铝颗粒的直径为7.0pm，由于铝颗粒的点火滞后于炸药颗粒的点火，混合颗粒粉尘中可能形成双波阵面的爆轰波。

建立了基于Kim弹黏塑性球壳塌缩热点模型原理的三项式化学反应速率方程模型，将所建反应速率方程模型嵌入有限元程序对PBX-9404炸药起爆过程进行数值模拟，根据模拟结果分析了炸药遭受冲击加载后炸药孔隙率、颗粒尺寸等变化对炸药冲击起爆过程的影响。

采用有限元与离散元相结合的方法模拟了塑料黏结炸药在冲击载荷下热点生成的细观过程，计算中炸药晶体采用有限元法，黏结剂采用离散元法。结果表明热点多集中在晶体间变形较大的黏结剂部分，黏结剂与晶体间冲击波的相互作用是热点生成的重要原因；HMX晶体温度明显低于黏结剂，且晶体边界温度高于内部温度。

建立了炸药烤燃热反应模型，采用计算流体力学软件Fluent，对加热速率为0.05K/s时TNT炸药的烤燃过程进行了数值模拟计算，得到了TNT炸药的剧烈反应时间为4150s，炸药点火时特征点的温度为226℃；与实验结果比较，验证了计算模型和相关参数的正确性。

利用计算流体力学软件，对固黑铝（GHL）炸药在不同升温速率下的烤燃过程进行了数值模拟计算。结果表明，升温速率对炸药点火时间和点火位置有很大影响，升温速率增大，炸药点火时间缩短，点火位置从炸药内部移向炸药边缘；升温速率对炸药点火温度影响很小，但慢速烤燃下炸药点火时的环境温度比快速烤燃低。

建立了隔板冲击波压力的衰减模型。对JO-9159炸药进行了隔板冲击加载实验，对起爆过程进行了数值模拟，结果表明，在一定范围内，JO-9159炸药的起螺压力阈值随装药直径和装药长度的增加而减小。

建立了壳装炸药殉爆实验计算模型，采用非线性有限元计算方法，对壳装固黑铝炸药殉爆实验进行了数值模拟。炸药临界殉爆距离的计算结果与实验结果基本一致。

建立了 Arrhenius、时间温度叠加原理和神经网络三种老化模型，对 HMX 基 PBX 在 45 ~ 75℃下老化后的质量变化数据建模并预测寿命。上述三种方法预测该炸药在 20℃下质量损失 0.1% 的贮存寿命分别为 390a、490a 和 15.2a；在 50℃和 60℃下质量损失 0.2% 所需的时间分别为 1127d、182d、1180d 和 196d、1375d、220d；表明 Arrhenius 和时温叠加原理建模预测结果彼此吻合较好，而神经网络模型对低于建模温度时寿命预测可信度较低。

三、国内外研究进展比较

（一）混合炸药设计研究国内外进展比较

国外在混合炸药设计方面起步较早，1899 年提出理想爆轰模型（C-J 模型），建立了理想炸药爆轰参数预估模型。通过研究爆轰过程的热力学和动力学原理，建立了多种爆轰性能设计的理论方法，如采用分子轨道理论法推算出的生成焓的 MIDNO/3 法、MNDO 法、AMI 法等，又如 BKW 状态的 Tiger 编码能量计算方法，能够进行炸药的能量参数的比较准确的计算，针对非理想炸药发展了 DSD 模型、WK 模型。在国外，成熟的计算配方能量性能的软件主要有 Cheetah 编码，可以用来估算爆轰参数（C-J 压力、冲击波速度、爆轰能量）、燃烧热值和状态方程等参数，目前已发展到了 3.0 版本，可对非理想炸药进行较准确的预估。

国内混合炸药设计方面由于对爆轰过程的热力学和动力学反应认识不足，目前仍处于基于经验公式设计、试验验证阶段，经验公式只是在特定的条件下计算才是比较接近实际的，而对于现在的多数非理想炸药，这些计算参数与实际的性能就有了很大的差异。由于国内非理想炸药爆轰参数计算不准确，缺乏状态方程，阻碍了混合炸药的应用。

（二）混合炸药配方研究国内外进展比较

在高能固相填充炸药研究方面，美国已经形成了多种 CL-20 基可实用化的炸药配方，而我国的公开报道的文献表明，CL-20 基配方研究方面还处于基础性能研究及初步配方研究阶段；由于 ADN 吸湿性难以克服，因此国内外关于 ADN 基炸药的研究工作尚无突破性的进展。

在载体炸药及黏结剂方面，俄罗斯已将 DNTF 应用于武器型号，美国的研究人员认为 DNTF 感度较高而未开展应用性研究，而我国已经开展了一系列的降感性研究，并已取得了一定的进展，正逐步开展 DNTF 基炸药设计及应用性研究；在 TNAZ、含能增塑剂 / 黏结剂、含能离子液体等材料的应用研究方面，国内外均无突破性的进展。

国外已开展了不敏感炸药技术的全面研究与应用，不仅深入研究了不敏感炸药的点火及增长机理，而且结合多品种弹药进行了不敏感炸药的易损性试验。目前已成功应用的产品包括以 DNAN 基 PAX 系列炸药、IMX 系列炸药等为代表的熔铸炸药，以 AFX-757、PBXIH-135、PBXIH-18、PAX-2A、PAX-3 等为代表的高聚物黏结炸药以及以 TATB 等不敏感单质炸药为基的压装炸药等。国内不敏感炸药技术的发展仍局限在机理研究、组分研究等基础上，少量结合弹药进行了应用研究。

在温压炸药方面，国外既重视应用研究，又重视基础研究，美国在形成温压弹药系列产品前，已对温压炸药爆炸反应规律、能量释放规律、与战斗部及使用环境的匹配及其毁伤效应等进行了长期的研究。国内温压炸药的基础研究还很薄弱，机理研究相当欠缺，设计温压炸药时有时会考虑使用的环境因素，如空旷、密闭、环境大小等，但研究不够系统、深入，这些都直接影响到温压炸药后燃反应中对外界环境中氧气的利用以及温压效应的发挥。另外，国内温压炸药的研发还有待于进一步提高能量和进一步系列化。

国内在燃料空气炸药方面主要存在四点不足：①对云雾爆轰反应机制及作用机理认识不明晰；②燃料空气炸药的组分性能研究不够，性能表征技术不全；③燃料空气炸药配方设计技术有待提高；④燃料空气炸药制备工艺技术落后。

国内在水下炸药研究方面需要从以下三个方面加强：①加强对水下炸药爆炸能量释放机理及传播规律的认识；②加强水下炸药爆炸能量输出控制技术研究；③加强水下炸药配方设计技术研究。

（三）混合炸药的制造与装药工艺技术国内外进展比较

美国已将纳米含能材料作为一个确保未来军事技术优势的关键性基础科学技术领域，开展了大量的基础性工作，目前正处于从概念及认识的形成向探索实践的积极转化过程中，并已形成商品化的技术。

国内近年来大力开展了炸药的超细化、高品质化及其控制技术研究，取得了较明显的进展，与国外相比，制备技术差距较小，但还应在以下几个方面加强研究：①加强超细化材料的造粒、成型加工技术研究，以使超细化炸药的能量释放效率得到充分发挥；②加强对微米级或者纳米级的炸药的效应评估，为材料的实际广泛应用提供支撑；③加强纳米高活性金属的处理技术研究，特别是纳米金属 Al 粉的抗氧化处理。

国外混合炸药制备及装药工艺技术发展迅速，推出了一些新工艺和新设备，美国、德国等许多国家发展了以双螺杆挤压技术为核心的混合炸药柔性制造技术，法国、英国等建立了 PBX 炸药自动化、连续化装填大口径炮弹的生产线，提高了生产的本质安全性和生产效率，降低了工艺成本。

国内混合炸药的制备及装药工艺总体水平需要改进，生产过程需要较多人工干预，自动化、连续化水平较低，局部点有自动化程度较高的生产线，但没有在较大范围内推广，工艺流程还需合理优化。

国内在装药质量评估技术方面主要集中在对压装 PBX 炸药部件、药柱内部微损伤的研究，观测方法包括工业 μ-CT、扫描电镜、折射率匹配光学显微、荧光发射、X 射线衍射、正电子湮灭寿命谱等。近年来相关的能力得到了持续加强，无损探伤技术在熔铸炸药、浇注 PBX 炸药装药质量检测中的应用越来越广泛，但微细观更精准的观测手段没有较大面积的应用。另外，对检测方法有待进一步细致研究，以促使相关先进设备的能力充分发挥。

（四）混合炸药性能评估技术国内外进展比较

国外对炸药性能评估从材料性能学，如炸药材料的物理性能、化学性能、热性能、力学性能、爆轰性能、感度性能、电学性能、毒性等八个方面进行了深入的研究，建立了适用于炸药材料的相应特性表征方法。炸药性能综合评估模型建立在物理、化学、力学的学科研究基础上，广泛采用相关学科领域的先进技术，模型能较准确地预估新材料的性能。

国内炸药性能表征技术主要是宏观效果层面的表征，揭示炸药材料结构与输出关系的表征方法较少。表征方法不够全面，对基础参数的评价方法与模型及虚拟评估技术脱节，不能实现相互支持。

国内模型中引入的材料特性参数较少，来源于宏观试验的参数较多，微观结构与炸药材料静态、动态性能之间联系的建模较少。炸药性能的虚拟评估技术中计算模型采用国外模型，在计算时对模型的相关参数进行调整，得到的结果不能完全代表国内炸药的性能。

国内在炸药冲击过载点火机制、冲击过载性能、数值计算等研究方面，取得了一定的进展。但在过载点火模型、材料冲击损伤表征技术及其量化手段、炸药模型加载试验方法、炸药宏观过载性能与微观结构关系、炸药高速或超高速过载安定性、数值仿真计算准确性等方面与美国等先进发达国家技术水平相比，尚存在一定差距。

四、发展趋势与对策

高安全性和高能量仍是混合炸药技术发展的一个重要趋势，在今后较长的一段时间内，从新材料的应用角度讲，我国混合炸药的研究主要还是应集中在高能固相填充炸药、高性能载体炸药和新型黏结剂的应用研究方面。国内各研究单位应该加强炸药性能数据的共享，加快优化传统炸药配方设计，大力发展先进武器炸药配方技术。系统研究配方及爆轰参数对爆炸能量输出特性及传播规律的影响，采用试验和仿真技术相结合的手段，借助“材料基因工程”的研究理念，建立炸药材料特性本质参数与宏观效果的关联模型，提高模型的准确性和实用性。

具体对策建议如下：

（1）加强基础理论研究，开发用于材料冲击损伤加载的测试技术，建立含能材料损伤程度的表征方法；逐步形成含能材料损伤学和冲击动力学，将宏观响应与微观损伤特征相结合。

（2）深入开展非理想体系水下炸药配方组成、制备工艺、装药结构及爆轰参数对爆轰能量释放特性的影响，以及爆炸反应的热动力学计算方法研究，提高炸药爆炸能量的有效利用率，提高水下炸药的低易损性能。

（3）继续开展温压炸药配方组分、装药结构与环境的匹配研究，揭示其后燃反应的机理，建立温压炸药能量释放模型，确保温压炸药的温压效应能够得到充分利用。

（4）深入开展多相爆轰基础理论、燃料空气炸药组分的基础性能、配方制备工艺技术、云雾爆轰与环境的匹配性关系，以及仿真模拟及测试与评估方法研究，提高燃料空气炸药的安全性、爆轰能量及爆炸作用特性。

（5）深入开展不敏感炸药 DDT、SDT、XDT 现象及规律研究，建立用于不敏感炸药测试、评估的技术、装置和标准，结合弹药的应用问题，解决不敏感炸药的设计技术。

（6）开展混合炸药自动化、连续化工艺和设备研究，实现隔离或远距离操作，减少人工现场干预，建立并推广应用混合炸药自动化、连续化生产线；研制以双螺杆挤压技术为核心的混合炸药柔性制造技术。

参考文献

［1］冯晓军，王晓峰，徐洪涛，等. AP 对炸药空中爆炸参数的影响［J］. 火炸药学报，2010（2）：40–44.

［2］冯晓军，黄亚峰，徐洪涛. Al 粉对含铝炸药爆轰性能的影响［J］. 火工品，2012（1）：38–41.

［3］吴艳青，黄风雷，艾德友. HMX 颗粒炸药低速撞击点火实验研究［J］. 爆炸与冲击，2011（6）：592–599.

［4］陈清畴，蒋小华，李敏，等. HNS–IV 炸药的点火增长模型［J］. 爆炸与冲击，2012（3）：328–322.

［5］陈军，曾代朋，孙承纬，等. JB–9014 炸药超压爆轰产物的状态方程［J］. 爆炸与冲击，2010（6）：583–587.

［6］高大元，何松伟，周建华，等. JB–9014 炸药加速老化模拟研究［J］. 兵工学报，2009（12）：1607–1610.

［7］赵艳红，刘海风，张广财. PBX–9502 炸药爆轰产物的状态方程［J］. 爆炸与冲击，2010（6）：647–651.

［8］傅华，李俊玲，谭多望. PBX 炸药本构关系的实验研究［J］. 爆炸与冲击，2012（3）：231–236.

［9］牛余雷，南海，冯晓军，等. RDX 基 PBX 炸药烤燃试验与数值计算［J］. 火炸药学报，2011（1）：32–41.

［10］胡宏伟，王建灵，徐洪涛，等. RDX 基含铝炸药水中爆炸近场冲击波特性［J］. 火炸药学报，2009（2）：1–5.

［11］陆明，赵月兵. RDX 与 Al 混合体系的静电火花感度研究［J］. 兵工学报，2009（12）：1602–1606.

［12］李志鹏，曾贵玉，刘兰，等. TATB 微观结构对炸药爆轰波传播性能的影响［J］. 爆炸与冲击，2009（6）：665–668.

［13］顾晓辉，宋浦，王晓鸣. TNT 在钢筋混凝土靶中爆炸的试验研究［J］. 火炸药学报，2009（5）：33–36.

［14］陶为俊，浣石，黄风雷，等. 侧向稀疏波对非均质凝聚炸药冲击波起爆过程的影响［J］. 爆炸与冲击，2011（4）：397–401

［15］张忠，陈卫东，杨文森. 非均质固体炸药冲击起爆的物质点法［J］. 爆炸与冲击，2011（1）：25–30.

［16］宋江杰，张振宇，谭晓莉，等. 固体非均质炸药冲击点火与起爆模型研究进展［J］. 爆炸与冲击，2012（2）：121–128.

[17] 韩勇，黄辉，黄毅民，等. 含铝炸药圆筒试验与数值模拟 [J]. 火炸药学报，2009（4）：14-17.
[18] 计冬奎，高修柱，肖川. 含铝炸药作功能力和 JWL 状态方程尺寸效应研究 [J]. 兵工学报，2012（5）：552-555.
[19] 冯晓军，王晓峰，黄亚峰，等. 铝粉含量对梯铝炸药螺压和冲击波参数的影响 [J]. 火炸药学报，2009（5）：1-4.
[20] 封雪松，赵省向，刁小强. 铝粉含量对装药破片速度的影响研究 [J]. 火工品，2009（4）：30-33.
[21] 王玮，王建灵，郭炜，等. 铝含量对 RDX 基含铝炸药螺压和爆速的影响 [J]. 火炸药学报，2010（1）：15-18.
[22] 林鹏，王长利，王等旺. 挠性炸药比冲量的数值模拟与实验研究 [J]. 火炸药学报，2011（4）：31-33，48.
[23] 牛余雷，王晓峰，冯晓军. 双元炸药装药空中爆炸的输出特性 [J]. 火炸药学报，2009（4）：45-49.
[24] 向梅，饶国宁，彭金华. 复合结构装药爆轰波爆速与曲率关系的数值模拟 [J]. 火炸药学报，2010，33（4）：53-55.
[25] 姜涛，由文立，张可玉，等. 水中爆炸表面空穴的理论研究 [J]. 爆炸与冲击，2011（1）：19-24.
[26] 汪斌，张远平，王彦平. 水中爆炸气泡与水底边界相互作用的水射流现象 [J]. 爆炸与冲击，2011（3）：250-255.
[27] 赵新颖，王伯良，惠君明，等. 温压炸药爆炸现场参数的试验研究与数值模拟 [J]. 火工品，2011（1）：59-61.
[28] 花成，张盛国，文雯，等. 炸药低速撞击试验的分析与讨论 [J]. 爆破器材，2010（5）：53-55.
[29] 李静，王伯良，赵新颖，等. 高含铝炸药爆炸过程中的能量分析 [J]. 爆破器材，2013，42（2）：1-3，6.
[30] 董岩，刘祖亮. DADNBF 为基的混合炸药的性能和应用 [J]. 爆破器材，2012，41（4）：5-8.
[31] 马安鹏，饶国宁，彭金华，等. 椭圆封头爆炸成形技术的试验研究 [J]. 爆破器材，2013：42（1）：43-46.
[32] 陈朗，马欣，黄毅民，等. 炸药多点测温烤燃实验和数值模拟 [J]. 兵工学报，2011（10）：1230-1236.
[33] 刘彦，兰志，谷鸿平，等. 炸药在混凝土复合介质中爆炸的数值模拟研究 [J]. 兵工学报，2009（12）：62-65.
[34] 蔡进涛，赵锋，王桂吉，等. 5GPa 内 JO-9159 炸药的磁驱动准等熵压缩响应特性 [J]. 含能材料，2011（5）：536-539.
[35] 徐容，李洪珍，康彬，等. HMX 晶体内部孔隙率、缺陷类型及颗粒度对冲击波感度的影响 [J]. 含能材料，2011（6）：632-636.
[36] 陈军，田占东，张震宇. PBX-9502 炸药爆轰约束三明治试验的数值模拟研究 [J]. 含能材料，2011（2）：217-220.
[37] 陈清畴，蒋小华，李敏，等. RDX 基高聚物黏结炸药 JWL 状态方程 [J]. 含能材料，2011（2）：213-216.
[38] 田占东，卢芳云，张震宇. RDX 激光点火特性数值分析 [J]. 含能材料，2012（1）：53-56.
[39] 李洪珍，康彬，李金山，等. RDX 晶体特性对冲击感度的影响规律 [J]. 含能材料，2010（5）：487-491.
[40] 代晓淦，申春迎，文玉史. 等. Steven 试验中不同形状弹头撞击下炸药响应规律研究 [J]. 含能材料，2009（1）：50-54.
[41] 张旭，谷岩，张远平，等. TATB 基 PBX 的快速烤燃实验与数值模拟 [J]. 含能材料，2010（5）：551-557.
[42] 周红萍，李敬明，李丽. TATB 基高聚物黏结炸药残余应力的测试和消除研究 [J]. 含能材料，2008（1）：37-40.
[43] 代晓淦，黄毅民，吕子剑. 不同升温速率热作用下 PBX-2 炸药的响应规律 [J]. 含能材料，2010（3）：282-285.
[44] 王沛，陈朗，冯长根. 不同升温速率下炸药烤燃模拟计算分析 [J]. 含能材料，2009（2）：46-29，54.

[45] 高立龙，牛余雷，王浩，等. 典型炸药柱的400kg落锤撞击感度特性分析 [J]. 含能材料，2011（4）：428-431.
[46] 赵锋，虞德水，彭其先. 钝感炸药散心爆轰驱动平板飞片研究 [J]. 含能材料，2011（5）：527-531.
[47] 张国辉，韦兴文，陈捷，等. 高聚物黏结炸药老化模型比较分析 [J]. 含能材料，2011（6）：679-683.
[48] 颜熹琳，李敬明，周阳，等. 高聚物黏结炸药温湿度载荷加速老化试验研究 [J]. 含能材料，2009（4）：412-414，419.
[49] 陈朗，王飞，伍俊英，等. 高密度压装炸药燃烧转爆轰研究 [J]. 含能材料，2011（6）：697-704.
[50] 黄明，李洪珍，徐容，等. 高品质RDX的晶体特性及冲击波起爆特性 [J]. 含能材料，2011（6）：621-626.
[51] 刘科种，徐更光，辛春亮，等. 含铝炸药与一次引爆FAE威力特性对比研究 [J]. 含能材料，2009（5）：554-557.
[52] 黄亚峰，王晓峰，冯晓军. 黑索今基含硼炸药的爆热性能 [J]. 含能材料，2011（4）：363-365.
[53] 敬仕明，李明，龙新平. 基于改进Hashin Shtrikman方法预测PBX有效弹性模量 [J]. 含能材料，2009(6)：664-667.
[54] 高大元，申春迎，文尚刚，等. 加速老化对炸药件安全性的影响研究 [J]. 含能材料，2011（6）：673-678.
[55] 孙培培，南海，牛余雷，等. 壳体厚度对T N T炸药快速烤燃响应的影响 [J]. 含能材料，2011（4）：432-435.
[56] 赵继波，李金河，谭多望，等. 铝氧比对水中爆炸近场冲击波的影响 [J]. 含能材料，2009（4）4：20-423.
[57] 代晓淦，申春迎，文玉史. 模拟跌落撞击下PBX-2炸药的响应 [J]. 含能材料，2011（2）：209-212.
[58] 赵玉刚，傅华，李俊玲，等. 三种PBX炸药的动态拉伸力学性能 [J]. 含能材料，2011（2）：194-199.
[59] 李钊鑫，盛涤伦，朱雅红，等. 三种起爆药抗高加速度过载能力及受力模型 [J]. 含能材料，2012（4）：432-436.
[60] 牛余雷，王晓峰，余然. 双元复合炸药装药水下爆炸能量输出特性 [J]. 含能材料，2009（4）：415-419.
[61] 王淑萍，王晓峰，金大勇. 压制密度及密度均匀性对装药撞击安全性的影响 [J]. 含能材料，2011（6）：705-708.
[62] 史锐，徐更光，徐军培，等. 炸药水中爆炸能量输出结构的数值模拟 [J]. 含能材料，2009（2）：147-151.
[63] 焦清介，金兆鑫，徐新春. 铸装TNT/RDX爆轰过程导电性及反应区厚度实验 [J]. 含能材料，2009（2）：178-181.
[64] 王玮，王建灵，郭炜，等. 装药密度及尺寸对RDX基含铝炸药螺压爆速的影响 [J]. 含能材料，2010(5)：563-567.
[65] 史锐，徐更光，徐军培，等. 炸药水中爆炸能量输出结构的数值模拟 [J]. 含能材料，2009（2）：147-151.
[66] 牛余雷，王晓峰，余然. 双元复合炸药装药水下爆炸能量输出特性 [J]. 含能材料，2009（4）：415-419.
[67] 赵继波，李金河，谭多望，等. 铝氧比对水中爆炸近场冲击波的影响 [J]. 含能材料，2009（4）：420-423.
[68] 黄菊，王伯良，仲倩，等. 灰色关联分析在温压炸药配方设计中的应用 [J]. 含能材料，2012，20（2）：146-150.
[69] 胡宏伟，王建灵，徐洪涛，等. RDX基含铝炸药水中爆炸近场冲击波特性 [J]. 火炸药学报，2009（2）：1-5.
[70] 封雪松，赵省向，刁小强，等. 含硼金属炸药水下能量的实验研究 [J]. 火炸药学报，2009（5）：21-24.
[71] 李金河，赵继波，谭多望，等. 炸药水中爆炸的冲击波性能 [J]. 爆炸与冲击，2009（2）：172-176.
[72] 师华强，宗智，贾敬蓓，等. 水下爆炸冲击波的近场特性 [J]. 爆炸与冲击，2009（2）：125-130.
[73] 李健，荣吉利，项大林，等. 装药量及水深对水下爆炸气泡动态特性的影响 [J]. 爆炸与冲击，2010（4）：

342–348.

[74] 黄超，汪斌，张远平，等. 柱形装药自由场水中爆炸气泡的射流特性[J]. 爆炸与冲击，2011（3）：263–267.

[75] 仲倩，王伯良，黄菊，等. 火球动态模型在温压炸药热毁伤效应评估中的应用[J]. 爆炸与冲击，2011，31（5）：528–532.

[76] 鲁忠宝，南长江，步相东，等. 不同水深爆炸气泡运动特性仿真[J]. 鱼雷技术，2009（5）：15–18.

[77] 牟金磊，朱锡，黄晓明，等. 水下爆炸气泡射流现象的试验研究[J]. 哈尔滨工程大学学报，2010（2）：154–158.

[78] 李健，荣吉利，雷旺，等. 水下爆炸气泡运动的理论研究[J]. 应用力学学报，2010（1）：119–124.

[79] 牟金磊，朱锡，李海涛，等. 炸药水下爆炸能量输出特性试验研究[J]. 高压物理学报，2010（2）：88–92.

[80] 蒋国岩，金辉，李兵，等. 水下爆炸研究现状及发展方向展望[J]. 科技导报，2009，27（9）：87–91.

[81] 王罗新，吴忠波，等. 椅式（5，5）单壁碳纳米管内硝基甲烷热解反应的理论研究[J]. 含能材料，2009（5）：518–522.

[82] 周保顺，王少龙，罗永锋，等. 壳体对燃料近区抛撒速度影响的数值模拟[J]. 火炸药学报，2010（2）：53–56.

[83] 陈亚红，白春华，刘意，等. 爆炸抛撒颗粒群动能特性的评价[J]. 火炸药学，2011（4）：45–48，33.

[84] 洪滔，秦承森，林文洲，等. 悬浮 RDX 炸药和铝颗粒混合粉尘爆轰的数值模拟[J]. 爆炸与冲击，2009（5）：468–473.

[85] 周保顺，王少龙，罗永锋，等. 壳体对燃料近区抛撒速度影响的数值模拟[J]. 爆炸与冲击，2010（2）：53–56.

[86] 任晓冰，李磊，严晓芳，等. 液体的爆炸抛撒特征[J]. 爆炸与冲击，2010（5）：487–492.

[87] 白春华，陈亚红，李建平，等. 爆炸抛撒金属颗粒群的装药方式[J]. 爆炸与冲击，2010（6）：652–657.

[88] 蒋丽，白春华，刘庆明，等. 气/固/液三相混合物燃烧转爆轰过程实验研究[J]. 爆炸与冲击，2010（6）：588–592.

[89] 沈晓波，鲁长波，李斌，等. 液体燃料云雾爆轰参数实验[J]. 爆炸与冲击，2012（1）：108–112.

[90] 段云，张奇，向聪，等. 固液混合装药热传导特性对其安全性影响的计算研究[J]. 高压物理学报，2010（3）：181–186.

[91] 何志伟，刘祖亮. 2，6-二氨基-3，5-二硝基吡啶-1-氧化物为基的耐热混合炸药性能[J]. 含能材料，2010，18（1）：97–101.

[92] 曹威，何中其，陈网桦，等. 水下爆炸法测量含铝炸药后燃效应[J]. 含能材料，2012，20（2）：229–233.

[93] 向梅，黄毅民，彭金华，等. 复合装药结构隔板试验与数值模拟[J]. 兵工学报，2013，34（2）：246–250.

[94] Brousseau P，Anderson C J. Nanometric aluminum in explosives[J]. Propellants，Explosives，Pyrotechnics，2002，27：300–306.

[95] Biert K V. Insensitive explosives for high speed loading Applications：US，6783615B1[P]. 2004–08–31.

[96] Wagstaff D C. Desensitization of energetic materials：US，20040221934A1[P]. 2004–11–11.

[97] Balas W. CL–20 PAX explosives formulation，development，characterization and testing[C]// NDIA2003 IM/EM Technology Symposium，2003：181–185.

[98] May Lee Chan，Dung Tri Bui，Gary Meyers，et al. Castable thermobaric explosive formulations：US，6969434B1[P]，2005–11–29.

[99] May L C，Gary W M. Advanced thermobaric explosive composition：US，6955732B1[P]，2005–10–18.

[100] Kim K J，Kim H S. Agglomeration of NTO on the surface of HMX particles in water NMP solvent[J]. Cryst. Res. Technol.，2008，43：87–90.

[101] Smith K T. Pressable plastic–bound explosive composition：US，7857922B2[P]，2010–12–28.

[102] Teipel U. Energetic Materials: Particle Processing and Characterization [M]. Wiley-VCH verlag, Weinheim, Germany, 2006.

[103] Thompson D G, Olinger B, Deluca R. The effect of pressing parameters on the mechanical properties of plastic bonded explosives [J]. Prop Explos Pyrotech, 2005, 30 (6): 391-396.

[104] Hyeon-soo Kim, Geun-deuk Lee, Gi-bong Lee, Ju-seung Chae Sun-gyu Park, Sin-jae Lee, Young-jun Yang, Sung-woon Cho, Yeong-han Kim. Character of Insensitive RDX crystals by crystallization Process [C] //44th International Annual Conference of the Fraunhofer ICT June 25-28, 2013.

[105] W. A. Trzciński, K. Barcz. Investigation of blast wave characteristics for layered thermobaric charges [J]. Shock Waves, 2012, 22 (2): 119-127.

[106] Ruggirello, Kevin P, A reaction progress variable modeling approach for non-ideal explosives [M]. Ann Arbor: ProQuest Dissertations and Theses, 2011.

[107] Victor Stepanov, Venant Anglade, Wendy A. Balas Hummers. Production and Sensitivity Evaluation of Nanocrystalline RDX-based Explosive Compositions [J]. Propellants, Explosives, Pyrotechnics, 2011, 36 (3): 240-243.

撰稿人：王晓峰　王伯良　聂福德　彭金华　周　霖　杨光成
赵省向　刘晓波　王　浩　贾宪振　南　海　牛余雷
冯晓军　金朋刚　罗一鸣

火工烟火药剂设计与制备技术

一、引言

火工烟火药剂是通过燃烧或爆炸作用产生特种功效的含能材料，在武器系统中广泛应用。其中火工药剂包括起爆药、击发药、点火药、延期药、传火药和传爆药等，以爆轰波、冲击波、燃烧火焰、燃气做功等能量输出形式完成相关功能与效应；而烟火药剂主要包括照明剂、诱饵剂、发烟剂、燃烧剂、铝热剂、哨音剂、黑火药等，以光、烟、热、声、动力等能量输出形式完成烟火特种效应。

进入 21 世纪以来，微小型弹药、智能弹药、不敏感弹药的发展方兴未艾，火工药剂也处于新的发展时期。这一时期的进展主要体现在药剂设计理论和方法、纳米技术应用、绿色环保技术、制造工艺技术、微小成型与装药技术、功能匹配组合技术等方面，追求安全、钝感、高能、环保新型药剂，以及火工器件的自组装、芯片化、微型化制造，从而诞生了环保药剂、特征感度药剂、微纳米药剂、油墨药剂、多孔活性基材含能元以及满足 MEMS 火工品使用要求且与光电器件一体集成的火工药剂。而作为传爆药来说，为了顺应武器弹药的发展，将以高能、钝感、耐高过载和微小尺度等新型传爆药为研究目标。

信息化战争不仅使精确制导武器在弹药总量中所占的比例越来越大，也加速了制导模式的升级换代。随着红外成像、双模双色等先进制导武器与观瞄设备的发展，烟火药剂研究从红外点源诱饵药剂向面源诱饵药剂、双色诱饵药剂、红外成像干扰药剂发展，发烟剂研究也从单一遮蔽可见光演变为全频谱遮蔽。近十年，我国在用于光电对抗与无源干扰的面源诱饵药剂、宽频谱发烟剂等方面获得显著研究成果；在基于正在燃烧质点效应研究烟火药燃烧机理方面形成了特色；在红外照明剂、底排增程药剂、气溶胶灭火、发电、冷光焰火等方面使烟火药剂应用领域得到发展与创新。与此同时，烟火药剂的应用研究领域也从陆地装备向水下战场和外层空间战场探索；而软杀伤研究也从催泪剂向以强光致盲药剂、爆震剂为代表的反恐弹药领域扩展。

本篇报告将系统介绍近些年的火工烟火药剂新成果，并提出未来的一些发展设想。

二、火工烟火药剂最新研究进展

（一）火工药剂设计与制备新技术

1. 新型起爆药分子设计与合成技术

单质起爆药作为初始装药直接装填或者与氧化剂、还原剂等混合后装填于火工品。因此，单质起爆药是火工药剂的技术核心和基础，控制着火工品或火工系统的感度、做功能力和各种作用效果。美国、俄罗斯、德国、英国、法国、印度和澳大利亚等国一直都在不断探索与寻找性能更加优异、环境更加友好的新型起爆药，其开发与研究从未间断。

我国火工药剂专业研究者，始终跟随该领域的最新发展动态，致力于不同物质类别内的新药剂开发，以得到性能特征各异、应用价值显著的多种起爆药。代表性的研究成果介绍如下。

（1）配合物类起爆药

配合物起爆药是一类特别具有发展潜力、值得深入研究的起爆药。它的稳定性、发火感度、起爆能力等性能取决于构成配合物的中心离子、多氮爆炸性配体、外界离子的类型，这几部分官能团构成了配位化合物起爆药的分子内氧化 - 还原体系。

我国成功设计和合成的起爆药有：

1）含钴配合物起爆药。

含钴配合物起爆药的化学分子式通式为：$[Co(III)(NH_3)_{4\sim5}X_{1\sim2}](ClO_4)_{1\sim2}$。典型品种是高氯酸・四氨・双（5- 硝基四唑）合钴（Ⅲ），简称 BNCP。我国已批量生产，在 BNCP 的制备工艺中增加了高氯酸铵溶液的重结晶过程，促使晶形规整、粒度均匀，产物纯度更高。

BNCP 外观为长棒形结晶，尺寸在 20 ~ 60μm，分解峰值温度为 299.33℃（10℃ /min），5s 爆发点为 362℃，100℃、40h 放气量为 0.17mL/g，爆热与比容分别为 4378J/g 和 487mL/g，爆速达到 6233m/s，撞击感度的 H_{50} 为 13.8cm，摩擦感度为 24%，火焰感度的 $H_{50} < 2$cm，对 RDX 的极限起爆药量为 30mg。BNCP 的主要特点在于安全钝感，输出能量高，机械感度、静电感度均低于 $Pb(N_3)_2$。经过应用试验表明：BNCP 可以代替斯蒂芬酸铅和叠氮化铅用于军工小型火焰雷管，可以代替叠氮化铅用于军工桥丝式电雷管中。在 SCB 雷管中 BNCP 的可靠起爆能量为 10.2mJ（28μF 、27V）；在激光雷管中 BNCP 的起爆能量为 3mJ。目前，国内外已经将 BNCP 广泛地应用于激光雷管和点火元件、半导体桥雷管和安全钝感电雷管中。BNCP 的晶体结构与晶体形貌如图 1 和图 2 所示。

我国根据 BNCP 的结构特点，优选了叠氮根为爆炸性配体，自己设计和合成了结构与其类似的高氯酸・四氨・双叠氮基合钴（Ⅲ）（$[Co(NH_3)_4(N_3)_2]ClO_4$，简称 DACP）起爆药。研究了 DACP 的合成方法与工艺，相对于 BNCP 的合成，DACP 的原材料更加

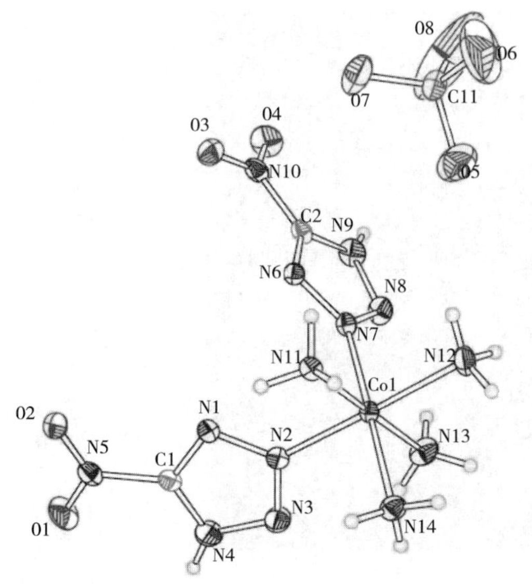

图 1　BNCP 的晶体结构

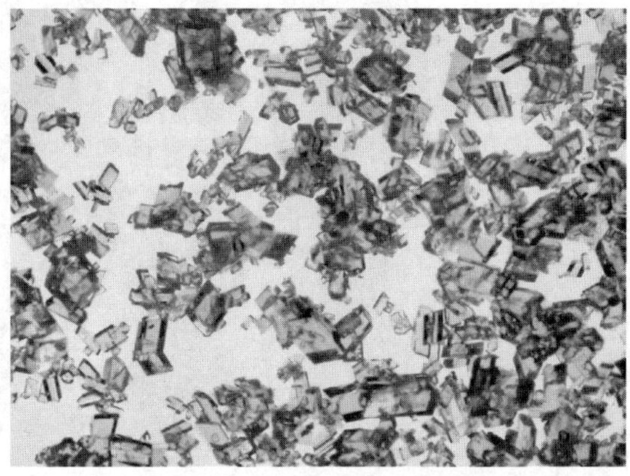

图 2　BNCP 的晶体形貌

易得，合成路线更短。DACP 属于安全钝感型起爆药，分解峰值温度为 182℃，5s 爆发点为 214℃，100℃、40h 放气量为 0.75mL/g，爆热与比容分别为 4430J/g 和 493ml/g，爆速达到 7540m/s，撞击感度 H_{50} 为 14.8cm，摩擦感度为 28%，火焰感度 H_{50} 为 18.1cm。它的机械感度低于叠氮化铅，而高于 PETN 和 RDX；其火焰感度较高，静电火花感度则比常规起爆药低；DACP 的爆速以及爆热、比容均比常规起爆药大，不足之处在于分解温度低于 BNCP。在应用方面，DACP 能代替 $Pb(N_3)_2$ 可靠地用作桥丝雷管的起爆药。DACP 的晶体结构和晶体形貌如图 3 和图 4 所示。

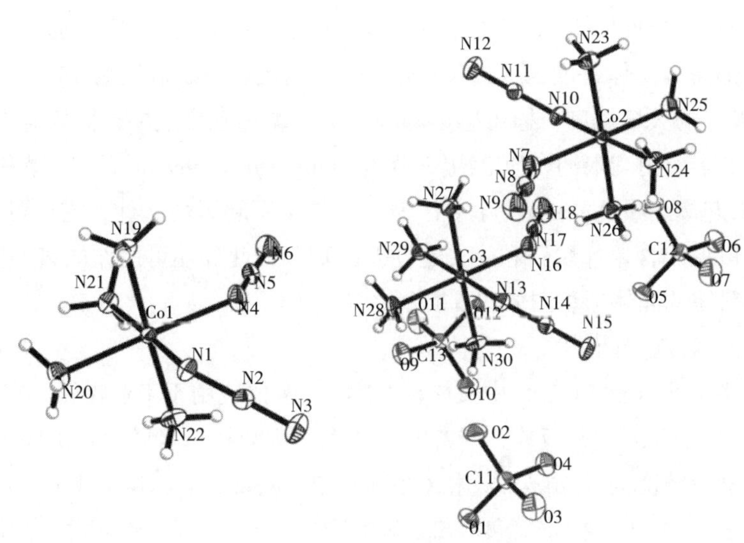

图 3　DACP 的晶体结构

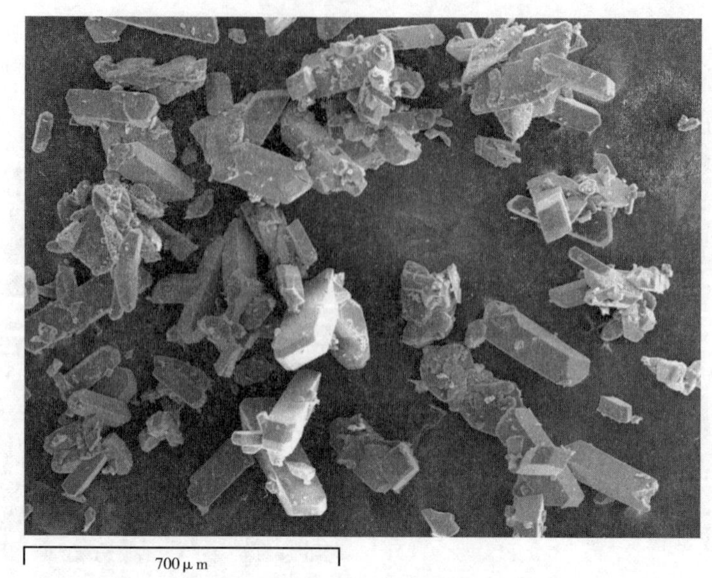

图 4 DACP 的晶体形貌

2）含镍配合物起爆药。

硝酸肼镍起爆药（[$Ni(N_2H_4)_3$]$(NO_3)_2$，简称 NHN）是一种综合性能优良的起爆药，经过合成工艺的改进，实现了母液循环法工业化制造。NHN 呈玫瑰色聚晶，晶体密度为 2.129g/cm^3，DSC 测得起始分解温度为 210℃，分解峰温为 220℃，具有机械感度低、火焰感度好、静电积累小、静电火花感度低、相容性好、不吸湿、不染色、耐光等特性，5s 爆发点为 283℃，实测爆速 6510m/s（ρ=1.70g/cm^3），对 RDX 的极限起爆药量为 150mg，主要应用于民用爆破器材，在军用雷管上也在日益开发其应用。硝酸肼镍的晶体形貌如图 5 所示。

叠氮肼镍（[$Ni(N_2H_4)_2$]$(N_3)_2$，简称 NHA）是一种起爆能力相对大的配合物起爆药，极限起爆药量与叠氮化铅相近，经过合成工艺的优化以及改性物质的加入，使之拥有更加理想的结晶形态，晶体密度为 2.127g/cm^3。NHA 的起始分解温度为 165℃，分解峰温为 209℃，有着极好的火焰感度，撞击感度却非常低，摩擦感度适中，同样具有不吸湿、不染色、耐光、相容性好等特性，实测爆速为 5420m/s（ρ=1.49g/cm^3），5s 爆发点为 193℃，对 RDX 的极限起爆药量为 40mg。除了作为军用或民用起爆药之外，它还可用作击发药、针刺药组分，以取代含铅起爆药和热安定性差的药剂，此外还可用作电热 / 电爆换能元的点火药。叠氮肼镍的晶体形貌图如图 6 所示。

3）含镉配合物起爆药。

高氯酸三碳酰肼合镉（CCP，中文简称 GTG），主要应用于工业雷管。它采用碳酸镉、碳酰肼和高氯酸三种原料进行反应，制备出的白色、流散性好、颗粒均匀的高氯酸三碳酰肼合镉起爆药，理论密度为 2.076g/cm^3，相对密度为 2.07g/cm^3，假密度为 1.0 ~ 1.2g/cm^3。熔点 249℃。5s 爆发点 367℃。撞击感度：5kg 落锤、50mg 药量时，50% 发火高度为 24.5cm。摩擦感度：70° 摆角、1.23MPa 压力时，爆炸百分数为 8%；90° 摆角、1.96MPa 压力时，

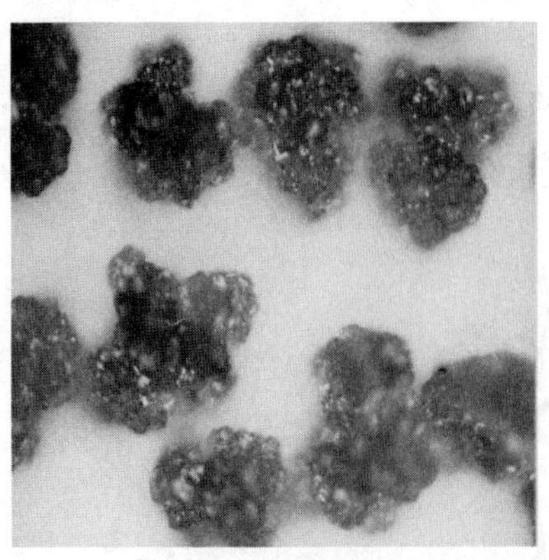

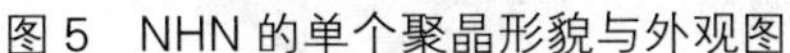

图 5　NHN 的单个聚晶形貌与外观图

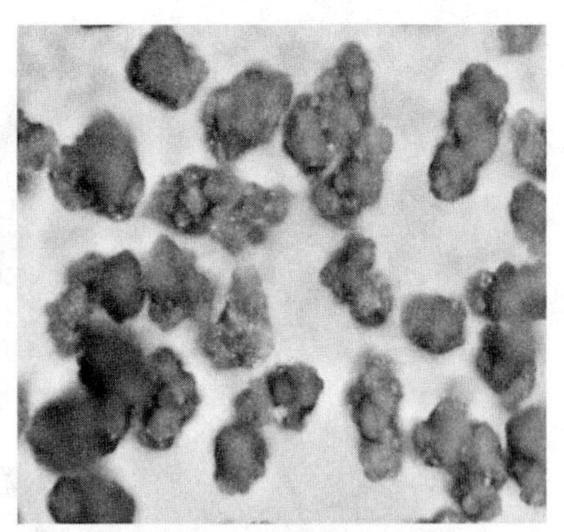

图 6　NHA 的单个聚晶形貌

爆炸百分数为 64%。火焰感度：在常压条件下、标准黑药柱不能点燃 GTG 起爆药。静电火花感度：正极 50%发火能量为 1.73J，负极 50%发火能量为 2.50J。静电积累量：16μC/kg，已工业化应用于民用爆破器材中。GTG 的晶体结构和产品外观如图 7 所示。

4）含锌配合物起爆药。

高氯酸三碳酰肼合锌（简称 GTX）是我国发明的一种新型配合物类起爆药，具有高能、安全、环保的特点。晶体密度为 2.021g/cm^3，对批量制备的 GTX 起爆药产品的假密度进行了测试，所得结果一般为 0.8 ~ 0.9g/cm^3，GTX 起爆药在 273.9 ~ 289.7℃之间有一吸热峰，峰顶温度为 286.2℃。在 289.7 ~ 324.1℃之间有两个连续的放热峰，峰顶温度分别为 308.1℃和 320.4℃。摩擦感度为 34%，撞击感度 H_{50} 为 23.4cm，能被标准黑药柱点燃。使用 GTX 起爆药，将解决雷管生产安全的问题以及起爆药生产废水污染严重、难治理和成本高的问题、含有毒重金属污染难治理和成本高的问题、叠氮化物起爆药剧毒和感度高的问题，实现起爆药和雷管的安全和环境友好生产。GTX 的晶体结构和晶体形貌如图 8 和图 9 所示。

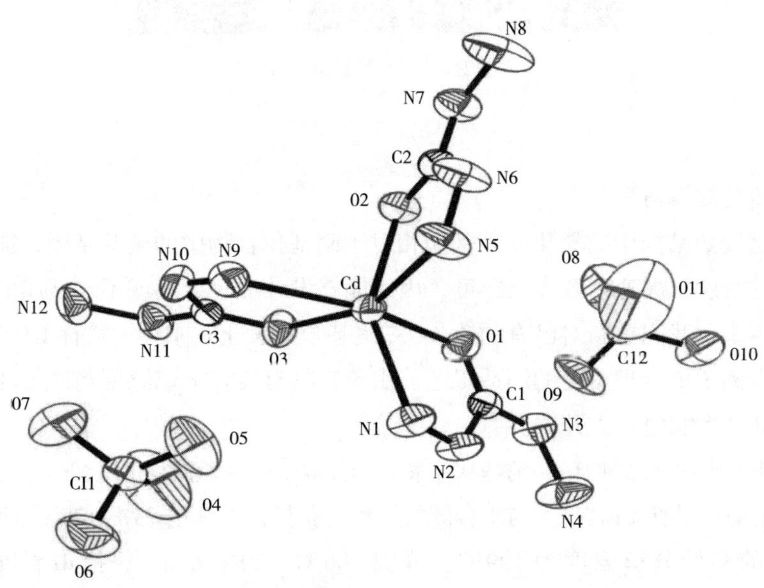

图 7　GTG 的晶体结构

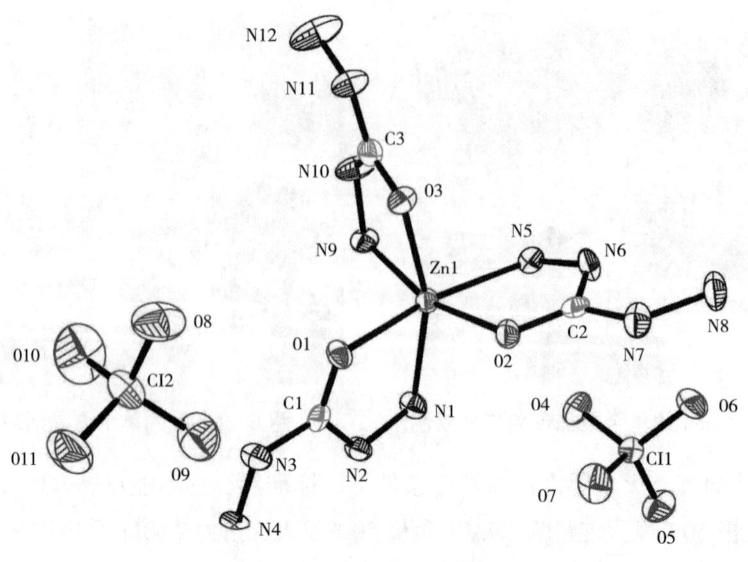

图 8　GTX 的晶体结构

图 9　GTX 的晶体形貌

（2）呋咱类起爆药

呋咱类起爆药结构中的氧化呋咱基团相对于硝基化合物中的硝基基团，能有效地提高含能化合物的密度、爆速以及点火感度，因而能够设计成轻金属或不含金属的有机化合物起爆药。近年来，我国重新对已有的 4, 6- 二硝基苯并氧化呋咱钾（简称 KDNBF）开展深入的研究，得到了更合理可行的制造工艺。由于它具有良好火焰感度与产气功能，可应用于动力源驱动装置和电点火开关。

同时，研发出的新品种有 4- 硝基 -5- 氧 – 苯并双呋咱钾（简称 KBFNP）。KBFNP 的合成是以双呋咱硝基苯甲醚（BFNA）与水合碳酸钾反应获得，得率达 73%，纯度 99%（图 10）。

KBFNP 的初始分解温度为 199℃，峰温 206℃（20℃ /min）；撞击感度 H_{50} 特性落高为 12.6cm（2kg 落锤）；摩擦感度为 96%（70° 摆角、1.23MPa）。火焰感度 H_{50} 为

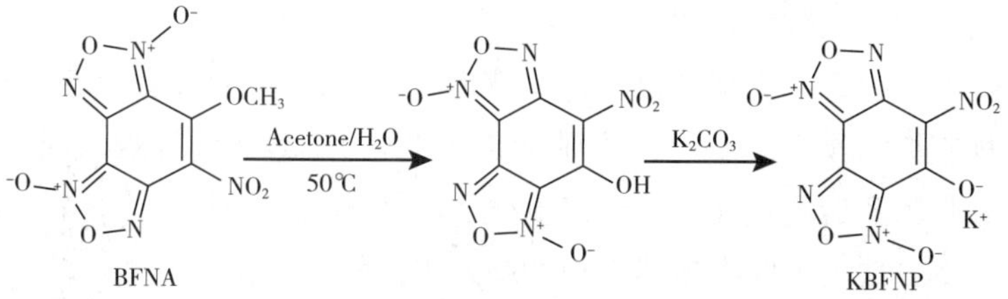

图 10　KBFNP 的合成原理

48.9cm，火焰感度高，非常容易点火。KBFNP 起爆威力较弱，不能单独作为起爆药使用，但与叠氮化铅配合使用（例如：30mgKBFNP+30mg 叠氮化铅两层装药），能够可靠起爆 RDX，因此可以替代斯蒂芬酸铅用于火焰雷管。KBFNP 爆炸气体比容达到 657mL/g，具有良好的产气性能。因此，KBFNP 在微型推冲系统和常规火工品中可替代斯蒂芬酸铅。KBFNP 不含有害金属元素，爆炸产物对人体和环境不产生危害，符合绿色起爆药要求。

（3）四唑类起爆药

四唑类起爆药是一类很有发展前景的富氮起爆药，已研发了许多新的品种，其中有些品种性能优异，有逐步取代叠氮化铅的趋势，代表着高能、钝感起爆药的发展方向。

1）5- 硝基四唑亚铜（CuNT）。

硝基四唑亚铜是有着良好军用应用前景的四唑类起爆药。硝基四唑亚铜有两种异构体，如图 11 所示。

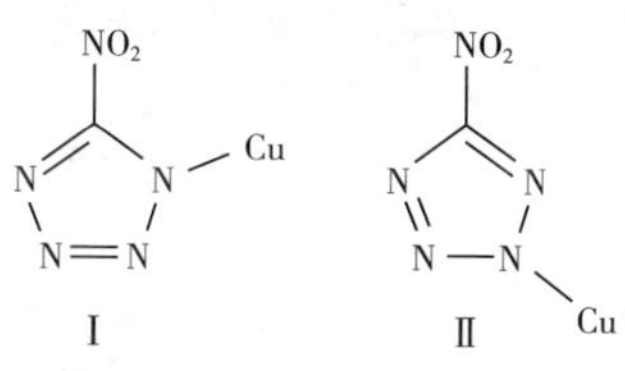

图 11　CuNT 的分子结构

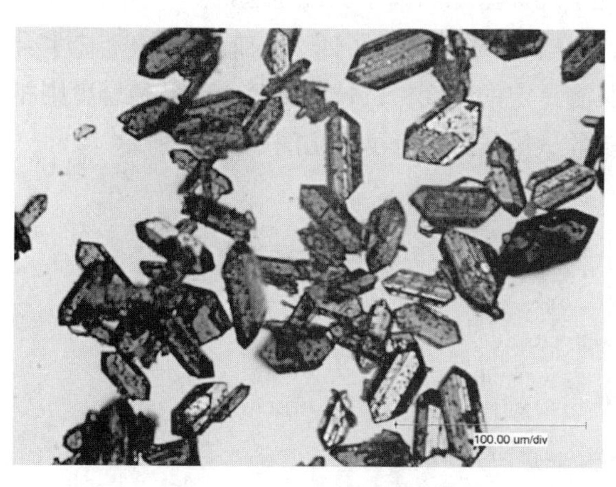

图 12　CuNT 的晶体形貌

采用 5- 硝基四唑钠（NaNT）、氯化亚铜等为原料，可合成出结晶一致的 CuNT，其晶体形貌与外观如图 12 所示。

CuNT 撞击感度 H_{50} 为 14.4cm（800g 落锤），撞击感度与叠氮化铅相近。火焰感度 H_{50} 为 5.9cm，静电感度能量升到 5.39J 仍然不发火，因此，CuNT 的火焰感度及静电感度较低。热分解峰温达到 324℃（10℃ /min），5s 爆发点为 351℃，故热安定性很好。CuNT 不吸湿，流散性佳，起爆 RDX 的极限药量为 20mg。CuNT 满足绿色环保起爆药的要求，可作为绿色高能起爆药用于环保击发药当中，也可以用于各种军用桥丝雷管、针刺雷管、火焰雷管、SCB 雷管及民用工程雷管中。目前已经达到百克量生产的技术水平。

2）偶氮四唑锌。

偶氮四唑锌（ZnATZ）是一种弱起爆药，它由弱酸性锌盐与偶氮四唑钠在中等温度下反应，得到小颗粒晶体。通过维持反应液在适当的酸度值或添加晶形控制剂等合成工艺的改进，便能得到均匀且流散性好的结晶产物。

偶氮四唑锌有着很好的火焰感度，撞击感度也较好，且不吸湿，长贮安定，因而有望代替含铅的常规起爆药作为击发药、针刺药组分。经过细致研究发现，偶氮四唑锌具有晶型转变现象，并且转晶后的性能发生明显变化，主要体现在颗粒变大，且为单晶形态，药剂将变得非常钝感，这可为同类敏感药剂的降感提供技术途径。

转晶前后 ZnATZ 的晶体相貌如图 13 所示。

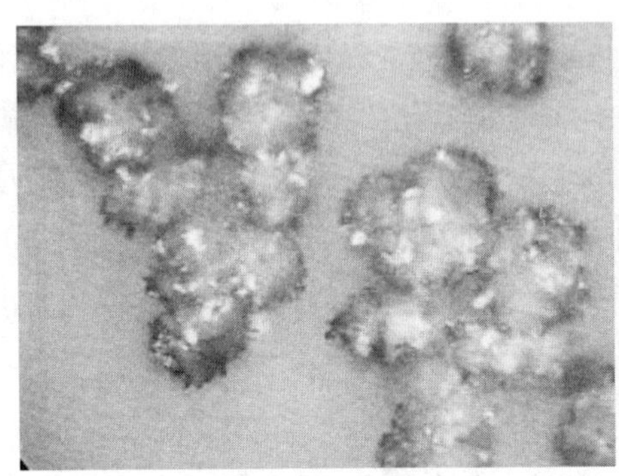

原始 ZnATZ 的晶体相貌　　转晶后 ZnATZ 的晶体相貌

图 13　ZnATZ 的晶体相貌

3）环保型起爆药配阴离子型四唑铁盐。

依据绿色环保起爆药的耐湿、耐光、敏感但安全、耐温 200℃、长贮性好、不含有毒金属 / 高氯酸根 6 项标准，我国近些年研究了环保型配阴离子类配位起爆药。高氮杂环 3 配位以上配阴离子起爆药是潜在的环保药剂，我国成功合成了四（5- 硝基四唑）二水合铁钠盐和铁铵盐（NaFeNT，NH_4FeNT），具有一定的猛度，机械感度适中，其他感度则相对较低。它们已进入军用枪弹环保底火装药的试用状态。分子结构图如图 14 所示。

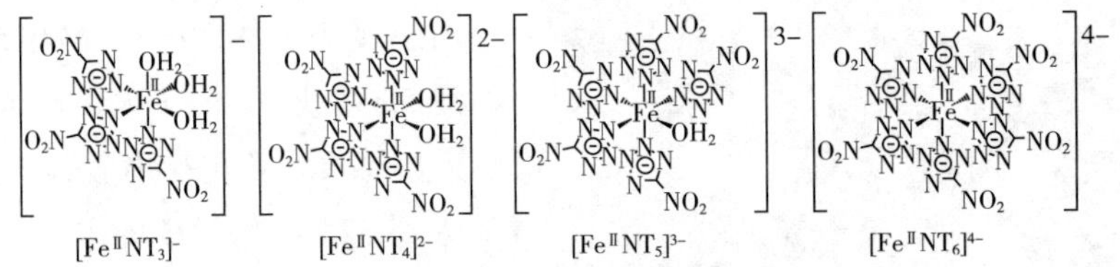

图 14　高氮杂环配位起爆药分子的结构图

2. 新型击发药 / 针刺药的配方设计与制备技术

新型击发药主要研究重点是无铅、无钡环保型击发药。

我国研究者利用新型无铅无钡起爆药的研究成果，例如：5- 硝基四唑亚铜、二硝基苯并氧化呋咱钾、四（5- 硝基四唑）二水合铁钠盐和铁铵盐等，设计了多种环保型击发药配方，已经成功地应用于枪弹底火。

以 25% 偶氮四唑锌和硝酸钡、玻璃粉组成的三元击发药，能取代以斯蒂芬酸铅和四氮烯为起爆药的击发药配方，同时提高了配方的热安定性，燃烧较完全，无烟无渣，是一项值得进一步开发直至得到实际应用的新技术。由偶氮四唑锌与硫化锑组成的针刺药，50% 发火感度可达到 43g · cm；也可以用叠氮肼镍为起爆药，去代替 NOL-130 中的氮化铅和斯蒂芬酸铅，其 50% 发火感度只为 27.3g · cm，如进一步取消四氮烯，50% 发火感度则为 67.3g · cm。

利用亚稳态分子间复合物（Metastable Intermolecular Composite，简称 MIC）新技术，研究得到氧化物 / 铝新材料，它可以用于枪弹底火的无铅击发药。配方为铝粉 45% 和三氧化钼 55%，或者铝粉 50% 和聚四氟乙烯 50%。粒度宜在 0.1μm 以下，而最理想粒度是在 20 ~ 50nm。关键技术是亚稳态分子间的可靠有效复合工艺控制。这种击发药在 -54℃到 71℃能可靠作用，特别是低温性能很好。烤爆温度接近 482℃，远远超过了军用枪弹使用环境为 70℃的应用指标。

3. 新型点火药配方设计与制备技术

借助于国内在材料、加工、制造、测试等技术方面的整体发展，结合设计理论的深化和指导，近段时期对点火药的开发研究，取得了不少有价值的成果，主要体现在新配方药剂、高能药剂、改性药剂等多个层面。

（1）微纳米组分点火药

通过原料细化加工、添加纳米组分或组分合理设计的途径，已开发得到多种新型、实用的点火药，其特点在于点火迅速、输出能量大且具有环保特性。

首先以无定形硼和超细硝酸钾（d_{50}=0.85μm）组成的 50/50（质量比，外加 2.5% 酚醛树脂或氟橡胶）点火药，具有好的点火性能，适用于激光、半导体桥及燃烧转爆轰器件中，但是细化后制得的药剂，摩擦感度和静电火花感度会有所提高。

微晶共沉淀安全点火药是一类以硝基多酚为基础，用可溶性多硝基多酚盐和无机酸盐的混合液与可溶性金属盐溶液通过化合方法一步制备出的粒度在 30μm 以下的超细颗粒，典型的成分为 KPA-$KClO_4$（或称 KG 点火药，为苦味酸钾和高氯酸钾的混合物）。该类点火药不需要研磨和球磨混合等后续加工就可直接用于点火药浆的混制，通过化合方法，控制组分的比例，可以制备出不同混合比例的药剂，以满足不同性能的电引火药头的使用要求。该共沉淀点火药与常规脚线和桥丝的相容性优于木炭、氯酸钾系列点火药，研究得到的这类产品主要用于火工品中，特别适合于电点火类火工品、工业雷管用点火药、特种效果点火药，领先于国外同类技术水平。

将纳米 TiO_2 作为改性物添加到 KPA-$KClO_4$ 点火药中，在 1% 左右的加入量内，药剂的点火能力明显增强，装填 DDT 雷管时的极限药量成倍减少，体现出纳米物质对基础药剂的化学反应所具有的催化作用。

（2）高能量点火药

以 TiHP/$KClO_4$（28/72，氟橡胶为黏合剂）为组分的点火药，实测爆热达 7228J/g，与

$Ti/KClO_4$ 相比，提高约 13%。该配方点火药具有低的机械感度，静电火花感度也低；而其点火反应比较完全，点火稳定性好。

锆和高氯酸钾组成的点火药，是军用点火器的主要装药，特点是可靠性高，输出能量大，并具有优良的耐水性能。也可用作药剂式飞片雷管的施主装药。在民用中已作为耐热击发药应用于射孔弹的机械激发机构。

苦味酸钾与炸药细粉经水分散造粒形成的球形药剂，具有好的火焰感度，机械感度则显著降低，输出能量高，可代替黑火药应用于某些场合，尤其是在那些退位保险机构中，残渣量少，有利于可靠解除保险。

4. 高精度延期药配方设计与制备技术

苦味酸钾、苦味酸铅或斯蒂芬酸钡属单质毫秒级高精度延期药，通过制备条件的控制，能够得到时间覆盖范围大的配方组成。比如在苦味酸钾的制造过程中，添加不同的非离子表面活性剂（加入量 0.1% ~ 0.3%），就能够组成 3 个配方，形成 20ms 等间隔、二十段毫秒延期，其延期体结构为 3 层单芯铅索，30MPa 下平冲压合，最高段（平均时间 375.96ms）的实测极差仅为 7.45ms，延期误差小于 1%。

对于混合型延期药，近期研究工作在于原材料的细化加工和纳米添加物对基础配方的改性。用 90nm 的钨粉代替微米级钨粉，延期药的燃速将提高上百倍，且钨粉质量分数即使小到 15%，仍能可靠点火传火，延期时间精度也有所提高。对于钨系延期药，添加纳米材料会对燃速有较大的影响。已有研究报道的纳米添加物有 Fe_2O_3、CuO、碳纳米管等。得到的结果是：纳米氧化铜、纳米氧化铁的加入，会使延期药的燃速下降，在一定的量以内，燃速的下降更明显；而碳纳米管的加入则会明显提高延期药的燃速，同时能够改善钨系延期药的点火可靠性。

（二）烟火药剂设计与制备新技术

1. 光电对抗类烟火药

（1）红外诱饵剂

以镁粉 / 聚四氟乙烯 / 氟橡胶（MTV、Mg/Teflon/Viton）配方结构为基础的红外点源诱饵剂具有高达 3500℃的燃烧温度，而挂载平台温度通常不超过 800℃，炙热点源与光谱不匹配的缺点，容易被新式制导系统所识别。针对该问题，我国也以离散燃烧单元为基础，开发了多种低燃温面源型红外诱饵药剂，如自燃型诱饵剂和引燃型诱饵剂。另外，以安息香酸型药剂为基础替换 MTV 型药剂，可以满足降低紫外辐射、环保型诱饵剂的设计需求。

1）自燃型低燃温诱饵剂。

自燃型低燃温诱饵剂技术采用了一种新型含能材料——以超细金属为主的表面多孔合金材料，通过溶胶—凝胶或超细加工等手段制备，使用前密封包装，投放到空气中时能够借助空气中的氧发生氧化反应，且在短时间内燃烧温度达到 800℃以上。合金中掺入铝、钛、锆等高热值材料时，不仅可以有效提高反应放出的热量，同时容易在 1 ~ 3μm、3 ~ 5μm 和 8 ~ 14μm 3 个波段与挂载平台辐射特征相似。目前我国在自燃温度控制、安全使用、低温燃烧、波谱匹配性等方面取得了良好效果。试验结果表明：自燃型诱饵剂燃烧时可实现与平台相似的光谱辐射特征，大面积布撒时，引燃率可达 100%，燃烧温度低于 1000℃，对探测系统具有明显干扰效果。

2）低燃温反应薄膜。

以 Mg/PTFE 作为主要成分制成的燃烧反应薄膜，燃烧不稳定且易断燃。研究以超细 P 和 CuO 组成的高能添加剂作为界面间材料，可以有效改善 Mg/PTFE 为主要成分的燃烧反应薄膜性能，燃烧稳定且红外辐射强度高。研究表明：对于质量为 0.55g 的燃烧反应薄膜，长宽尺寸为 0.8cm × 18cm，厚度仅为 0.03cm，平均燃烧温度能够控制在 700 ~ 900℃，最高辐射强度可达 2.5w/Sr，燃烧时间 2 ~ 3s。如图 15 所示。

图 15　低燃温反应薄膜

通过配方和制造工艺的改变可实现低燃温反应薄膜的薄厚、长短、柔韧性、抗拉伸强度、刚度等性能的控制，以适应不同军兵种的干扰时间、漂浮性能、动态特征等军事需求。

3）安息香酸型红外诱饵剂。

以平均粒径为 70μm 的苯甲酸钾作为可燃剂，平均粒径为 70μm 高氯酸钾作为氧化剂，外加少量功能添加剂，利用 5% 的黑索今作为黏合剂配成安息香酸型红外诱饵剂。取安息香酸型红外诱饵剂约 18g，压制成直径为 2.6cm 的药柱。测试结果显示：在 1 ~ 3μm 波段最大辐射强度可达 66.7w/Sr，持续燃烧时间为 16 ~ 18s。与传统的 MTV 诱饵相比辐射强度有所减弱，但燃烧温度低，没有氟化物产生，燃烧产物与液体发动机产物更加接近，该配方设计的优点是燃烧产物具有良好的环保性能，且紫外辐射低。

（2）宽频谱烟幕剂

大量实验已表明，常规发烟剂对于工作波段扩展后的光电器材和制导武器基本不起遮蔽作用。因之，各国军方要求发展从可见光（0.4 ~ 0.76μm）到近红外（1 ~ 3μm）、中红外（3 ~ 5μm）、远红外（8 ~ 14μm）直至毫米波（1 ~ 10mm）的所谓“多频谱”遮蔽烟幕。除了基于赤磷、HC 型常规发烟剂配方改性，也采用了诸如富碳化合物、可膨胀石墨、碳纤维等功能添加剂，发烟剂与这些功能添加剂相辅相成，实现红外波段乃至毫米波波段的遮蔽与干扰。

1）燃烧型抗红外发烟剂。

富碳化合物在燃烧过程中聚碳生成絮状粒子，在红外波段具有消光性能，是目前我国燃烧型红外发烟剂配方设计的主要技术途径。燃烧型红外发烟剂配方设计通常是在HC型配方结构基础上，通过添加富碳化合物，控制燃烧反应温度不超过1100℃，以避免聚碳氧化生成CO和CO_2，这是配方优化与装药设计的关键。典型配方有富碳化合物芴与氯化石蜡作为成烟物，添加镁粉作为可燃剂。室内条件下，当质量浓度在1.5 ~ 2.0g/m^{3}时，扣除因镁粉燃烧产生的强红外辐射因素影响，平均透过率在3 ~ 5μm波段可小于5%，在8 ~ 14μm波段小于10%。

2）燃烧型抗毫米波发烟剂。

在烟火药燃烧时释放的能量作用下，可膨胀石墨迅速膨胀成蠕虫状燃烧产物，形成的烟幕在毫米波波段具有明显的衰减效果，这是目前我国燃烧型抗毫米波发烟剂配方设计的主要技术途径。其配方设计分为两部分：一部分为烟火药配方设计，除了用于形成可见光和红外波段的遮蔽烟幕外，还要考虑可膨胀石墨膨胀所需的能量；另一部分为提高膨胀倍率和毫米波衰减性能的石墨插层材料及其处理工艺。典型配方为：可膨胀石墨占55% ~ 60%，含能烟火药配方占40% ~ 45%。其中含能烟火药的组成（质量分数）：$KClO_4$或NH_4ClO_4，30% ~ 50%；镁粉，20% ~ 40%；双基火药，4% ~ 16%；Al_2O_3，2% ~ 4%。以该配方结构设计的燃烧型抗毫米波发烟剂，外场条件下在3mm、8mm波段单程衰减率可达70%。

3）爆炸型抗红外发烟剂。

我国在爆炸型抗红外发烟剂研究方面主要采用了三种方案：一是在原有赤磷基或HC型烟幕配方基础上加入红外活性剂，利用中心燃爆管装药快速引燃成烟；二是采用预制冷烟材料如铜粉或石墨粉等，利用赤磷基快速成烟配方，以爆炸扩散方式携带冷烟材料扩散；三是直接利用雷管与导爆索组合，通过燃爆分散烟幕材料。第二、第三种方案设计思路简单，工艺复杂。第一种方案配方设计复杂，典型的配方结构为：赤磷＋氧化剂＋可燃剂＋红外活性物质＋黏合剂。在温湿度适宜的条件下，在3 ~ 5μm和8 ~ 12μm波段透过率可低于20% ~ 30%。但是赤磷烟幕通常会产生超过50%的燃烧产物结块落在地面上，经常引燃地面的易燃物，形成火灾。由于决定烟幕红外遮蔽性能的主要因素之一是烟幕云团中粒子的有效粒度分布，因此，避免赤磷发烟剂结块形成垂帘烟幕，是提高其红外遮蔽性能的关键设计。在配方中外加弱质炸药提高爆炸的粉碎性能，可以在一定程度上减少发烟剂结块落地现象，同时也提高了烟幕云团中的较大颗粒粒子数量，进而提高红外遮蔽性能。对于装药量为0.4kg的烟幕弹，爆炸后形成的烟幕在可见光波段遮蔽率达到95%时，有效干扰面积可以超过100m^2；在3 ~ 5μm和8 ~ 12μm波段遮蔽率达到80%时，遮蔽面积可以超过70m^2，图16、图17为8发平行试验结果（遮蔽率大于80%部分的面积）。

4）爆炸型抗毫米波发烟剂。

除了使用碳纤维和箔条通过爆炸扩散快速形成抗毫米波遮蔽烟幕外，我国还采用了可膨胀石墨作为爆炸型抗毫米波发烟剂。可膨胀石墨快速膨胀过程是强吸热过程，这就需要配方中含有高能烟火药瞬时提供足够的能量，使其膨化完全。目前，爆炸型抗毫米波发烟剂中可膨胀石墨与高能烟火药的最佳质量分数比约为55∶45，实验室条件下测试衰减分贝数达到15 ~ 18dB。组分中高能烟火药的配方主要是氯酸钾和镁粉，或者是高氯酸钾与镁

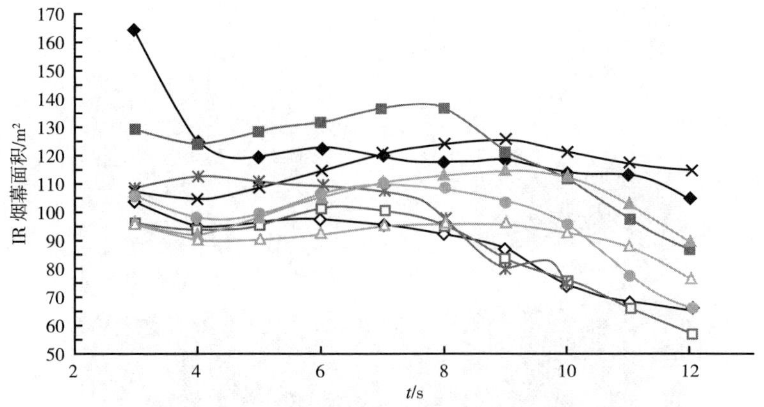

图 16　3 ~ 5μm 抗红外烟幕面积变化曲线

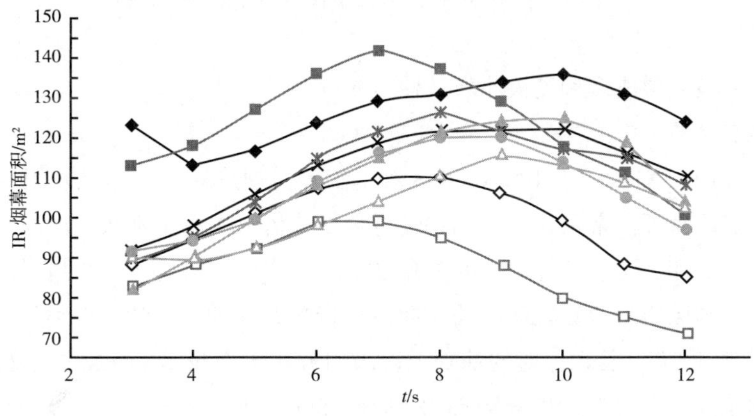

图 17　8 ~ 12μm 抗红外烟幕面积变化曲线

粉，在外加少量黑火药的条件下可以实现可膨胀石墨的完全膨胀，并且能够保障可膨胀石墨不被烧蚀。

（3）强光辐射迷盲干扰剂

强光辐射迷盲干扰剂是一种使敌前沿战场的光电器材致盲、失灵、光敏元件溢出直至烧毁的强光辐射烟火药剂。我国近期完成了多个波段的配方研制，在配方设计中，分别以高氯酸钾、硝酸钠、硝酸钡、硝酸钾作为氧化剂，以镁粉、铝粉、镁铝合金粉作为可燃剂的二元配方优化，得出高氯酸钾和铝粉组成的二元体系在可见光、近红外波段辐射能量最高。以高氯酸钾、铝粉和酚醛树脂组成的三元体系配方，80g 装药量的强光辐射弹在可见光波段的发光强度可达辐射强度 5.0×10^7cd 以上，近红外波段达 2.1×10^4w/Sr 以上。图 18 为强光迷盲剂点燃瞬间。

2. 新型黑火药

传统黑火药能量低、输出不稳定，产物腐蚀性强、污染环境以及易潮解失效、静电安全性差等固有缺陷已成为其性能提升和安全、环保的瓶颈。经过几年潜心研究，已在某些

图 18 迫弹强光致盲干扰弹闪光效应

技术环节获得突破，形成多种黑火药新品种。

（1）高能黑火药

利用 SEM/EDS、XPS、FT-IR、GC/MS 对木炭的微观形貌、表面微区组成、主要元素化学环境、官能团特征、最可几化学结构进行全面分析，揭示出木炭是由高碳量烷烃、稠环类酸、醇、酮、酯、醚、酚等组成的多孔复杂混合体系（图 19）。通过对元素质量分数、吸湿性、发火点与碳质量分数之间的关系曲线进行多参数耦合设计，得到其最优化学计量式为 $C_{12}H_4O_2$。在传统一段式干馏的基础上，采用分段干馏技术，保证了木炭最佳的孔结构分布、化学组成和发火点，灰分从 7.0% 降到 1.5% 以下。

通过专门开发的人工神经网络预测法，对 $KNO_3/C_{12}H_4O_2/S$ 体系的配比、做功能力、燃烧温度进行了优化，得到了高能黑火药配方。为提高药剂颗粒的密度和力学性能的一致性，在传统黑火药制造技术的基础上，采用程序加压技术，以消除药粒界面间的微气泡，药剂颗粒密度达到 95% 的理论密度；采用高温流化成型技术，实现药剂组分的均匀分布。与传统黑火药在密闭条件下能量对比试验得到，高能黑火药燃烧最大压力升高 24%，最大压力的上升时间缩短 51%，做功能力提高近 30%。

（2）无硫黑火药

硫在黑火药中起着助燃和黏结双重作用，无硫的硝酸钾 / 木炭二元体系药粒密度低，疏松易碎，做功能力低。根据氮、碳多相氧化反应机理及硫反应特征，设计与硫相变温度和力学性能相近的硝化棉 / 微晶蜡复合黏结剂，并且优选特定氮含量硝化棉为基，添加适量低熔点微晶蜡组成的低共熔体系，成功替代硫的助燃、黏结作用，同时提高药剂的力学性能和工艺性能。通过组成结构设计，确定最佳复合黏结剂质量分数，保证三元无硫黑火药的力学性能优良，输出能量高，燃烧产物中没有氮氧化物，实现了燃烧产物的无腐蚀释放。

（3）无木炭黑火药

根据木炭化学结构及成分表征，以及对芳香类稠环和多羟基酚类化合物进行对比研究表明，以具有非对称电子云结构的对硝基苯酚代替木炭制成药剂，其火焰感度及燃烧速度

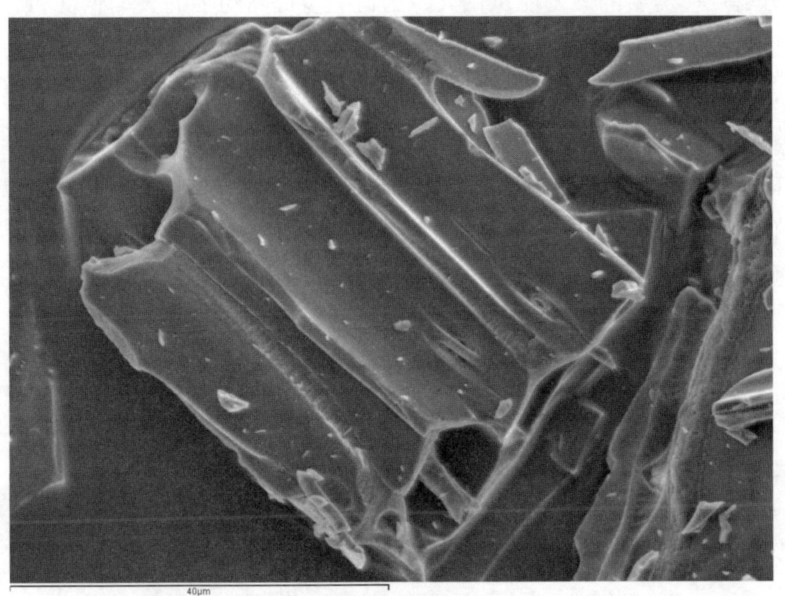

木炭的微观形貌

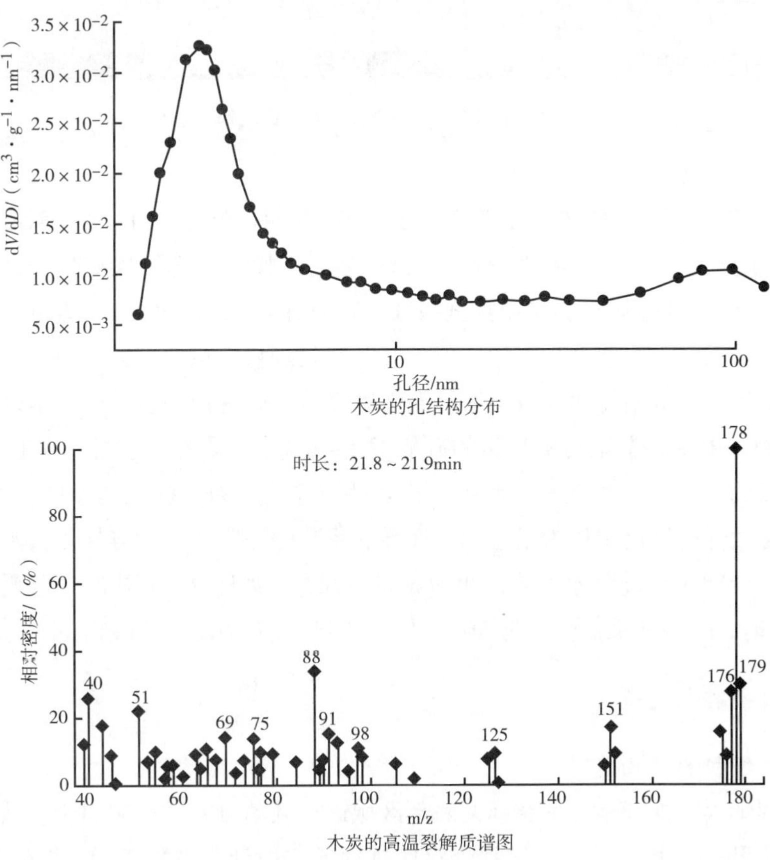

木炭的孔结构分布

木炭的高温裂解质谱图

图 19　木炭的组成、结构表征图

明显改善。由于对硝基苯酚分子中存在活泼的羟基，体系中极性分子间氢键和范德华作用力强，发生分解反应需要的激发能量偏大，为进一步提高药剂的火焰感度和燃烧速度，将对硝基苯酚进行去羟基敏化处理，以中和分子中羟基，有效降低其发火点。为确保药剂的长贮安定性，不宜引入非同类离子，因而选择氢氧化钾为敏化剂。

为从物理结构上替代天然木炭的微孔特性，以 CNTs（碳纳米管）为模板，按照与传统黑火药孔隙率等量的原则，运用结晶学原理，从晶核形成、晶体生长热动力学机理等方面，获得了硝酸钾在碳纳米管上的成核、生长机理，采用过饱和溶液结晶法和中和反应法，实现了硝酸钾纳米粒子微观结构的有序化和多孔化，如图 20，从而提高了用该材料制成的无木炭黑火药在高装填密度下的燃烧稳定性和传火可靠性。

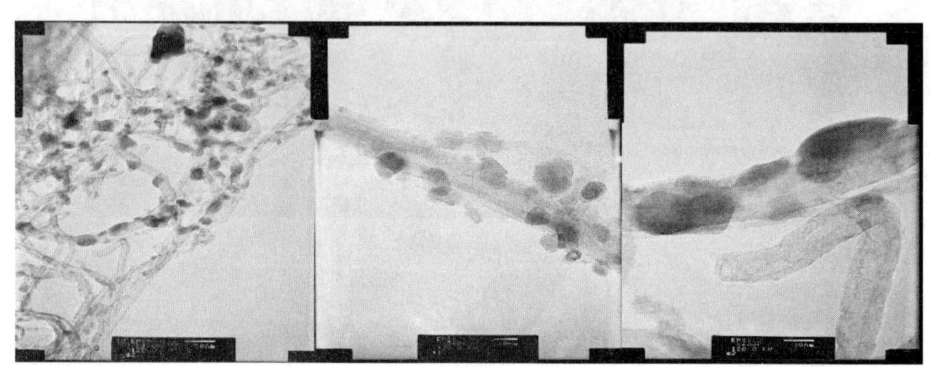

图 20　碳纳米管模板负载硝酸钾粒子

（4）防潮黑火药

通过传统黑火药吸湿机理研究，发现硝酸钾 / 木炭通过范德华力、毛细管凝聚或分子间氢键与空气中的水分结合，当水分含量较大或放置时间长时，硝酸钾溶解在吸附的水分中，并随流动相迁徙到药剂表面，破坏了药剂微区的氧平衡，导致输出能量不稳定，甚至失效。

由于传统黑火药火焰感度高，用一般的水蒸气阻隔材料包覆后，火焰感度均呈下降趋势，而且高温软化、低温脆化导致界面结合强度降低。研究得到改性硅脂是以聚硅氧烷为主体的膏状物，由于化学结构中特殊的硅氧键（-Si-O-Si-）结构，兼有无机材料与有机材料的性质，耐高低温、耐气候、憎水、化学性质稳定。为了提高其导热性和火焰感度，加入微量吸湿性低的氧化物作为增感剂，经导热系数的测定及多配方优化，确定了复合包覆剂配方。结合加压旋转包覆工艺，加固界面结合力，如图 21 和图 22。包覆剂质量分数为 4% ~ 6% 时，体系的吸湿性降低 50% 以上，同时火焰感度不受影响。

3. 特种弹药类烟火药

（1）弹丸增程烟火底排剂

弹丸增程烟火底排剂是一种在弹丸底部区域进行低动量的“添质加能”燃烧排气而减阻增程的烟火药剂。我国对弹丸增程烟火底排剂配方设计、减阻机理、燃烧产物参数的数学模型、高速旋转和振动条件下的燃烧稳定性实验进行了深入研究。分别以转速为

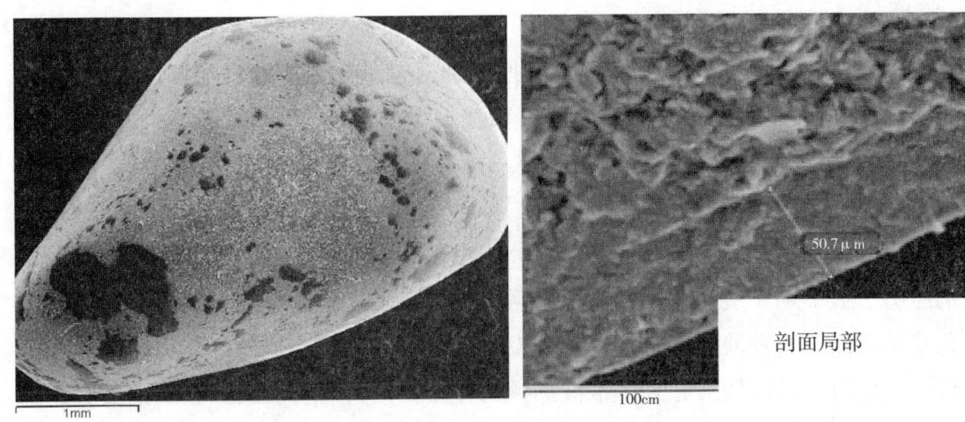

图 21　防潮黑火药颗粒　　　　　　　　　　图 22　防潮剂与黑火药界面

0r/min、3000r/min、6000r/min、9000r/min 为基础，对 $Sr(NO_3)_2$ 与 Mg 为主体的配方体系进行了燃气压力与燃烧时间的关系测试，利用中止实验对药柱强度和燃烧稳定性进行了研究。结果表明：在不改变火炮系统、发射装药和弹形结构前提下，$Sr(NO_3)_2$ 与 Mg 为主体的配方体系燃烧稳定，可使炮弹射程提高 30%。图 23 分别为转速 3000r/min、9000r/min 时燃气压力与时间关系曲线。

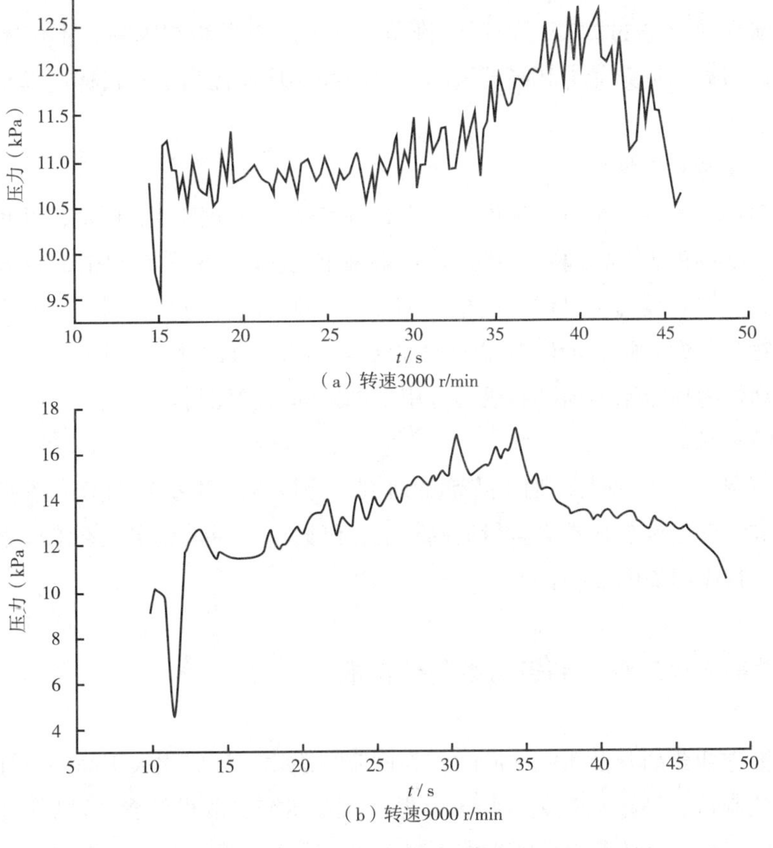

图 23　燃气压力与时间关系曲线

（2）红外照明剂

我国在美军 M–257 型 70mm 航空火箭红外照明弹研究基础上，通过配方设计与实验，以可见光照明剂配方镁粉 + 硝酸盐（硝酸钠或硝酸钾）配方体系为基础，通过添加硅、聚四氟乙烯等附加材料，开发了 A 型红外照明剂，经实际应用可使某夜视仪对吉普车视距提高 7 倍。

（3）燃烧剂

燃烧剂经历了最早用于引燃干草植被，之后能够可靠引燃弹药木箱，再后用于引燃战场油料（尤其是柴油）的发展过程，近些年开发了能够烧穿装甲车辆的高能燃烧剂。在这一发展过程中，材料科学的发展起到了推波助澜的作用，由自燃材料磷、金属钠发展到现代的燃烧剂，如储氢燃烧剂、稀土合金燃烧剂和准合金燃烧剂等。

由于现有的储氢材料密度小、在空气中易吸湿、表面粗糙等问题，严重影响了其完全取代金属作为燃烧剂（8% ~ 15%）在烟火药中的实际应用。针对该问题，中国科学院先制备了 MgNiB 基储氢合金，然后通过铝包覆 MgNiB 基储氢合金的方法制备了 MgNiB–Al 新型储氢合金。

另外，研究了稀土燃烧剂，含 Ce（45% ~ 50%）、La（22% ~ 25%）、Nd（18% ~ 20%）、Pr（5% ~ 7%）及少量其他金属元素的混合稀土合金的稀土燃烧剂，密度可达 6.25g/cm^3，呈金属特性，可将该稀土燃烧剂加工成试样，装填于 53 式 7.62mm 步枪子弹上。将稀土燃烧剂用于破甲弹，通过改变药形罩的锥角，增加稀土燃烧剂隔板，不仅能扩大破甲孔径，而且能提高火焰贯穿能力和高温流体持续时间，从而提高了对目标内部易燃物的纵火能力。

（4）超细赤磷基铝热剂

纳米铝粉加工困难，难以大量供应，而超细赤磷和氧化铜性能稳定，且在我国市场上供应量较大，CuO/P 基铝热剂研究在近几年得到重视。CuO/P 基铝热剂的点火性能与燃烧性能显示：其摩擦感度与常见起爆药极其相似；CuO/P 混合物经压制后能形成具有较好黏结力的片状物，其燃速随着赤磷含量的增加而呈线性上升。由于这些特殊性能，将 CuO/P 基这类铝热剂作为功能添加剂已经成功应用于诱饵剂、燃烧剂。

（5）声呐干扰剂

我国已开展了水下烟火声呐干扰剂的研究。当以 NH_4ClO_4–$K_2Cr_2O_7$– 添加剂为声呐干扰剂基础配方时，通过加入不同含量的高热剂，经国家水声重点实验室测试烟火声呐干扰剂水下燃烧的频谱图如图 24 所示。

（三）微纳米火工药剂制备与装药新技术

我国在推进新药剂开发研究的同时，为适应智能化、集成化火工品的设计结构，在气相沉积、原位制造、纳米自组装等技术上做了大量研究，取得了含能薄膜、内嵌复合物、多孔含能基材等反应性药剂组分，性能上显现出不同于常规药剂的优势特征。

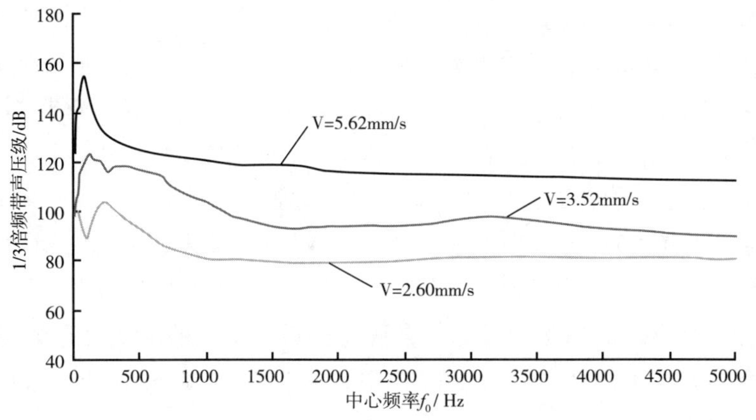

图 24　1/3 倍频程频带声压级谱图

1. 气相沉积技术

利用物理气相沉积装置，制备铝基含能纳米复合薄膜材料。其制备过程示意图如图 25。

在高真空条件下，对基片和靶材通以循环水冷却，使制备的复合薄膜始终保持在室温，获得较理想的 Al 膜和金属氧化物膜接触面。在既定溅射功率的条件下，程序控制旋转基片台可以高效地制备多层复合薄膜材料。由此已形成 3 种类型非线性电爆换能元：①含能复合薄膜与 SCB（半导体桥）集成的换能元；②含能复合薄膜与爆炸箔集成的换能元；③基于含能复合薄膜的介电式换能元。

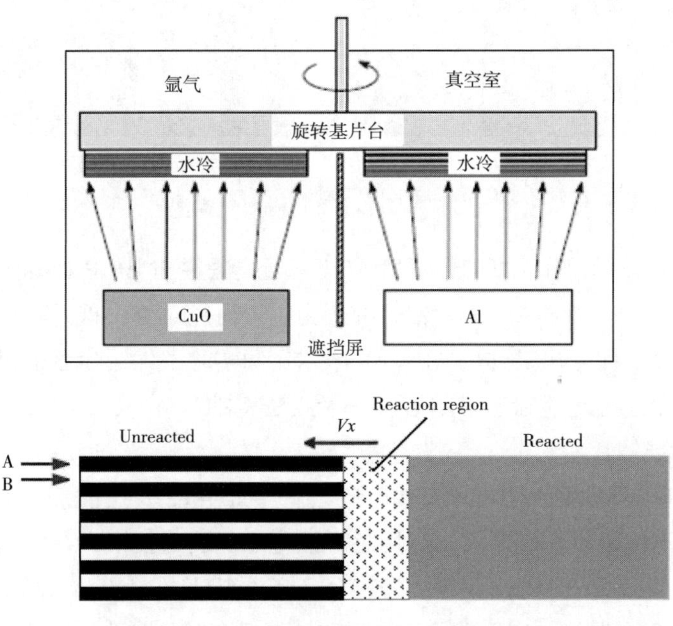

图 25　物理气相沉积制备铝基含能纳米复合薄膜材料示意图

使用 SEM、XRD、STM、DTA 和 DSC 等分析和表征方法，已经获得复合薄膜的最佳制作工艺和调制周期、反应热力学和动力学，建立了复合薄膜固相化学反应动力学模型。

铝基含能纳米复合薄膜材料在外界能量激励下可以发生自蔓延燃烧或电爆炸反应，释放出大量化学反应热，具有高能量释放效率和速率，理论能量密度可以达到 $23kJ/cm^3$，比目前能获得的单分子结构含能材料（如 TNT 等）的能量密度值高一倍。采用物理气相沉积的方法制备，具有微型化、集成化的特点，与 MEMS（微机电系统）有较好的相容性。因此，铝基含能纳米复合薄膜材料是研发新型火工品的重要基础材料。

目前，已研发的以铝基含能纳米复合薄膜材料为基础的非线性电爆换能元具有低功耗、高安全性、高可靠性、微型化和集成化等特点，在武器弹药领域具有广泛的应用前景。

2. 原位制备装药技术

（1）多孔硅内嵌技术

利用光助电化学刻蚀制备具有三维有序结构的多孔硅微通道，随后采用无电沉积的方法在孔道壁上均匀沉积一层金属镍，最后向孔道里面引入苦味酸，使得苦味酸与金属镍反应，生成苦味酸镍的含能薄膜。经测试发现，该含能薄膜具有较低的点火温度，较一致的结构。薄膜的结构如图 26 所示。

（a）

（b）

图 26　多孔硅薄膜材料示意图

利用 Si-MCP 微孔道作为骨架，采用溶胶—凝胶法在 Si-MCP 骨架微米级孔道中制备 MIC，具体做法是：以纳米 Al/Fe_2O_3 铝热剂作为主要研究对象，首先采用溶胶—凝胶法制备出纳米 Al/Fe_2O_3，探索出最佳的 Al/Fe_2O_3 摩尔比和实验条件，随后采用光辅助电化学方法制备出 Si-MCP，在此基础上采用溶胶—凝胶法将纳米 Al/Fe_2O_3 装填进 Si-MCP 微孔道当中最终形成含能芯片。

采用电化学双槽腐蚀法在 P 型单晶硅片表面生长多孔硅膜，可以制备厚度达 90 ~ 100μm 的不龟裂多孔硅厚膜。利用超声强化原位装药技术，在多孔硅膜中填充高氯酸铵或高氯酸钠制备多孔硅含能芯片。该多孔硅含能芯片在 450 ~ 470℃的热作用下，可在开放空间发生猛烈爆炸。高氯酸铵比高氯酸钠更适合制备多孔硅含能芯片。目前获得了

4×4 多孔硅原位装药含能芯片阵列，并测试了含能芯片的发火性能。可用于微纳含能器件的研究，为火工品微型化、信息化提供技术支撑。

（2）多孔铜原位制备装药技术

通过溶剂挥发法将高氯酸铵（AP）等氧化剂填入到多孔铜中制备了具有微纳结构的多孔铜含能复合薄膜材料，并采用同步热分析法分析多孔铜 / 高氯酸铵复合薄膜的反应过程。

典型的微—纳米双层结构，孔壁晶枝之间存有的缝隙与多孔铜薄层体系中的孔洞构成特殊孔—缝双层结构，这种双层结构特征拓展了多孔铜的使用范围，有望用于原位制备安全性高的微—纳米叠氮化铜；结合 MEMS 工艺，还可原位制备微纳结构的含能器件。

多孔铜原位制备装药技术也可利用其他板材料，如 PMMA 微球模板、聚乙二醇模板、AAO（阳极氧化铝）模板等模板剂生成纳米铜膜的前驱体，然后通过热化学的方法去除模板，并将氧化铜结构转换成金属铜，得到 0.1 ~ 1.0mm 厚度的多孔铜膜，再通过化学的方法，将这种多孔材料在“原位”转化成一种叠氮化物含能材料。避免了目前敏感起爆药的装药和压药的危险性，降低成本，为起爆系统微型化及自动装配工艺发展提供理论和技术基础。

（3）碳纳米管内嵌技术

基于碳纳米管的毛细管作用填充原理，已获得制备内嵌硝酸钾的碳纳米管复合含能材料的关键技术，掌握其微观结构和热学性能的基础数据，由此而构造一类新型电爆换能材料。该类材料既具有燃烧和爆炸性能，同时又具有优良的导电、导热和机械性能，因此能够成为一类新型的含能桥膜材料和 MEMS 集成含能材料。内嵌氧化剂的碳纳米管复合材料具有潜在的军事应用前景：可以用于 MEMS 火工品的电爆换能元，从而降低发火能量、提高输出的能量密度及增强能量释放的稳定性；还可以作为 MEMS 火工品的能量组件完成能量传递和做功。

（4）多孔镍原位制备装药技术

利用液—固相反应，遵循生成所需含能产物和气态产物的动力学平衡原理，在微米级多孔镍基材骨架上生成配合物起爆药，控制料液浓度、反应温度、反应时间等条件，能够使生成的药剂增重量最大达到 65%，在毫米级尺寸内实现弱爆轰，故而在微型火工机构中有望得到应用。目前已获得专利的原位药剂有硝酸肼镍、叠氮肼镍和高氯酸碳酰肼镍。

3. 分子间亚稳态火工药剂

这是一类以氧化性、还原性组分达到分子级别相互接触，大大缩小反应基团迁移距离，显著提高反应速度，促使反应进行完全，故而增强输出功率为特征的火工药剂，能用作高能点火药、复合起爆药等。

（1）氧化铜 / 铝

用模板法以氯化铜、氢氧化钠及 PEG-400 为原料，经研磨、超声、离心、煅烧工序得到氧化铜纳米球或纳米花；再以 P4VP 为界面修饰剂将纳米氧化铜与纳米铝粉链接形成自组装复合物。典型电镜图如图 27 所示。

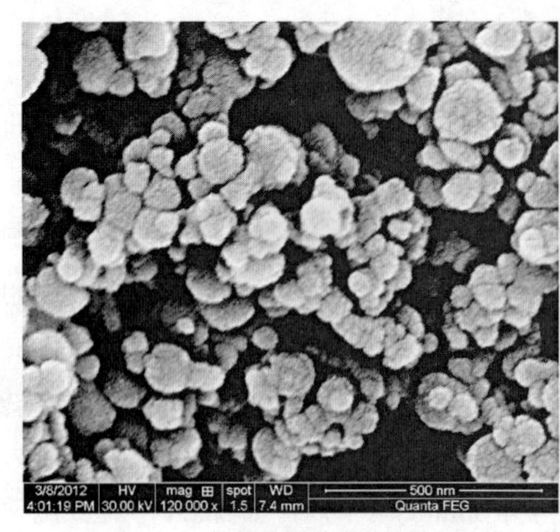

（a）氧化铜纳米花 / 铝

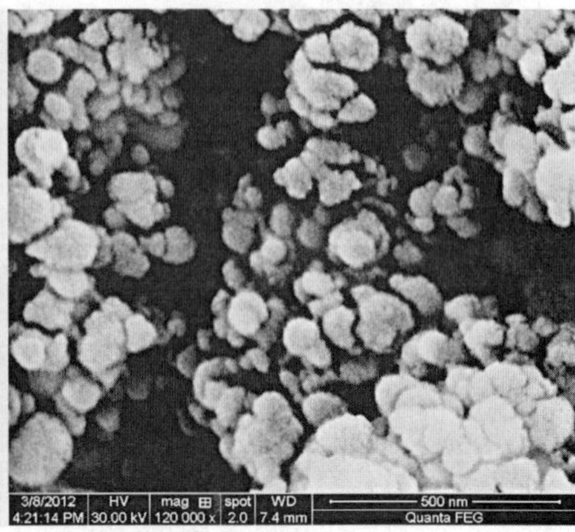

（b）氧化铜纳米球 / 铝

图 27　两种纳米氧化铜与纳米铝的自组装 SEM 图

在性能方面，自组装下氧化铜纳米花 / 铝的放热量为 1068.6J/g，而粉末混合下氧化铜纳米花 / 铝的放热量仅为 523.1J/g，相差一倍。组装的复合方式相对于粉末混合，增加了异相材料之间的有效接触，使得反应更加快速、彻底，放热量大幅度增加。

采用超声共混法和溶胶—凝胶法可制备出纯相的 Al/CuO 纳米铝热剂，所制得的 Al 和 CuO 的粒径均分别在 46nm 和 30nm 左右。其中，超声共混法是两组分简单地混合在一起，而溶胶—凝胶法制备的 Al/CuO 是以类似核壳结构的团聚球存在。当 Al 与 CuO 的摩尔比最佳为 4∶3，溶胶—凝胶法制备的 Al/CuO 纳米铝热剂放热量比超声共混法的大，反应更彻底。基于 Al/CuO 纳米铝热剂的含能油墨，采用喷墨打印装置成膜，其活化能约为 186.92kJ/mol，打印到半导体桥塞进行点火实验，具有可行性。

（2）氧化铁 / 铝

以 $FeCl_3 \cdot 6H_2O$、NaH_2PO_4 和 Na_2SO_4 为原料，利用水热法在 195℃下合成了氧化铁纳米环，形貌均匀，结晶更好。实验证实，磷酸根浓度、硫酸根浓度、反应液 pH、反应温度、反应时间等对氧化铁形貌产生很大影响，会出现囊形、管型或环形。在最佳试验条件下，可得到中空的 α-Fe_2O_3 纳米环。外径为 200 ~ 240nm，内径为 90 ~ 120nm，高度为 120 ~ 150nm。电镜图片如图 28 所示。

纳米环氧化铁与纳米铝粉自组装形成的铝热剂点火药，使得铝粉颗粒嵌入环的内部，形成亚稳态结构，因而具有放热量高（2039J/g）、燃速快、火焰长度大的特点，明显优于同尺寸原料的混合组分。如图 29 所示。

应用溶胶—凝胶法，引入 1, 2- 环氧丙烷作为 Fe（III）离子的水解促进剂，在温和、无毒的条件下，一步法实现纳米铝粉和无定形铁氧化物的复合，从而制备出 Fe_2O_3/Al 纳米复合铝热剂。表征得出，真空干燥得到的 Fe_2O_3 干凝胶粒子尺寸约 20nm，且为无定形结构，并与纳米 Al 粒子一起形成核—壳结构的 Fe_2O_3/Al 纳米级复合物，其点火和能量性能

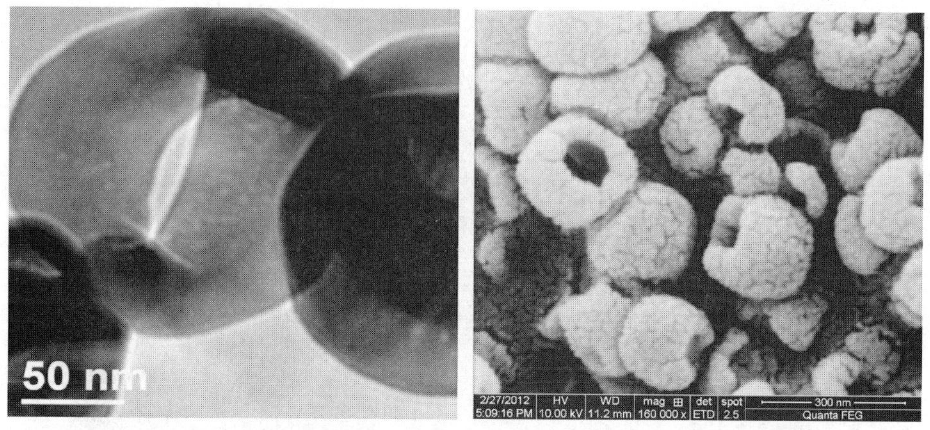

（a）TEM 扫描电子显微镜图　　（b）SEM 扫描电子显微镜图

图 28　氧化铁纳米环的透射电子显微镜照片

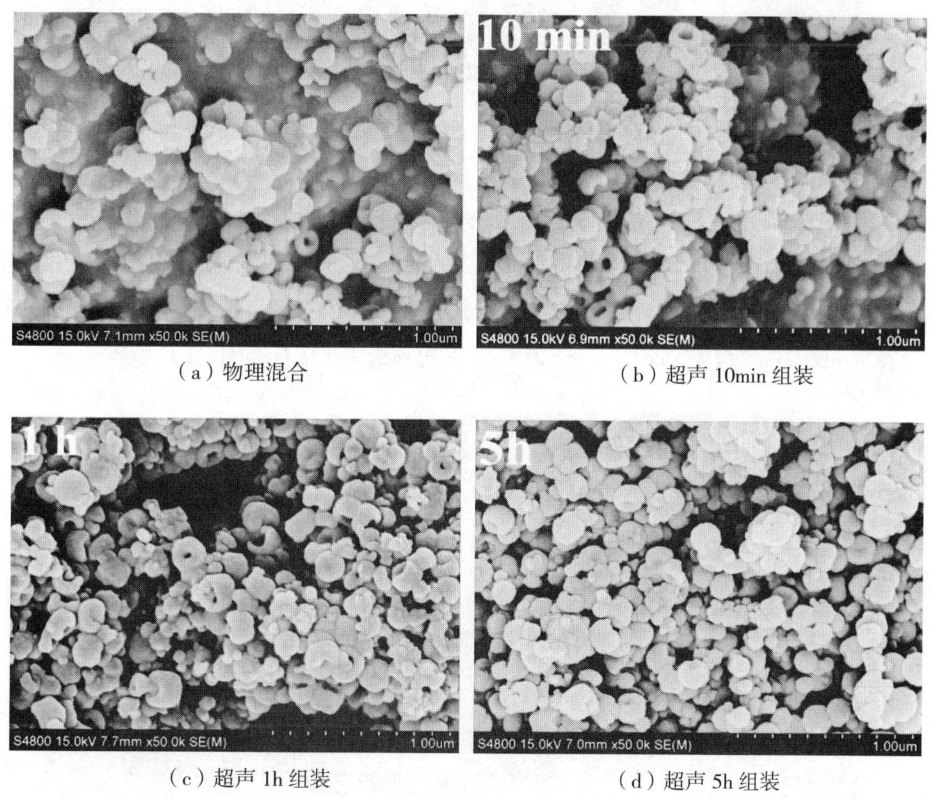

（a）物理混合　　（b）超声 10min 组装

（c）超声 1h 组装　　（d）超声 5h 组装

图 29　Fe_2O_3 纳米环与纳米铝超声组装的 FESEM 图

明显优于传统铝热剂。

近两年，试验了一种制备纳米铝热薄膜的新方法，即采用微胶球模板法制备三维有序多孔金属氧化物，然后通过磁控溅射在多孔金属氧化物骨架上沉积 Al，制备出多孔 Fe_2O_3/Al 纳米铝热薄膜。扫描电镜图片如图 30 所示。

DSC 测试结果表明，Al 与 Fe_2O_3 的摩尔比为 0.59 时，铝热剂的放热量最大，高达

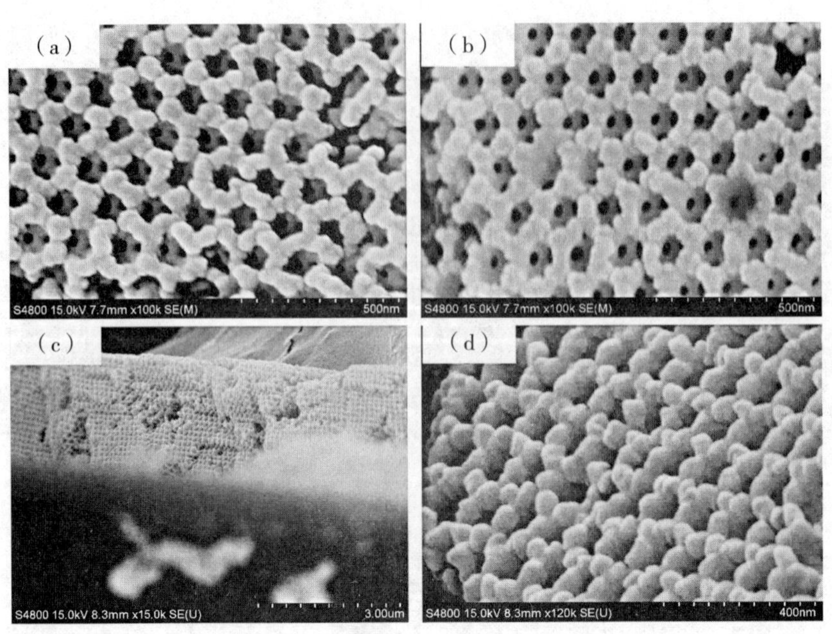

（a），（b）：SEM 表面图；（c），（d）：SEM 断面图

图 30　Fe_2O_3/Al 复合物（溅射 15minAl）

2831J/g。由于采用新方法制备的 Fe_2O_3/Al 复合材料杂质含量极少，且制得的多孔氧化物骨架能与铝膜在纳米级别紧密结合，空间一致性好，因此单位质量放热量比文献报道的都高。在镍铬桥丝的作用下，Fe_2O_3/Al 复合薄膜正常发火，发生自持反应，出现刺眼的明亮火焰，在此过程中伴有抛洒现象，整个发火时间超过 0.12s（见图 31）。

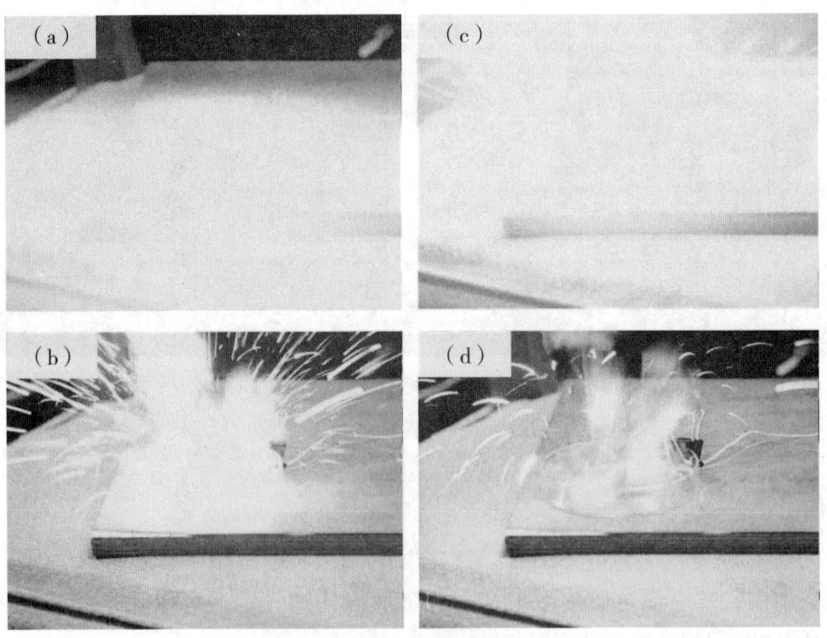

（a）0.00s；（b）0.04s；（c）0.08s；（d）0.12s

图 31　Fe_2O_3/Al 复合薄膜的发火照片

鉴于 Fe_2O_3/Al 复合薄膜具有高的能量输出、优良的发火性能及与 MEMS 兼容的制备工艺，预计其可作为一种理想的点火材料应用于微点火起爆等方面。

（四）传爆药设计制备与装药技术

1. 新型传爆药设计与制备

（1）窄脉冲传爆药

从冲击片雷管受主装药的需求出发，国内对高纯超细 HNS 进行了研究，突破了 HNS 的纯化工艺和制备工艺中的关键技术。细化后，HNS 的粒度可以达到纳米级，窄脉冲临界起爆能量为 0.12J，与国外报道的数值相当。然而随着武器起爆系统的小型化，HNS-IV 暴露出一些难以克服的问题，比如需要高的起爆电压、装药成型难以及输出能量低等问题。继而开展了冲击片雷管中替代 HNS-IV 装药的研究。目前研究较多的是 TATB、LLM-105 和 CL-20 炸药。采用喷雾干燥技术制备的 CL-20 基纳米复合粒子，CL-20 颗粒大小在 50nm 左右。用这种复合粒子制备成窄脉冲传爆药的起爆能量和 HNS-IV 相当，而且能量输出比 HNS-IV 更高，适用于低能爆炸箔起爆器装药。

（2）低临界传爆药

定向武器爆炸逻辑网络对小直径装药的性能提出了特定要求，即在小尺寸条件下，既要保证爆轰波能够稳定传播，实现所设计的功能，又要保证传爆药的安全性和起爆能力，低临界传爆药应运而生。这些年，国内对小尺寸爆炸网络用传爆药的配方设计进行了专项研究，已研制出 HTPB 为黏结剂，CL-20 为主体炸药的低临界传爆药配方，该传爆药的临界直径小于 0.6mm，爆速达到 8200m/s，且通过了 8 项安全性实验。此外，研发出以 DNTF、TNT 和 HMX 为配方组分熔铸型高能低敏感传爆药。该配方可在 1mm 的沟槽中传爆，在“一点输入四点输出”的同步性网络中，其同步性小于 100ns。近期，研究得到了 HMX/Viton 低临界传爆药配方，组分为：E 级 HMX，47.5%；超细 HMX，47.5%；Viton A，5%；增塑剂 32%（外加）。该配方在 1mm × 1mm 沟槽中爆速为 6959m/s，临界直径为 0.5mm。

（3）不敏感传爆药

不敏感传爆药主要以现有耐热钝感单质炸药为主要成分，加入一定量的其他组分制成新的混合炸药。国内研究最多的是 TATB 基不敏感传爆药，如聚黑苯（组分为 RDX、TATB 和氟橡胶）、聚奥苯（组分为 HMX、TATB 和氟橡胶）等。这几种传爆药都具有较低的机械感度和较高的冲击波感度，能够满足钝感传爆药的要求。与此同时，国内还研发了 LLM-105/EPDM 传爆药，该传爆药在升温速率为 1.5℃ /min 时，爆发点为 275℃，并通过 GJB2178A 9 项安全性试验，爆速达到 8038m/s 以上，耐高过载 7.8×10^4g。最近，国内的专门研究机构对 2,5- 二苦基 -1,3,4- 噁二唑（DPO）进行了研究，结果表明 DPO 是一种热安定性良好的炸药，基本理化性能和热性能与 HNS 相当。DPO 能够通过传爆药安全性鉴定试验，耐烤燃性能明显优于聚黑、聚奥类配方的传爆药。

（4）耐高过载传爆药

耐高过载传爆药主要应用于打击地面坚固防护掩体和地下深埋战略目标的侵彻武器中。它主要采用浇注装药技术，使之与耐过载主装药动态特性相匹配。国内主要研究的浇注型传爆药有 HTPB/HMX 传爆药和 HTPB/CL–20 传爆药。HTPB/CL–20 的配方为：HTPB 质量分数 10% ~ 12%，CL–20 质量分数 88% ~ 90%。当 HTPB 的质量分数 12% 时，该传爆药的特性落高 h_{50} 为 51.7cm，实测爆速为 8248m/s，接近其理论爆速 8320m/s。和传统压装传爆药相比，该传爆药的动态力学性能更佳。

2. 传爆药装药新方法

传统的压装工艺已经不能满足新型武器传爆药的装药要求。近些年国内研发出几种传爆药装药的新方法。

针对微型爆炸逻辑网络用传爆药，国内研发的新工艺比较多：

（1）采用精密压装装药技术对“一入四出”偏心式圆周线同步起爆网络进行了装药研究，可以使该同步起爆网络的爆轰波输出同步性小于 80ns。

（2）爆炸网络装药的浇注工艺，研制出了专门的装药设备和模具，可对 0.6mm × 0.6mm 的沟槽进行了装药。

（3）采用炸药油墨 – 丝网漏印装药技术，用炸药油墨和丝网在惰性衬底印模的凹道线路内逐条印制相同厚度的炸药路线，然后固化检验就可得到所设计的爆炸逻辑网络线路。

（4）挤注工艺和微注射工艺也是微型爆炸逻辑网络装药的重要途径，这两种工艺是通过液压或者气压装置将传爆药浆挤注和注射到微型沟槽中。

（5）熔铸和浇注工艺在传爆药装药成型方面也得到广泛研究。就是采用熔铸工艺制备 DNTF 基传爆药，并对微型爆炸网络沟槽进行了装药。为了使传爆药和浇注主装药具有相同的动态力学性能，采用浇注型传爆药，相应的传爆药制备工艺为浇注工艺，该工艺和浇注推进剂和浇注炸药的制备工艺类似。

（五）烟火药剂燃烧与设计新原理

近年来，根据光电对抗类烟火药剂更新换代与新概念烟火药剂的发展需求，借助于材料科学与燃烧诊断仪器设备的发展，国内在消化、吸收国外有关推进剂燃烧机理与模型的先进研究成果基础上，针对烟火药剂是由氧化剂、可燃剂、功能添加剂的配方结构特点，通过自主创新、发展，在烟火药剂燃烧机理研究与配方设计原理中取得了一定的成绩。

1. 基于正在燃烧质点效应的烟火药燃烧反应模型

烟火药剂通常是由几种粉剂型材料经过机械混合形成的多孔介质。大部分烟火药剂燃烧时没有一个层次分明的火焰结构，甚至没有可见火焰，如延期药，使基于推进剂建立的自由堆积燃烧反应模型、离散反应波等最新燃烧机理模型，难以在烟火药领域得到广泛应用。研究表明：由于材料的物理化学性质差别，粒子尺寸、黏结剂、造粒等因素影响，以及烟火药剧烈的燃烧反应，不能完全汽化的液—固粒子不仅在火焰中大量存在，而且在燃烧反应中起着关键作用，即传质、传热、燃烧反应是以正在反应的液—固粒子——正在燃烧质点为核心的。正在燃烧质点包含单质液—固粒子（如金属液滴），也包括由氧化剂和可燃剂组成的复合颗粒（如剧烈反应中的粒状黑火药）。烟火药燃烧辐射效率、点火能力、温度场等关键参数与正在燃烧质点在火焰中的分布有直接关系。围绕烟火药燃烧的正在燃烧质点效应，现在国内学者开展了烟火药燃烧基础理论与应用研究。

（1）强光烟火药剂燃烧质点运动轨迹模型及其提高效能研究

针对强光烟火药剂具有能量过于集中、持续时间短暂两个缺点，基于较大质量的正在燃烧质点，建立其运动轨迹模型，依据运动轨迹特点，压制一种尺寸较为合适的预制燃烧质点作为装药基本燃烧单元，达到了在不损失最大发光强度的条件下，使燃烧作用面积和作用时间同时得到增加。

（2）烟火药正在燃烧质点流场实验与数学模型

烟火药剂燃烧火焰流场及其火焰中正在燃烧质点对于点火能力、辐射等性能分析起着关键作用，然而由于烟火药燃烧时存在高温、高热、大量烟尘和强辐射，火焰流场的可视化问题亟待解决。基于高速摄影仪和粒子图像速度场仪测试设备（PIV），通过测试，建立了粒子追踪模型，结合气体火焰流场分析正在燃烧质点的三维空间分布，重构烟火药火焰流场，为烟火药剂燃烧火焰的流场可视化问题提供了预案。通过图形处理技术，可以追踪正在燃烧质点运动轨迹，以及速度矢量，进而深度分析流场与空间分布。

同时，基于粒子图像速度场仪测试设备（PIV）测试火焰流场，可以得到烟火药火焰流场剖面。

通过以上两套设备组合测试，建立了正在燃烧质点的运动轨迹模型，分析烟火药火焰的气体流场和正在燃烧质点流场分布。研究可对于烟火药的点火能力、辐射（可见光、红外波段）、烟幕粒子生成规律、燃烧剂破坏性等诸多性能研究起到理论指导意义。

（3）基于正在燃烧质点质量分布的烟火药火焰温度场估算数学模型

以正在燃烧质点质量分布为基础，按照量纲分析法建立了火焰温度场修正模型。通过高速摄影仪和傅里叶光谱仪，以及建立的火焰温度场数学模型，可以快速预估各时段烟火药火焰温度场。

空间任意一点（x，y）的温度 T（x，y）为

$$T(x, y)=\int_0^H P(y_2)\cdot\left(\frac{1}{2a\sqrt{\pi t}}\right)e^{-\frac{(y_2-y)^2+x^2}{4a^2t}}dy_2+T_0$$

式中：H 为燃烧粒子喷射的高度最大值，P（y_2）为粒子数量函数与轴向高度的函数关系，a 为热源扩散方程系数，T_0 为环境温度，t 为时间。实验首先需要利用光谱法测试出最大燃烧温度，根据边界条件即可取出视场各点温度；然后基于火焰温度场数学模型重构烟火药火焰温度场修正模型。

2. 烟火药剂配方优化—神经网络结合遗传算法

神经网络结合遗传算法最早用于推进剂配方设计优化，近几年开始被用于烟火药配方优化与性能预测。因为具有不用考虑具体的燃烧过程，数学模型简单，运算量小等优点，得到了广泛关注。其主要思路是：先使用神经网络进行烟火药剂配方性能的预测，然后利用遗传算法对神经网络的预测结果进行优化，从而找到使得烟火药剂性能最佳的配方。

（六）火工烟火药剂性能的理论预估

1. 起爆药感度的理论预估

近些年，国内在单质起爆药的合成、性能预测方面，通过量子化学方法、分子模拟方法等先进的理论方法，实现了分子结构的设计、性质和性能预测，以此建立测试性能与分子性质之间的关联，从而能有效地指导新型单质起爆药的设计和制备。

通过单质含能材料组分的量子化学参量、预测其性质 / 性能的神经网络法和非线性模拟法，对 5s 爆发点、撞击感度和摩擦感度的模拟误差处于 10% 以内，因而显出实用意义。通过对含能材料的 DSC 分析获得外推起始分解温度 T_{e0}、分解峰顶温度 T_p、分解过程的活化能 E、分解过程的指前因子 A、分解过程的热效应 ΔH、相关组分的混合比例 X，就可以预估出混合型含能材料的 5s 爆发点、感度值、摩擦感度值，预估误差也小于 10%。

2. 单质起爆药爆速的理论预估

对于配合物起爆药的爆速计算，较成熟的算法是带外界阴离子氧化基团的通用方法——叠加法。配合物起爆药中的金属阳离子和结晶水属于惰性成分，不参与基本的爆炸反应，所以计算这类化合物爆速应进行修正。把化合物的分子分为“活化”部分和惰性成分（金属阳离子、结晶水），首先按化学键和基团贡献法计算“活化”部分的爆速，其次计算惰性成分对爆速的影响值。用此方法计算了高氯酸氨络钴类物质的爆速，平均计算误差 ±140m/s。这种方法可以用来计算任意液体或固体有机、配合物的爆速，是一种很好的用于计算配合物爆速的方法。我们用来计算 CP、BNCP、CDAT、C1M5AT、NHN、NHA 等一系列起爆药的爆速，取得接近真值的理论爆速值。

3. 火工药剂贮存寿命的理论预估

通过对火工药剂热安定性（5s 爆发点、DSC、DVST）和加速老化试验等性能参数试验以及组分间关系的分析研究，建立起热安定性和贮存寿命的数学模型，并将所建模型程序化，形成火工药剂的仿真设计系统的热安定性和贮存寿命的预估模块，实现对热安定性和贮存寿命等性能的准确预估。

4. 烟火药剂材料粒度与点火温度关系分析

外推点火温度是指差热曲线的第一个强放热峰（对应的差重曲线 TG 一般有明显的失重，GJB5382.11–2005），该放热峰的外推起始温度就是所测试样品的点火温度。依据这种判断法则，外推点火温度是烟火药自发反应与剧烈放热反应的曲线拐点，最新研究表明该拐点处在一个较大的震荡点上，不便于分析点火温度与材料比表面积的关系，如图 32 所示。采用数学的曲线拐点判断法，利用差热分析仪判断自发反应的初始反应温度，与外推点火温度处在不稳定的波动点相比，初始反应温度具有平稳的起点。

从图 32 可以看出，5 组平行试验的起始反应温度 T_s 几乎都在 570℃，而外推点火温度 T_e 有较大的取值范围。

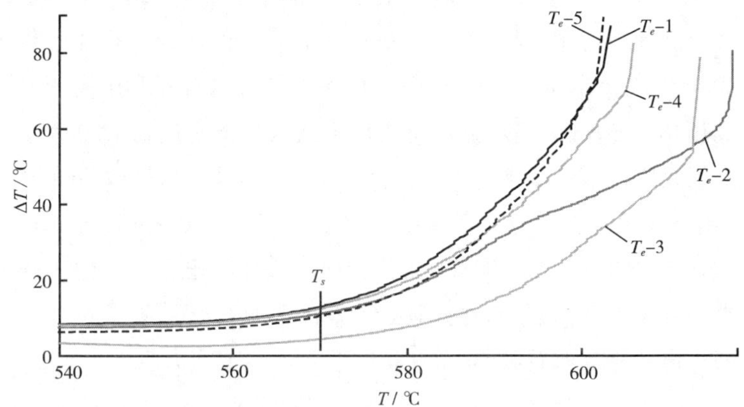

图 32　400 目镁粉与硝酸钾的 5 组平行差热试验曲线（取 540 ~ 620℃段）

以起始反应温度和材料比表面积为参考量，研究利用 5 种比表面积的镁粉与 3 种纯度较高的氧化剂（硝酸钾、高氯酸钾、硝酸锶）进行点火温度分析，研究显示随着比表面积的增大，初始反应温度呈现规律性下降趋势。如图 33 所示。

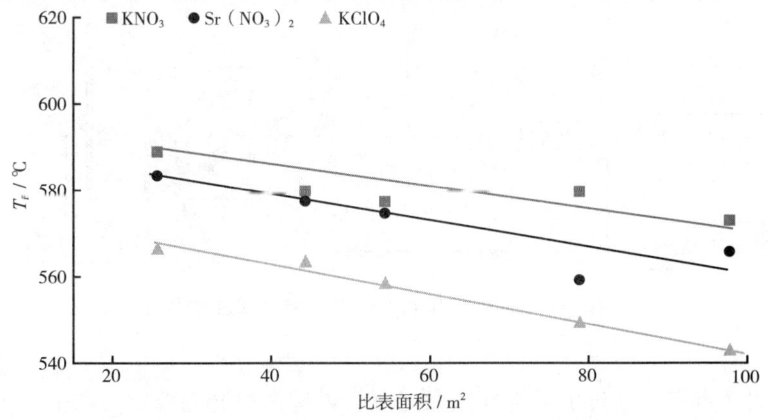

图 33　3 种氧化剂与不同比表面积的镁粉组成的烟火药初始反应温度变化关系

（七）火工烟火药剂性能测试与试验新技术

随着新型换能元的应用以及火工品、烟火装置使用环境的日趋苛刻，需要对所装火工药剂进行性能的严格考核与测试，近年来便有针对性地开展了相关方法的研究，初步形成了规范统一的可执行方法与规程，经进一步实践验证便能达到标准化水平。

1. 火工药剂感度测试新技术

（1）火工药剂高压静电感度测试技术

火工药剂高压静电感度测试技术的基本原理是，用一个充电到一定电压的电容器，经过一定阻值的电阻对被测样品进行放电，根据样品发火与否，调整电容器的容量或电容器两端电压来增大或减小静电刺激能量，获取样品发火的敏感度数据。静电火花感度测试仪主要由三部分组成：高压发生器、真空开关（装有电容器和电阻）和发火箱。高压发生器产生的高压达 ±50kV，电压显示全为数字式，分辨率达到 1/20000，最小读数达到 0.01kV，能显示正或负，不用调零，不会受环境如空气流动的影响，即便电流电压变化很大（10%），输出电压最大变化也小于 1%。不同容量的三个电容器耐压均达到 50kV，电容值分别为 0.22μF、0.01μF 和 500pF。能耐 50kV 高压的电阻，阻值 100kΩ，可串联于放电回路中。真空开关为美国原产，耐高压 55kV，更加安全可靠。

（2）火工药剂激光感度测试技术

火工药剂激光感度测试技术是测定火工药剂在激光能量刺激下，引燃引爆的难易程度和响应时间，其结果用于评定火工药剂在各种条件下对激光作用的敏感度，用于火工药剂激光感度机理及其影响因数的分析。基本原理（如图 34）是：根据药剂性能，选择一定波长、功率的激光器。激光器产生的激光通过能量、时间、光斑的测量调整和记录后，直接照射到发火元件上，引起药剂的化学反应，观察发火元件是否发火。用光敏传感器、示波器记录激光发射时间、药剂发火光信号。根据当次试验目的，选择性读取激光能量密度、功率密度、药剂作用延迟时间。用数理统计方法处理数据，评判药剂的激光感度。

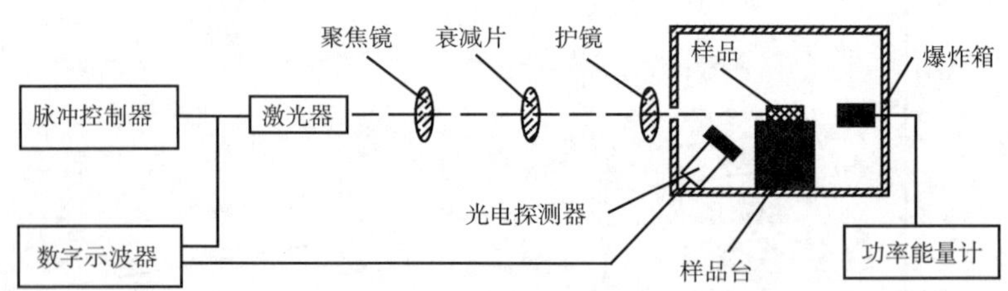

图 34　火工药剂激光感度测试装置示意图

测试方法特点有：通过更换半导体激光器，可选择激光的波长与功率；半导体激光束直接作用于发火元件；激光聚焦系统使光斑可调；设计了两类专用的发火元件；可检测激光、发火元件的作用过程曲线。

（3）火工药剂等离子体感度技术

针对半导体桥换能元的电容放电（CDU）点火特性进行感度测试。用多通道存储示波器对 CDU 放电点火电路进行电压、电流的全程检测。设置中以合理的电压值为触发电平，而并联在半导体桥两端的电压探头，能够实时地给出电压—时间（U–t）曲线；电流—时间（I–t）曲线可以由感应式电流探头，经仪器的自主积分而获得，也可以通过串接标准电阻（小于 1mΩ），经示波器精确记录出来。在所得到的 U–t 和 I–t 曲线上，由电流起始值扫电流峰值之间的电流与电压乘积，再在时间区域内积分而得到作用于半导体桥的实际能量。按标准试验程序，如 D– 最优法或升—降法，即可获得发火能量 E_{50}，作为等离子体感度特性参数。

（4）火工药剂动态真空安定性测试方法（DVST）

采用动态真空安定性实验方法（DVST）连续记录在真空加热条件下火工药剂热分解过程中的实时温度值和压力值。玻璃定容测试管净容积约 35ml，程序控温加热炉量程为 25 ~ 300℃，控温精度为 0.1℃；极限真空度为 6.7×10^{-2}Pa。该方法实现了测试全过程的自动监测，是一种可以实时在线、连续直接的动态测试方法，为研究火工药剂的热分解动力学、评价其长储安定性和使用可靠性，提供更加准确、有效的数据。

2. 火工药剂能量测试新技术

微推力测试方法是基于单摆原理的微推力测试系统样机，辅以配套的数据处理程序，能够测得 0 ~ 10mN 的阵列装药和微推冲器推力，最小可测推力值为 0.01mN，测试精度 5%，系统响应时间 3.5μs。

PDV 多普勒干涉测速系统，理论最大速度测量值可达 10000m/s，验证样品测得飞片速度为 5328m/s，实测结果最大相对误差 2.95%，是一种能够取代 VISAR 和 Fabry–Perot、满足微尺度测量、测量精度高、测试范围宽和经济的新型非接触测试技术，十分适合爆炸物理、冲击波物理和高速运动物体的研究。已成功用于 EFI 冲击片起爆器的飞片速度测试，解决了目前飞片速度测试存在的技术难点，为爆炸箔冲击片起爆器的优化设计、微型化信息化火工品的发展提供技术支撑。

3. 火工药剂装药抛撒力学环境安全性试验方法

火工药剂装药受火药与炸药抛撒环境的作用，试验方法是模拟子母弹抛撒过程中，子弹内火工品及装药承受高过载模拟环境，测试结果用于火工药剂冲击过载下损伤失效特征、抗过载临界能力及安全性评估。火药抛撒测试原理是利用火药燃烧产生瞬态达到预定值时，剪切板破坏，使子弹抛出，对样品产生瞬态冲击，采集加载压力和加载时间参数进行性能评估。测试装置指标：加载压力大于 200MPa，加载时间大于 5ms。炸药抛撒测试基本原理是利用炸药爆轰产生瞬态高压达到一定值，中心管从预制槽破裂，挤压固定片，推动子弹，冲破外壳，使子弹抛出，对装在子弹内样品产生瞬态冲击。采集中心爆管起爆端和输出端的压力曲线，通过分析两组压力曲线数据，获取抛撒压力和加载时间参数进行性能评估。测试装置达到测试指标：加载压力大于 5000MPa，加载时间大于 50μs。

4. 烟火药火焰流场测试新方法

高温、强光、炙烟等因素是困扰烟火药燃烧火焰流场测试难题之一。基于粒子图像速度场仪测试设备（PIV），利用脉冲激光器（532nm）、导光臂、片光源镜头组形成片光。专用跨帧 CCD 相机取像中心轴线与片光平面垂直，烟火药火焰喷射中心轴线在片光平面上，可以保证 CCD 相机拍摄的图像是火焰的中心剖面结构。CCD 相机镜头上安装专用滤光片，以保证只接收从脉冲激光器放射出来的 532nm 波长散射光线，既避免了受到烟火药燃烧火焰强光影响，也滤掉了炙烟在测试光路上的扰动，同时，这种间接测量法不受火焰高温影响。依据 PIV 配件的定标板为测试流场尺寸定标，这样可以得到烟火药燃烧二维火焰流场。当使用两个专用跨帧 CCD 相机取像时，可以得到三维烟火药火焰流场。该新方法用于烟火药流场测试的关键：一是示踪粒子的合理使用；二是专用滤光片；三是数据处理软件。

近几年，由于高速 PIV 设备的开发，不仅可以测试烟火药瞬时火焰流场，随着配套软件的升级，还可以对流场中较大颗粒物进行跟踪，给出颗粒物速度变化规律。当其与超高速摄像系统联用时，可以分析烟火药火焰流场与火焰中正在燃烧质点的两相流流动规律。

5. 传爆药测试与试验新方法

与传爆药的研究和应用相配套，传爆药性能测试和评估技术也至关重要。在传爆药性能测试方面，目前国内已有多种测试方法，如传爆药的 8 项安全性实验、爆速测试方法、临界直径测试方法等。传爆药的临界直径是表征其可靠性的一个重要参量，最初曾采用圆锥形装药和台阶式装药对临界直径进行了测试，但误差较大，模具加工工艺要求较高。最近，国内采用楔形装药对传爆药的临界直径进行了测试和评估。

除了传爆药常规安全性和可靠性测试方法外，近期传爆药试验新方法主要针对不敏感传爆药，体现传爆药的易损性，主要测试方法包括快速烤爆试验、慢速烤爆试验、子弹撞击试验、殉爆试验、破甲碎片撞击试验、聚能射流试验、高过载冲击试验等。

（八）起爆药安全环保与节能新技术

1. 起爆药自动化生产技术

国内的内置直线传递、“三级三锅串联法”连续化自动化工业规模生产起爆药的新工艺、新平面布置方案，提出了内置直线式、自动计量料液、自动化合、自动过滤洗涤装置、自动分盘装车装置、全线自动传送、自动晾药、自动真空烘箱、自动凉药、自动倒盘过筛装盒、自动装箱的连续化、自动化、全线完全人机隔离、全程自动控制的起爆药生产技术。适用于叠氮化铅、GTX、NHN、DDNP 等主流品种起爆药规模化制造。

2. 起爆药柱式连续化生产技术

针对起爆药间歇化生产相对落后的现状，我国以引进技术为牵引，消化吸收了原型机工作原理，创新性地改进和研究了其他品种起爆药的连续化生产新工艺和批量放大技术，补充研制了起爆药后处理系统的自动化工序，为我国起爆药高质量、安全生产提供了技术基础和原型样机，提供了结晶叠氮化铅、糊精叠氮化铅、碱式斯蒂芬酸铅等起爆药连续自动化安全生产方法和工艺规程。该项目在玻璃化合沉淀柱径向放大工程设计、合成和后处理软件逻辑控制方法、气动式多级机械手等关键技术上取得了较大的突破。

3. 起爆药绿色生产技术

起爆药绿色生产一般从两个方面进行考虑，一是降低废水产量，二是优化废水处理工艺。

采用硫化钠直接还原苦味酸，代替传统的碳酸钠中和、硫化钠还原苦味酸制取钠盐，采用自主研制的 F–I 晶形控制剂代替传统的连苯三酚，以及盐酸单一加料，制得了均匀圆滑的球形 DDNP，该工艺废水量较传统工艺减少了 2/3，并采用超临界水氧化法对 DDNP 废水进行了处理。

采用生物强化为核心的化学沉淀—曝气生物滤池—缺氧 / 好氧膜生物反应器工艺流程，实现了 K · D 起爆药生产废水的经济、高效、无害化治理；采用充气膜技术对含叠氮化物的废水进行了处理和回收。有学者采用螯合型离子交换树脂对起爆药生产废水中的重金属离子进行了动态吸附，取得了良好效果。此外，催化臭氧氧化处理法、超重力法、电极氧化处理法、生物降解法等废水处理新工艺近些年也得到了开展。

三、火工烟火药剂国内外研究进展比较

（一）新型单质起爆药研究

在新型单质起爆药品种方面：美国从上世纪初就启动了取代叠氮化铅工程计划，设计确定了 100 种以上的化合物作为候选的分子结构，最终筛选合成了 10 余种候选起爆药化合物，典型的有 5- 硝基四唑铜、双呋咱硝基酚钾、叠氮硝基三唑的铜配合物、双叠氮硝胺基三唑铷与铯、1, 5- 二氨基四唑铁与铜配合物等 10 余种起爆药。

2006 年美国还报道了 4 种典型性能优良的配阴离子绿色起爆药化学通式为：$(Cat)_2[MII(NT)_4(H_2O)_2]$。它们在制备、勤务处理、运输中比叠氮化铅安全，起爆性能相当于叠氮化铅，优于斯蒂芬酸铅，可以替代它们应用于雷管。同时对人与环境不产生危害。俄罗斯近年来也大量研究多氮杂环配位体的高氯酸盐系列配合物起爆药，对 20 余种新合成的化合物进行了性能研究及在安全电雷管和激光雷管的应用研究。典型新型起爆药是氨基肼基三唑、四唑的过渡金属配合物。

国外在环保药剂的开发和应用上取得明显进展，像德国慕尼黑大学和美国劳伦斯利弗莫尔实验室研究者，已立足于环保药剂的研究，得到了无毒金属的铵盐配合物，并继续开发嗪类、三硝基三叠氮苯、四甲基硝酸酯硅烷和合金类药剂。

我国新型火工药剂的差距在于投入少，基础研究不深入、知识和产品的积蓄少，不能满足火工品发展时的急需。国外先进国家长期注重新产品的开发，已研制出了具有不同感度特征和能量输出特性、适应不同装药工艺的药剂，为火工品提供了广泛的选择余地。而我国药剂的品种总的来说还是较少，大多数新的火工系统无药可选或有药不选。

（二）药剂的合成与制备新技术

在新型药剂的合成与制备手段方面，国外在自动化控制和新型合成工艺方面处于领先水平。国外已经完成了合成起爆药的柔性全自动合成设备，具有高度安全防护性能，并且开展了安全性更高的微流体反应技术研究，微反应器制备起爆药已经进入实用化水平。药剂合成制备采用了许多新技术，诸如：纳微米药剂制备法、真空溅射法、化学气相沉积或物理气相沉积、共熔体技术，这些新技术和新方法一方面改善了药剂的关键性能，另一方面也制备出一批满足新一代火工品要求的新型含能材料。

我国药剂合成与制备技术落后，性能优异的药剂是靠先进的技术和设备制备出来的。而我国在药剂的制备中，许多手段尚未建立，这种局面亟待改进。在关键危险部位虽然已经实现了自动化控制，全工序的自动化控制技术还处于演示验证阶段，微化学反应合成工艺还处于基础研究阶段。

（三）微纳米火工药剂的装药新技术

国外主要开展的研究方向有油墨打印、真空镀膜技术和原位装药技术。在 3D 喷墨打印技术方面，国外已实现点火药的线形打印，实现由炸药油墨和起爆药油墨打印而成的线形雷管，我国已经开始研发用于喷墨打印的油墨起爆药和点火药。在薄膜沉积和原位装药技术方面，国外开发出 Ni-Al、Ti-Al 多层合金膜，具有很好的针刺感度和点火能力，因而有望获得实际应用，具有显著的优势。

我国也在积极探索 Ni-Al、B-Ti 合金化反应和 Al-CuO、Al-Mo_2O_3 化学反应的多层复合含能薄膜，纳米 CuO 线和纳米 Ni 线与 Al 复合含能薄膜，多孔硅、多孔铜含能材料等新型含能薄膜材料，在技术水平上还处于起步阶段。

（四）烟火药基础理论与新原材料的研发

1. 基础理论研究

于 2004 年开始，由西方发达国家烟火协会发起，每年举办国际烟火燃烧机理研讨会，其目的是促进烟火药的燃烧反应机理研究的发展。国内针对烟火药燃烧时有大量燃烧粒子在火焰中的特点，开始基于离散正在燃烧质点进行烟火药剂燃烧反应机理的基础理论研究。

2. 高氯酸盐替代物研究

针对高氯酸盐易溶于水且具有致畸性，会对环境造成污染并危及人类健康问题，美、德、英等国开发了不含高氯酸盐的烟火药新配方，以及替代 AP 的新型富氧氧化剂已经投入使用，国内要想完全替代高氯酸盐，至少还需要 20 ~ 30 年。

3. 氟化氙氧化剂的应用

早在 20 世纪 60 年代就有人提出用氟化氙（XeF_4）作烟火药中的氧化剂，最近几年进入实质性开发使用阶段。除 XeF_4 之外，已知的氟化氙还包括 XeF_2 和 XeF_6，其中 XeF_2 在工业中比较适用。从制备并表征的一种以镁和氟化氙为基的新型高能量密度材料性能分析：XeF_2 是一种不敏感、稳定的线性分子，其中 Xe–F 键键能极低，标准生成热为 –163kJ/mol，熔点为 120℃。研究结果显示，与常用的镁 / 特氟隆 / 维通（MTV）诱饵剂相比，在配方中加入氟化氙就可以提高反应速度和反应生成焓；在有氮气的环境下最大燃烧火焰的紫外光谱显示，有 MgF 等中间过渡产物生成。国内 XeF_2 有批量供应，在烟火药剂中的使用尚处在起步阶段。

（五）新型烟火药剂的研发

1. 红外诱饵药剂

自燃型诱饵剂：采用自燃金属粉作为红外热源的特种材料诱饵弹，是美国先进战略与战术一次性干扰器材（ASTE）计划之一。自燃材料被喷射到空气中，与氧气接触立即发生氧化反应，形成大面积红外云团。我国将自燃金属作为红外诱饵研究晚于美国，研究结果显示其可以达到良好的干扰效果。

多级烟云诱饵剂：美国海军已研制出 2 种型号的“多级烟云”红外诱饵。按一定时间间隔垂直布放空爆弹药，产生热烟云、热颗粒和扩散气体，使敌方基于成像寻的反舰导弹无论采用哪种跟踪机制（边缘检测、矩心检测、相关匹配）都会得到错误信息。针对外国这种采用子母式的诱饵装药形成多级烟云诱饵，我国除了采用漂浮性能好的面源诱饵外，也采用了类如子母式装药、扩张源诱饵技术。

自燃液体诱饵：加拿大防御研究与发展中心（DRDC）研制的自燃液体红外干扰弹的光谱特性与飞机的光谱特性极为相似，干扰性能优于常规镁粉类红外干扰弹。试验样机——自燃液体特征增强系统已经在静风和风洞条件下成功进行和测试。有关自燃液体作为红外诱饵，还未引起国内相关研究部门足够重视。

可燃箔条诱饵剂：德国研制的在箔条上涂敷燃烧剂的多功能干扰弹，在空中引爆后形成“闪烁热云”，对红外成像武器实施干扰。可燃箔条技术研究，在国内受到高度重视，每个相关工业部门都按照自身需求量身定做，有留空性能良好的轻型可燃箔条、有凸显速度特征的重可燃箔条，也有可展现雷达多普勒动态特征的菱形可燃箔条。

无可见光红外诱饵剂：低空飞行的飞机容易受到地面明火影响产生红外虚警，造成误发射红外诱饵，红外诱饵燃烧时产生的强可见光使夜间执行隐蔽任务的低空飞机暴露在敌方阵地上空。2011 年美国针对该问题提出了无明火、无可见光红外诱饵技术的产品需求。虽然该技术还具有一定的难度，但美国军方已经催促进行研制。我国相关工业部门从项目可行性论证，到提出具体研究方案还有待时日。

新型红外 / 紫外复合诱饵剂：国外研究主要采取方案是用有机可燃剂（如安息香酸）有机物替代金属镁可燃剂，用全氟四唑替代聚四氟乙烯，其目的是为了降低现有诱饵弹的紫外辐射。国内有关红外 / 紫外复合诱饵弹研究，也进行了安息香酸有机物的诱饵剂研究，但更主要是采用低燃温面源诱饵技术，或者在镁 / 聚四氟乙烯中加入相当含量的环氧树脂等材料，依靠形成的大量炭烟抑制紫外辐射，提高红外辐射。

2. 发烟剂

除了研究新型宽波段发烟剂外，安全、环保型发烟剂已经成为国外该领域近几年的研究热点。环保和安全评价包括散布烟雾后的化学生命周期、环境特性、燃烧产物、烟幕粒子尺寸、挥发性有机化学药品、长储和水污染等方面。红磷、白磷和碳纤维是多频谱发烟剂的两种主要成分，红磷、白磷产生的烟是酸性烟，对周围的土地、植被等产生伤害；大量使用镀覆金属碳纤维对空中交通有干扰，对人员、牲畜以及周围环境有影响；含有活泼金属的发烟剂在长期的储存过程中会发生腐蚀等副作用，且经长期贮存后发烟罐不再具有最佳效率。为此，美国 Tadros Raef M 等人发明了装有低毒发烟剂的迫弹，发烟剂由下列物质组成：53% ~ 57% 对苯二酸，3% ~ 6% 碳酸镁，23% 氯酸钾，1% ~ 3% 硬脂酸，14% 蔗糖（12% ~ 100% 是聚合物以作黏合剂），1% 聚乙烯醇黏合剂。另外，美国开发了一种非镀覆碳纤维干扰物（CFO）作为 M56E1 烟雾产生系统的装填物。以及利用乳糖、脂肪族二羧酸物质等有机物作为功能添加剂制成低毒性发烟弹。我国有关环保烟幕材料主要利用水基雾替代传统烟幕材料。

近些年，美、俄、英、德等国家大力开展单向透视烟幕，相关专利多达十几个，我国对于该研究还处在论证阶段。

3. 红外照明剂

国外红外照明弹药发展比较早，已经有多种口径、弹种，除红外辐射强度、隐身比大之外，有些产品燃烧时间长的特点尤为突出，例如用于战斗机的 LUU-19 航空红外照明弹的燃烧时间可长达 7min；用于 Hydra-70 航空火箭发射的 M728 弹药的照明炬燃烧持续 3min，近红外的平均输出 250W/Sr，可见光输出在 1000 ~ 2000cd 之间；用于 81mm 和 120mm 迫击炮的 M816 和 XM983 红外照明弹，燃烧时间为 50 ~ 60s。我国红外照明剂的发展紧跟国外产品步伐，也已经有几个产品投放部队使用，产品性能略逊美国。

四、我国发展趋势及对策

1. 新型单质起爆药技术

当前，起爆药的发展趋势主要以取代叠氮化铅、斯蒂芬酸铅为目的的新型安全钝感环保型起爆药研究；以配合激光、半导体桥、冲击片等非线性换能元火工品所需要的特征感度起爆药研究，并拥有敏化技术手段；以配合新概念火工品所需的特种起爆药及微纳米起爆药研究。包括：高能多氮起爆药、抗极限环境型起爆药、耐高温起爆药、原位制备及装药、多孔内嵌复合物等多种类型的起爆药。

对策是建议行业加大对高氮杂环绿色高能起爆药的设计、合成与应用的基础研究，综合考量这类含能材料的起爆点火能力、特征感度等各方面的因数，筛选出多种性能优异的新型起爆药，替代目前危险性高、毒性大的铅钡盐类起爆药。

2. 新型混合药技术

注重形成常规性、特征性、高端性系列化点火药。具有普通点火功能，以硝基酚主体药、纳米组分药剂、安全环保药剂代替传统黑火药；具有特征感度的药剂，如合金型针刺击发药、激光敏感和等离子体敏感药、耐高温低温药等；特异性能的药剂，如硅基燃爆药、亚稳态高能药、耐高过载药剂等。其次是注重制备工艺的稳定性和成熟性，形成小批量（几十克～百克级）的生产规模。

3. 新型传爆药技术

传爆药的发展将结合背景型号或新型弹药与战斗部需求，注重高能、低易损特性。其发展趋势体现在以下几个方面：①研发新型传爆药相关基础材料；②纳微超细粉体技术为核心的新型传爆药设计与制造技术；③新型传爆药安全及性能评价测试技术；④起爆传爆系统安全性、可靠性评价理论及设计。

4. 新型烟火药技术发展趋势与对策

烟火药剂发展的趋势主要体现在以下几个方面：①发烟剂方面。继续多频谱、多制式遮蔽烟幕材料研究；开展环保发烟剂研究，以满足可持续发展和平时训练的需要；探索单向烟幕发烟剂配方及其使用条件。②诱饵剂方面。研究红外/毫米波成像诱饵剂、紫外/红外双色诱饵剂、具有运动特征的推进型诱饵药剂，以及无可见光红外诱饵药剂。③新型烟火药剂方面。深化新材料使用意识，进一步研究红外照明剂、热电池、爆震剂、强光致盲剂、电磁干扰剂配方，在提高药剂使用效率基础上，扩大应用范围。

快速跟踪与研仿、注重基础理论研究、拓展新概念武器是烟火药剂的发展对策。另外，在恐怖组织和海盗活动猖獗的今天，对能够削弱其指挥、战斗力、意志力等方面起到震慑作用的反恐弹药应加大研制力量。

参考文献

[1] 劳允亮，盛涤伦．火工药剂学［M］．北京：北京理工大学出版，2008.

[2] 潘功配．烟火药的创新与发展［J］．含能材料，2011，19（5）：483-490.

[3] 盛涤伦，马风娥．BNCP 起爆药的合成及其主要性能［J］，含能材料，2000，8（3）.

[4] 张强，乔小晶，李旺昌，等．安息香酸型红外诱饵剂性能研究［J］．红外与激光工程，2010，39：459 -462.

[5] 霸书红，焦清介．微量添加剂对闪光烟火药辐射强度的影响［J］．红外技术，2008，30（6）：365-367.

[6] 王燕兰，盛涤伦．激光敏感配位化合物起爆药的研究进展［J］．火工品，2008（2）：30-33.

[7] 盛涤伦，朱雅红，陈利魁等．激光与含能化合物相互作用机理研究［J］．含能材料，2008，16（5）：481-486.

[8] 张兴高，师宏心，刘庚冉等．高能燃烧剂配方研究［J］．火工品，2012（6）：34-36.

[9] 朱晨光，许春根，薛锐等．烟火药火焰流场及其正在燃烧粒子的空间分布研究［J］．红外与激光工程，2013，42（12）：449-453.

[10] 盛涤伦，景海东，魏学忠等，手枪弹用无铅无钡击发药组分设计研究［J］．火工品，2008（4）19-23.

[11] 吴涛，陈磊．成像式红外诱饵弹技术的发展［J］．舰船电子工程，2010，30（5）：31-34.

[12] 盛涤伦．近年来新型火工药剂的研究进展［C］．中国兵工学会 2008 年学术年会论文集．2008：371-379.

[13] 盛涤伦，马风娥，张裕峰，等．钴（Ⅲ）配合物［$Co(NH_3)_4(N_3)_2$］ClO_4 的晶体结构及激光化学感度［J］．含能材料，2009，17（6）：694-698.

[14] 王继光，王敏帅，臧寿宏．国内外红外面源诱饵弹的发展和实验方法研究［J］．红外，2011，30（10）：17-20.

[15] 张倩，张勇，闫军，等．膨胀石墨用燃爆剂的配方优化设计［J］．火工品，2008（5）：28-30.

[16] 盛涤伦，王燕兰，朱雅红，等．BNCP 的量子化学研究［J］．火工品，2010（3）：34-38.

[17] 盛涤伦，王燕兰，朱雅红，等．DACP 量子化学与光分解机理［J］．含能材料，2010，18（6）：665-669.

[18] 朱晨光，吴伟，薛锐，等．$Mg/KClO_4$ 燃烧火焰中正在燃烧粒子研究［J］．火工品，2012，2：30-33.

[19] 盛涤伦，吕巧丽，朱雅红，等．BNCP 在雷管中应用技术研究［J］．火工品，2011（5）：34-38.

[20] 盛涤伦，朱雅红，蒲彦利．新一代起爆药设计与合成研究进展［J］．含能材料，2012，20（3）：263-272.

[21] 周明善，徐铭，李澄俊，等．毫米波无源干扰技术及膨胀石墨在其中的应用［J］．微波学报，2008，24（1）：80-86.

[22] 欧阳的华．烟幕粒子粒度的分形特征及红外消光性能研究［J］．红外技术，2012，34（11）：663-665.

[23] 豆正伟，李晓霞，蒋奇材．可膨胀石墨及其在烟幕中的应用［J］．炭素技术，2010，29（3）：19-22.

[24] ZHU C. G,. WANG H. Z, LI M. Ignition temperature of magnesium powder and pyrotechnic composition［J］. Energetic material，2013（31）：221-236.

[25] 安亭，赵凤起，高红旭，等．含超级铝热剂双基推进剂的感度特性［J］．推进技术，2013，34（1）：129-134.

[26] 窦燕蒙，李国平，罗运军，等．储氢合金燃烧剂基本性能研究［J］．固体火箭技术，2011，34（6）：760-771.

[27] 范磊，潘功配，欧阳的华，等．基于支持向量机的 Mg/PTFE 烟火药燃烧特性预测［J］．含能材料，2012，20（4）：663-665.

撰稿人：焦清介　潘功配　朱顺官　盛涤纶　朱晨光
乔小晶　王晶禹　褚恩义　杨　利

ABSTRACTS IN ENGLISH

Comprehensive Report

Advances in Energetic Materials

1. Introduction

The status of the advancement in the science and technology of energetic materials in China in recent years is summarized in this report. The concept "energetic materials" used here in this report is referred to both gun and rocket propellants, explosives and pyrotechnics applied in conventional weapons.

The main part of the report presents a relatively detailed description on the most recent research and/or technology development in energetic materials in China, generally in the following 5 fields.

A brief introduction to the organizational structure, technical force and talent cultivation of the discipline of energetic materials in China is given in the report.

Taking a panoramic view of the fast development as well as the fruitful achievements which have made in recent years by the discipline of energetic materials in China, it reflects from one side that accompanying the enhancing of the actual strength, advancing of the technical level and boosting of the vitality, China's ordnance science and technology circle has made great contributions towards the construction of modernization of national defense.

2. New Advancement in Energetic Materials

2.1 Relevant theoretical research and computer simulation

Key performances of concerned high energy density compounds (HEDC), such as density, heat of formation, energy, stability, velocity and pressure of detonation, were predicted by the method of quantum chemistry and the QSPR model to guide the synthesis and/or preparation of HEDC. Expert systems for the design of gun and solid rocket propellants based on the database of propellant components were developed to precisely calculate the energy properties and conduct optimized design of gun and rocket propellants compositions. Special models were established to predict combustion and mechanical performances as well as mechanical sensitivities of double base and modified double base propellants. An interior ballistic model was set up for low temperature sensitivity mixed propellant charges, and a reversible computer program was further developed to promote the application of the propellant charges in various types of guns.

Based on the finite element method, a numerical analogy method was developed for the solidification process of melt cast explosives. The method could be used to predict the interior defects in explosive charges such as shrinking pores, cracks and loose areas. It provides the theoretical basis for the design of composition of melt cast explosives, type of charge process and parameters of the process technology.

The design philosophy for composite explosives has changed from only considering chemical thermodynamics before to taking into account of both chemical thermodynamics as well as chemical kinetics nowadays. And the coupling of the energy output structure of explosives and the relevant environment in which they are applied should to be emphasized. New design methods for explosives were then formed suitable for explosion in open air, air–tight space and consolidated medium respectively.

2.2 Design and research on the compositions of energetic materials with higher performances

A variety of gun propellant compositions, such as high energy, high mechanical strength, low vulnerability and high burning rate ones, have been developed. For example, a high energy propellant with NG/DIANP as mixed plasticizer, RDX as high energy oxidizer, has the temperature of detonation less than 3500K, the propellant force reached 1275kJ/kg and the anti–impact strength at the low temperature limit was higher than 8kJ/m^2. The propellant burned steadily and normally when tested its interior ballistic behavior in a 30mm caliber gun at normal and low temperatures. The anti–impact strength at low temperature limit for several high mechanical strength propellants tested was raised up by more than 50%. A nitrocellulose (NC) based and an energetic thermoplastic elastomer (ETPE) based low sensitivity propellants were developed and tested, the propellant forces were 1205kJ/kg and 1250kJ/kg respectively. The results of various tests on the sensitivities were better than that of the tradition triple base propellant. The burning rate coefficient in the proportional burning formula of some gun propellant was raised to be greater than 3mm/ (s · MPa), three times higher than that of the traditional high energy propellants, by adding special burning rate modifier to the propellant compositions, and the tested high burning rate propellants showed steady combustion performances at either normal temperature and high or low temperature limits. Research was focused on the performances of screw extruded CMDB propellant, XLDB propellant, HTPB propellant and NEPE propellant. Research was also conducted on propellants with special characteristics, such as composite solid propellants containing hydrogen storage alloys, propellants containing water reactive metal fuels, fuel–rich propellants and propellants with low combustion temperature and low burning rate. It was shown from the results that the density of the screw extruded CMDB propellant could be as high as 1.729 g/cm^3, the I^0_{sp} could be high than 2519 N · s/kg, and the pressure exponent of burning rate could keep less than 0.5, when RDX content in the extruded CMDB propellant was raised up to more than 50%. A specific impulse increment of 19.6 ~ 39.2 N · s/kg was acquired if CL–20 was added to the CMDB propellant composition and at the same time the content of aluminum powder was kept at the level of 5% ~ 8%. New materials having the potential to be the components to improve the behavior of gun and rocket propellants were extensively researched, such as energetic prepolymer binder, ETPE binder, energetic plasticizer, new oxidizer, energetic ion liquid, metal combustion agent and nano composite energetic materials, etc.

Major progresses have been achieved in the design of composite explosives of the following categories: anti–overload explosives, thermobaric and fuel–air explosives, underwater explosives, insensitive explosives, metalized explosives and explosives based on new high energetic materials. An aluminum containing thermobaric explosive composition developed by China, having the higher energy release rate and efficiency, not only possesses the detonation behavior as the conventional solid explosives that produce strong shock waves when exploding in open air, but also provides sustained higher temperature combustion effect. The fireball produced could last longer time and its volume could reach (2 ~ 3) × 10^4 times as large as the volume of its original explosive charge, and the instant temperature could go up to more than 2500℃. The underwater explosive, represented by composite cast PBX explosives and developed recently, could be applied to underwater weapon systems as their main charges. As the RDX content in the explosive to be around 20%, it gives the density of 1.82 g/cm^3, detonation velocity of 5400 m/s and explosion heat of more than 8200 kJ/kg. The results from the contrast tests show that the total underwater explosion energy offered would be more than twice as high as the energy provided by TNT, and 35% higher than that RS211 could give. Compared with TNT based explosives, this underwater explosive has excellent comprehensive characteristics, and satisfies the vulnerability requirements.

In the field of pyrotechnics design, research work is conducted on the developing of new single compound and composite compound primary explosives, igniting powders as well as high accuracy delay compositions, and also on the improvement of their properties. A new type of high energy igniting powder developed, composed of $TiHP/KClO_4$ (28/72, fluororubber as adhesive), has both low mechanical sensitivity and low electrostatic spark sensitivity. When igniting, the reaction is complete and the effect is steady and reliable. Another igniting composition, composed of zirconium and potassium perchlorate, has the advantage of high temperature tolerance. Efforts was made on the modification of traditional black powder igniting composition to overcome its inherent drawbacks, such as lower energy, unsteady output, strong corrosivity of its products, contaminating the environment, high hygroscopicity leading to be easily to lose effectiveness and bad electrostatic safety. Quite a lot of research work has focused on the developing of new types of smoke compositions and decoy ones. The newly developed self-combustible chaff decoy could give the spectral radiation characteristics similar to its lunching platform when it burns. As the chaff was dispensed in large area, the ignition probability could be 100%. The burning temperature would lower than 1000℃ . The decoy shows distinct interfering effect on the detection system working at the two wave bands of 3 ~ 5 μ m and 8 ~ 14 μ m. Several new smoke compositions have also been developed to form a series of multi-frequency spectrum smoke compositions which provides masking effect within the range from visible light (0.4 ~ 0.76 μ m) to near infrared (1 ~ 3μm), intermediate infrared (3 ~ 5μm), far infrared (8 ~ 14μm) and up to millimeter wave (1 ~ 10mm) bands.

2.3 New process, technology and equipments for the preparation and/or manufacture of energetic materials

New process technology for the manufacture of gun propellant was developed, such as automatic jet absorption, automatic shear-rolling, double-screw extrusion forming, etc. The mentioned automatic shear-rolling technology links the dehydration of absorption propellant, intermixture, pre-plastification, and granulating processes to form an automatic and continuous production line. Based on the foaming principle of super critical fluid, a technique to prepare high burning rate propellant was developed. The propellant grains have the interior foam structure, and show the characteristic of convective burning and very high apparent burning rate.

In the research of process technology for rocket propellant charge, a new technique was developed which combining the pressure intubation pouring with vacuum casting to overcome the weakness such as the difficulty in the pouring of propellant slurry in the case of solid content at the level of 88% or more. The density of the propellant charge was then improved. A new double screw shear-rolling equipment for the continuous rolling and granulating process was successfully developed to overcome a lot of difficulties in the preparation of modified double base propellant with high solid content, e.g. difficulty in rolling and plastification, easy to catch fire and deflagration. The "click chemistry" method was used in the research of GAP based solid propellant to prepare a propellant charge containing 30% of ADN and total solid of 72%. The propellant charge thus obtained offers better mechanical properties. This shows the feasibility of the application of the "click chemistry" in the preparation of composite solid propellants.

Considering the possibility in the practical application, best attention was paid on the developing of the high energetic explosives, especially the technology of their low cost and engineering scale preparations. A method for preparation of RDX was developed in which the nitrolysis of urotropine was conducted in a N_2O_5–HNO_3 system. The yield of RDX was raised from 59.5% to 72.6%. Aiming at lowering the cost, a non-hydrogenation synthesis route for preparation of CL-20 was designed and tested. The technology of two-step synthesis of CL-20 was also researched and quite a few isowurtzitane derivatives were thereby obtained. Important progresses have been achieved in the developing of the technique for preparation of sphericized RDX and NQ, and a production capacity of 10-50 kg per batch was formed. The key technology for the control of the crystal topography, interior defects, grain density and diameter size of RDX and HMX has been mastered, and thus a process technology for preparation of high quality RDX and HMX in kilos was developed. Technological breakthroughs have also made in the areas of preparation of super-fine materials for use in various energetic materials, and substantial progresses have also achieved in the design and manufacture of relevant equipments.

In the recent years, Chinese researchers have synthesized tens of HEDC. DNAFO is one of the HEDCs which were successfully synthesized, and also one of the HEDCs having the highest detonation velocity at present. It has the density of 2.002 g/cm^3, enthalpy of formation 667 kJ/mol and measured detonation velocity 10 km/s.

The research on the green preparation and safe production technologies are very active. Quite a few achievements have been made in energy saving, wastes discharge control and recovery, pollution abatement and relevant technology as well as new process and equipment.

2.4 Charge design and application technology

Research on the new technology for gun propellant charge has been advancing fruitfully. Solving the key technologies, such as the cohesion in the extrusion forming process, the removal of solvent, and the acquiring of the required unequal web thickness, A 37-perforated configuration grain having high progressive burning surfaces was designed and successfully manufactured. Compared with 19-perorated ones, the progressiveness of the burning surface area was raised by 5%-12%. Preliminary application showed that the charge density and the ballistic efficiency, as well as the muzzle kinetic energy of a large caliber guns could be increased by the use of the composite charge containing this new configuration grains. A mixed propellant charge containing coated grains has shown excellent low temperature sensitivity characteristics to both pressure and muzzle velocity. The charge, when used in various large caliber guns, could markedly increase the muzzle kinetic energy and the firing range, as well as enhance the power of a gun in the case of not to raising or even to reducing the chamber pressure. The technical puzzle recognized by the researchers and engineers in the barrel weapon circle worldwide, that it seems impossible to give consideration synchronously to the completeness of the propellant burning of the lower zone module and to the control of the maximum chamber pressure of the larger zone module at a required moderate level, was successfully solved in China by the newly innovated technology of uni-modular propellant charge with high progressive burning behavior and low temperature sensitivity. The variable propellant charges composed of the uni–modules could achieve the same ballistic effectiveness of the whole firing range coverage and the required overlaps between the neighboring zones as the foreign bi–module propellant charge does. The long range propellant charge formed by the uni–modules could give a more than 20% increment in firing range when used in a 52–155mm cannon without increasing its maximum chamber pressure. This could thereby lead to the advantages of avoiding the use of larger barrel tube and thicker barrel wall to withstand the higher chamber pressure. The performances of this long range uni–modular charges are superior to the ones offered by the most advanced high pressure long range guns in the world at the present.

In the design of rocket propellant charges, accurate control of the energy release of the propellant was realized by the design of the charge configurations. The technology of propellant charge design for a single chamber multiple–thrust rocket motor has been developed. It is now having mastered the charge design and related application technology for dual–thrust, triple–thrust and quadruple–thrust in one single chamber. The application of the technology of multiple–thrust in a single chamber could provide a total impulse increasing of 15% and above while the structure of the rocket chamber keeps unchanged.

Tens of processes for the preparation of different moulding powders were innovated, as different polymer materials are now used in various composite explosives. The relevant processes and equipments were improved and/or upgraded. In the field of the pressing of the composite explosives charges, several new pressing processes were developed, such as the isostatic pressing. This new process has the excellent effects of realizing the accurate forming of composite explosive charges with complicated shapes, as well as decreasing the loss of raw materials. In order to satisfy the requirements for the booster charges in some new weapons, new technology for the charge preparation were researched and developed, i.e. precise pressing, casting process for explosion network charges, micro injection technology for charges in the micro logic detonation networks.

To fit the structures designed for micro pyrotechnic devices, plenty of research work has been conducted on the developing of the technologies such as vapor deposition, in–situ manufacture and nano self–assembly. New concept pyrotechnic charges, like thin energetic film, embedded composite and energetic porous energetic base materials, etc., were successfully prepared. The new pyrotechnic charges have shown the superior characteristics different from the conventional ones.

2.5 Measuring and testing technology related to energetic materials

A new testing method for the measuring of the burning velocity of gun propellant was researched and developed by the use of a closed bomb. A grain configuration of constant burning surface area was designed and adopted in this method. Combined with more precise instruments and piecewise data processing, a n–p curve of the pressure exponent of burning rate vs. pressure was obtained. Methods for testing and measuring the muzzle flash, muzzle smoke and harmful gases etc. were established. Experimental setups for testing and measuring the dynamic mechanical behaviors of the propellant grains during the dynamic compression process, and for simulating the mechanical environment of multi–impact were installed.

The assessment for the reliability of storage life for NEPE solid propellants was conducted by the aging test and theoretical calculation. The effects of two categories of bonding agents on the mechanical performances of the nitrate ester plasticized BAMO–THF propellant were researched by the unidirectional tensile tests. The effects of an energetic nitrocompound on the burning and thermal decomposition behaviors of a rocket propellant were also studied by the way of burning velocity measuring and high pressure DSC testing. Research was conducted to investigate the effects of AP particle size on the burning speed of a base bleed composite propellant by measures of theoretical calculation and experiment study. The sensitivity of the accelerated speed of the burning of HTPB propellants with low burning speed and high amount of Al powder at overload condition was researched by means of a centrifugal test of a solid rocket engine. An in–situ study on the heat release process of the Al/H_2O reaction was conducted by a real time monitoring system for a high pressure reaction kettle. And based on this study, an evaluation system was established to assess the feasibility of the application of an Al/H_2O system to a rocket propellant. The hazards of electrostatic discharge for HTPB propellants were systematically investigated. Experimental devices were established for the precise measuring of the electrostatic sensitivity of solid propellants. And the action mechanism of the electrostatic discharge on the HTPB propellants was then deduced. Testing methods for measuring the internal resistance and conductivity of propellant combustion or detonation products were developed to provide the scientific measures for characterizing the electric properties of the combustion and/or detonation products, and to support the research of plasma propellant as well as to promote the technological progress for measuring of the transient electric performances of explosives. A testing method for measuring the characteristics of propellant plume by micro wave interference has been set up to measuring the distribution of electron cloud densities in the wake smoke and flash of a solid propellant rocket motor. The energy properties of the standard energetic materials such as modified double base propellant and fuel–rich propellant, etc. were studied and the standard methods for measuring their characteristic signals were established.

In the aspect of testing and evaluating of the performances of single compound explosives, research was focused on the safety and thermal decomposition behaviors of CL–20, DNTF and ADN, etc. For example, CL–20 was studied on its thermal decomposition properties by means of the dynamic vacuum stability test. The results showed that CL–20 has better thermal stability, and it was predicted that the effective storage life of CL-20 was 14.4 years at 25℃ .

Relatively complete testing equipments were developed to evaluate the insensitiveness of solid propellants and explosives, and the methods for their safety classification were further proposed.

The methods for automatically and continuously measuring of the three electric performances of pyrotechnics, namely high voltage electric resistances, electrostatic accumulations and sensitivity to ± 50kV electrostatic sparks, were improved. The new technology for measuring the sensitivity of pyrotechnic compositions to laser and plasma was also developed.

The theoretical and technical progress in the field of energetic materials in China has effectively accelerated the improving and upgrading of the weapons equipped the nation's Army. The two technologies, the gun propellant charge with highly progressive burning and low temperature sensitivity, as well as the uni-modular gun propellant charge, which have completely independent intellectual property, are at the leading technical status in the world. This symbolizes that China has already mastered the key technology in launch energy required by the design and manufacturing of new large caliber guns with longer firing range, lower chamber pressure, better mobility and stronger survivability. The status of the technology for the engineering scale preparation and/or manufacturing of high energy density compounds (HEDC) such as CL-20 has also reached the world's advanced technological level. It would provide important technical and physical foundations for developing gun powders, rocket propellants, and ammunition warhead charges with higher energy performances and better comprehensive characteristics, and would then add powerful driving force in the cause of promoting the development of conventional weapon ammunitions in China towards the goals of long range launching, high efficiency damage and precision striking.

3. The comparison of the research progress of energetic materials between domestic and abroad

3.1 The design of energetic materials

Compared with foreign advanced level, the foundation of energetic materials in China is weak. Tools to design and research still rely mainly on experimental. However, the simulation technology is applied less. Energy levels of propellant in China have been comparable with that in abroad. But compared with abroad, the species of propellant are less, and their comprehensive performance still is worse. Like the developed countries, our country attaches great importance to the design and synthesis technologies of HEDC, and the amount of HEDC synthesized successful is more than 30. However, most products are prepared by tracking or improving the synthetic methods of abroad. Independent design and synthesis of HEDC is rare. HEDC and high-energy compounds with low sensitivity are widely used for formula design of high–energy and low–sensitivity gun propellant, rocket propellant and explosive. CL–20, DNTF has been successfully applied to formula of the high–energy composite explosive and insensitive explosive. The formula design for HEDC and high–energy compounds with low sensitivity was still in the stage of trying, because of less species and poor engineering technology. In abroad, highly efficient oxidants, ADN and AN have been applied in a new type of high–energy and low signature propellants. However the research is still in the stage of the applied basic research in China. Compared with the developed countries, the species of the new pyrotechnics is less so that the selection range of basic reagent such as primary explosive is very limited when a new type of initiating explosive device is designed.

3.2 Process engineering of energetic materials

In recent years, our country attaches great importance to manufacturing technology of energetic materials, focusing on continuous, automation and flexibility and relevant equipments. Although the level gap is narrowing compared with foreign advanced technology, the current production process needs more manual operation. And there is still a big gap of manufacturing technology and equipment level. The synthesis or preparation of new basic raw materials such as HEDC, highly efficient oxidant, high–energy and low–sensitivity compound has been mostly amplified in abroad. Some have even been produced in mass production. Although some new basic raw materials also have been prepared in lab in China, they have not been researched sufficiently in engineering so that they have not played important role in promoting development of gun propellants with high–energy and low–sensitivity, rocket propellants and explosives.

In the preparation of high–quality explosive compound by crystallization technology, foreign countries have carried out the research of many high–quality explosive compounds such as RDX, HMX. And crystals engineering of D–RDX, D– HMX, NGu, NTO have completed engineering amplification. The key technology has also broken through with preparation of D–RDX, D–HMX in China, which is comparable with corresponding products in abroad in performance. But their engineering research has just started in China. China has always attached great importance to ultra fine technology research of basic raw materials. The current technical level is comparable with Russia and the United States. A lot of money has been spent in the treatment of waste water and waste gas from the production of energetic materials. Development technology has begun to be applied, and harmful emissions of some enterprises have sharply been reduced. But the gap is still significant compared with advanced technology of green production in foreign countries. In the field of pyrotechnic manufacturing, preparation technology of primary explosive with micro reactor has been researched for many years in China. Up to now, the preparation technology with micro reactor has entered the stage of practical application. Automation has realized in the key operations for preparation of traditional primary explosives in plants in China. However, the gap in pyrotechnic manufacturing level is still large between China and developed countries because they have completed the flexible and automatic preparation of pyrotechnic products.

3.3 Charging technology and application technology

Compared with the developed countries, the charge technology of propellants in China did not lag behind. A number of technical are in the international advanced or leading position. But the popularization and application of part new charge technology of propellant has been affected because basic research is not thorough. As for application technology of the pyrotechnics, foreign countries have further researched the charging technology such as the ink printing, vacuum coating technology and in situ loading. Some techniques have been used in the production. But related research mostly just started in China.

3.4 Testing technology and performance evaluation

Developed countries have established test and evaluation methods of the explosive performance, and the performance parameters investigated are complete. But characterization of macro performance parameters was only focused on in China. The relationships between static and dynamic performance of microscopic structure and explosive materials were considered less. And the method of performance characterization is not comprehensive enough. Foreign comprehensive evaluation model of explosive performance is based on the study of physics, chemistry, mechanics and advanced technology of related subjects. Their performance forecast accuracy is relative high. But the explosive performances were forecasted by means of the foreign calculation models in China. Some performance parameters had to been calculated by adjusting the based parameter values in model due to the lack of basic parameters.

4. The Development trends, key directions and some suggestions for development of energetic materials in near future

4.1 The Development trends and key directions

Based on the consideration of China's national conditions, the new military transformation in the world as well as the application attribution of energetic material, the strategic trends and the key directions which should to be seized for the development of China's energetic materials technology in short and medium terms are presented. For gun propellants, more attention should be paid on the developing of propellants with higher energy and mechanical strength, lower sensitivity, high efficiency of energy usage, as well as on the corresponding propellant charges. As to solid rocket propellants, research should be focused on the developing of higher energy, insensitive and lower characteristic signal propellants. The main point of the development of explosives should be higher energy and insensitive ones. As to pyrotechnics, emphasis should be put on the developing of safe, eco-friendly, high-end and individual compositions. The developing trends of the process technology of energetic materials are safety, green, high efficiency and precision. This is to guarantee the quality of products and to lower the cost of production while guaranteeing the inherent safety of the process and decreasing and/or eliminating the contaminating of the environment. In the design of energetic materials, the relation between high energy and low sensitivity should be seriously coordinated. And the coupling relationship between energetic materials and its working environment should to be taken into account during their application.

4.2 Some suggestions

Some suggestions and measures are also put forward. They are mainly as follows: strengthening relevant fundamental research to raise up the ability of self-dependent innovation; emphasizing technology innovation as well as encouraging technology integration; Accelerating the cultivation of high level talents and giving full play to leader persons in their innovation activities; paying attention to the construction of scientific research platform and optimizing the allocation of necessary resources; reforming the management system for scientific research and improving management regulations.

Written by Wang Zeshan, Liu Dabin, Pan Renming, Xu Fuming, Peng Cuizhi, Luo Yunjun, Zhao Fengqi, Huang Zhenya, Lu Ming, Nie Fude, Peng Jinhua, Li Fengsheng, Shen Ruiqi, Zhu Shunguan, Pan Gongpei, Zhu Chenguang, He Weidong, Zhao Shengxiang, Zhang Tonglai, Zhou Lin

Reports on Special Topics

Report on the Science and Technology Advancement of Gun Propellants

As supporting materials for the comprehensive report on the science & technology advancement in energetic materials of China, this special report has thoroughly reviewed progresses in gun propellant technology over the past few years in the following six aspects : (1) composition and formulation design; (2) manufacture process and technology; (3) charge design for improving ballistic efficiency and the muzzle energy; (4) charge technology for increasing gun mobility and serviceability ; (5) performance evaluation and simulation technology for propellant charge; (6) recycling of obsolete propellant. Research and technology status at home and abroad has been compared and analyzed in four fields: (1) new type of high energy propellant formulation; (2) manufacture technique of propellants; (3) new propellant charge technology; (4) modeling and simulation of propellant and propellant charge. Trends and strategy for the development of propellant and propellant charge technology have been analyzed and prospected.

The advancement in propellant composition and formula design is reviewed in the sequence of high energy gun propellants with mixed energetic plasticizers, mixed energetic binders and high energy density materials; insensitive propellants with thermoplastic elastomer; propellants with very high burning rate containing functional materials or micro–porous structure; modified single–base propellants with impregnation of energetic materials as well as deterring and coating with deterrents. The progress of manufacture technology of gun propellants introduced in this report mainly includes the process technology with the characteristics of automation and continuous process such as continuous feeding and accurate measuring, continuous high–efficient plasticization and granulation, as well as continuous drying; process technology for preparing of variable–burning rate propellant; process technology for porous oblate spheroid/ball powders with core–shell structure; green process and relevant environmental protection. The development of charge design for improving ballistic efficiency and muzzle energy is mainly represented by the propellant charge with low temperature sensitivity and high progressive surface, gun propellant charge with high energy density, and propellant charge with highly progressive burning. Charge technology for increasing gun mobility and serviceability is reflected by the uni–modular charge, unit cartridge charge for howitzer, modular charge with reduced pollution. Progress in performance evaluation and simulation technology of propellant charge covers the combustion performance evaluation, safety testing and evaluation of propellant charge, modeling and simulation of propellant formulation and propellant charge design, digital technology for propellant preparation process and related database. Advancement in recycling of obsolete propellant is related to the following topics, such as the recycling and utilizing of effective components in ammunition, preparation of chemical products from recycling energetic materials, preparation of powder for power–actuated fastening gun, and preparation of powders for smog–free/smog–reduced fireworks, preparation of industrial explosives as well as other civil resources.

Written by Huang Zhenya, He Weidong, Xiao Zhongliang, Zhang Yucheng, Ma Zhongliang, Zheng Wenfang, Zhang Yuanbo, Lin Xiangyang

Report on the Science and Technology Advancement of Solid Propellants

The latest achievements in the research and technology development of solid propellant in China, including those in the research of high energy solid propellant, low characteristic signal solid propellant, insensitive solid propellant, high and low burning rate solid propellant, and the process technology for solid propellant preparation were presented by this special report. The technology of solid propellant at home was then compared with the development of foreign developed countries. The main gaps between the domestic and foreign technology developments were analyzed. The strategic trends of the domestic research and development of solid propellant technology were briefly discussed and the related measures were proposed.

The domestic research of high energy solid propellant was focused on two aspects. The first is the development of high energy modified double–base propellant with high solid content formed by screw extrusion. The RDX content in this kind of propellant could be higher than 54%, and I_{sp}^{0} could be higher than 2519N · s/kg. The second is the development of high energy composite propellant as well as composite modified double–base propellant. The high energy density compounds (HEDC) , such as CL–20, DNTF, *etc.*, high energy metallic powder and energetic binder, *etc.*, have been added into those propellants, which greatly increase the energy of propellants.

Quite a lot of research work has been conducted on the development of high energy and low characteristic signal solid propellant. A few novel energetic materials, such as TMETN/FOX–7, have been introduced into the formulation of the propellant. The mechanism of the transition from deflagration to detonation and the effect of the combustion products on the characteristic signals of the propellant have been investigated.

New insensitive energetic materials, such as spherical RDX, and RDX coated with desensitizer, have been introduced into high energy and insensitive solid propellant. Meanwhile, investigation on the effect of nano– or sub–micron RDX and HMX on decreasing the sensitivity of high energy solid propellant has also been carried out.

Lots of work has been done on improving or reducing the burning rate of propellant. The burning rate of modified double–base propellant and composite propellant has been raised up to more than 100 mm/s by using ultrafine (nano– or sub–micro) oxidants and high performance energetic catalysts, *etc.* The burning rate of solid propellant has also been decreased to the level of less than 3 mm/s by using novel energetic materials and some new negative catalysts.

Preliminary study has been performed on the process technology of propellant preparation and some achievements have been already applied to propellant manufacturing. For instance, the technology of continuous mixing, rolling, dewatering and plasticization has been practically applied to the production of screw extruded modified double–base propellants containing high content of solid ingredients. Moreover, it has become true for the production line that the process could be remotely controlled by computer; and the process showed safe, continuous and automatic advantages. The technology of producing ultrafine AP, RDX, HMX and NC has also been developed, and the fineness of the ultrafine powders are comparable with those reported abroad.

Generally speaking, the energy of high energy solid propellant developed at home is very close to those developed by foreign advanced countries. However, there are still some gaps in comprehensive properties, stable behavior and applicability of this kind of propellant. As to the low characteristic signal solid propellants, the technology of signal reducing, by the use of AND and AN, is comparable with the advanced standard worldwide. It should be mentioned that the adjustment of both the mechanical properties and interior ballistic performances of the propellant need to be further investigated. The technology level of high or low burning rate solid propellant is also close to those achieved by foreign countries, but the comprehensive behaviors, especially the safety properties of these propellants should be further improved. Although some developments on green and eco–friendly production of propellant have been achieved in China, further work should still be performed to enhance the progress in this field.

It is showed in this report that, better progresses have been achieved in the field of solid propellant during the past few years, and the domestic technology level is getting close to that of the advanced countries. More efforts should be made uninterruptedly in the field of R&D of solid propellants to catch up or even surpass the international advanced level.

Written by Tan Huimin, Zhao Fengqi, Li Fengsheng, Luo Yunjun, Xu Siyu, Ge Zhen, Song Xiuduo, Jiang Wei, Deng Guodong, An Ting

Report on the Science and Technology Advancement of Single Compound Explosives

This special report summarized the major progresses that have been made in the research of high energy density compounds (HEDC) in recent years in China. It firstly introduced the progress of molecular design and prediction for the performance of HEDC, including theoretical calculation of the performance and safety of HEDC. The synthetic progress of the new type of HEDC was then summarized in the sequence of the synthesis of azine-based HEDC, furazan-based HEDC, azole-based HEDC, guanidine-based non-heterocyclic HEDC, and nitrogen-rich salts, high energy fuel, as well as polynitrogen ones. The progress about the optimization of synthetic process for typical HEDC was briefly described thereafter, mainly including the improvement of the preparation technology and the process amplification for RDX, HMX, CL-20, DNTF, TATB, the green nitration for HEDC and the preparation of high quality and/or spherical HEDC, engineering scale enlargement and crystallizing optimization of new HEDC. The status of the research and development of HEDC at home was compared with the status of the foreign advanced countries in the aspects of the synthesis, engineering scale enlargement and crystallizing optimization of new HEDC. The suggested research and development trends of HEDC in China were also presented in this report. The following fields are considered to be important to be focused on: the further development of the design and synthesis of HEDC with higher energy levels; the development of insensitive and low sensitive HEDC, as well as the green technology for the clean production of HEDC. In order to promote the development of the research of HEDC, it is suggested to increase investment, strengthen the fundamental research, pay more attention to the applied research of synthesis and modification of HEDC, strengthen the guiding function of applied research onto the synthesis and modification of HEDC, and speed up the application of new type of HEDC by composite formulation and crystal structure optimization.

Written by Pang Siping, Lu Ming, Ge Zhongxue, Zhang Guangquan

Report on the Science and Technology Advancement of Composite Explosives

Explosive is the energy source of destruction and damage effect produced by conventional weapons. It is the foundation of highly effective damage, and is also the key factor to determine the power of a weapon system. At present, the explosives mostly used in the weapon systems worldwide are the composite explosives (CE) which have greater selectivity and adaptability than that of the single compound explosives, and could remedy the deficiencies of single compound explosives in varieties, molding process, power, sources of raw materials and cost.

In this report the latest research fruits in China in four aspects of CE, i.e., the design of CE, the research of formulation, the technology of its preparation and charge, as well as the assessment technique of its performances are introduced. The gaps between the domestic and foreign research are comparatively analyzed. The development trend of CE technology is described, and measures for the domestic development of the technology in design and manufacturing of CE are also put forward.

The basic principles of the formulation design of CE are high energy, high safety performance and good charging formability and so on. There are three methods to improve the energy of explosives. The first is to improve the energy of the basic single compound explosives such as the CE based on HMX or CL-20. The second is to add the high-energy metal powder such as aluminum and/or magnesium powder into CE. The third is to develop CE composed of oxidants and combustible agents such as the CE containing AP and aluminum powder. The other important aspect in the formulation design of CE is to improve its safety performance. At present, high overload tolerable CE is to be increasingly interested in, and the insensitive CE is also to be widely focused on.

The CE preparation and its charge technology are of extremely importance in CE application. The main goal of the research of charge technology is to improve its quality. The pretreatments of each component of CE such as the super-fine and coating processes are advanced technologies. The twin-screw extrusion process is the core of flexible manufacturing technology of CE. This technology could greatly improve the intrinsic safety behavior and the production efficiency of the charge, as well as reduce the cost of the process. The automation, continuity and inherent safety of the process are the major trends of manufacturing of CE and its charge.

The technologies in China for assessing and charactering CE properties such as initiation, detonation, safety and mechanical performances are as advanced as the developed countries, while a large gap between domestic and abroad technology does exist in the field of online and nondestructive testing techniques in the process of charge preparation. Especially the relatively weak fundamental research and the lack of basic data have seriously restricted the breakthrough and the potential development strength of CE. The numerical simulation software and related database now in use are exotic ones. Based on this situation, the authenticity and credibility of the calculation results should be validated by our own experiments.

In conclusion, high safety and high energy are still the main objectives seeking by researchers and engineers in the development of CE. The research should be focused on the application research of high energy solid-phase filled compound explosives, high performance carrier explosives and new binders. The design of conventional explosive formulation should be optimized and the design technology of CE formulations for use in advanced weapons should be developed vigorously. The domestic research institutes should pay more attention to strengthen the basic research, share the data of the explosive properties, and establish the comprehensive database related to the development of explosives. Attention should be also paid on the technology for prediction of the properties of new energetic materials, and on the study of the influence of both the formulation and the detonation parameters on the law of energy output and propagation.

Written by Wang Xiaofeng, Wang Boliang, Nie Fude, Peng Jinhua, Zhou Lin, Yang Guangcheng, Zhao Shengxiang, Liu Xiaobo, Wang Hao, Jia Xianzhen, Nan Hai, Niu Yulei, Feng Xiaojun, Jin Penggang, Luo Yiming

Report on the Science and Technology Advancement of Pyrotechnics

Initiating composition and pyrotechnics are special energetic materials used for ammunition and aerospace equipment to complete the initiation, detonation, ignition, delay, actuating and to produce many kinds of pyrotechnic effects. It is one of the key technologies of core competitiveness in the construction of national defense and has always been paid much attention by all countries in the world.

The latest research progress of pyrotechnic technology of China was introduced in this report in accordance to four categories as elemental primary explosives, mixed initiating explosives, pyrotechnic compositions and booster explosives, respectively. Research and technology gaps between domestic and overseas status were analyzed and compared, the trends of technology development were elucidated and the countermeasures for domestic R&D of pyrotechnics were also suggested in this report.

Elemental primary explosive is the core technique and foundation of initiating explosives. In recent years, Chinese researchers designed and successfully synthesized new initiating explosives, such as high energy transition metal coordination compounds of BNCP and DACP, Furazan of KBFNP and tetrazole compound of CuNT, which provide new variety of primary explosives for the design of advanced initiating explosive devices. Eco-friendly lead- and barium-free percussion compositions have passed the cartridge primer verification test. Coordinating with the scientific research and production of ignition and delay initiating explosive device, design and trial-manufacture of a variety of high-energy ignition compositions and high precision delay compositions were accomplished. Aiming at the safety and environmental issues in the primary explosive production processes, continuous synthesis technology of primary explosives has been developed in China, realizing the man-machine isolation and automatic control, and solving the relevant problems of wastewater treatment.

The preparation and charge technology of micro-nano initiating explosives is the key technique that should be breakthrough for the development of future intelligent and integrated initiating explosive devices. A large number of exploratory research work was carried out here in China on the techniques such as vapor deposition, the preparation of porous active metals, in situ embedded of carbon nanotubes and their charges, as well as metastable composite and nano self-assembly techniques. New micro-nano energetic initiating explosives were obtained, such as film and porous embedded explosives, which lay a good foundation for the design of future intelligent initiating explosive devices.

The continuous technical innovation has promoted the development of pyrotechnic science and technology in China in a diversified and the deep-going way. The type and quality of pyrotechnic products have not only met the requirements of the rapidly developing market, but also formed its own characteristics. Based on the ultra-fine material processing, synthesis and coating of energetic materials, the array infrared decoys have been developed with the characteristics of containing the spontaneous burning or flammable chaffs. The decoys showed desired results in the aspects of control of the spontaneous combustion temperature, combustion stability under lower temperature and the spectral matching ability. Multi-spectral interference smoke could provide the effect that the interfering band of smoke successfully extended from visible light to infrared and millimeter waves by the use of some functional materials like rich carbon compounds and expandable graphite, etc.

The high energy incendiary agent has been designed based on the use of hydrogen storage alloy and rare earth alloy agent. The vision distance of the night–vision can be increased by seven times when a jeep was observed under the illuminating of the type–A infrared flare. The base bleed pyrotechnic composition developed could efficiently increase the firing range of a cannon shell by 30%. New aerosol fire extinguishing agent, pyrotechnic battery and cold light fireworks are significant products that extend the application realms of pyrotechnics. With the use of particle image velocimetry and the ultra–high speed camera, the visualized 3D and 3–phase flow of pyrotechnic flame is presented by the image processing technique and the particle tracking model. According to the relatively large differences in compositions of pyrotechnic formulations and in their gas productivities, a mechanism model for the combustion reaction of pyrotechnics was established based on the on–burning particles in pyrotechnic flame.

Considerable progresses have been made in the development of special booster charges such as narrow pulse initiating explosives, and initiating explosives with small critical dimensions, as well as those with insensitiveness and high overload tolerance. The crystal size of narrow pulse sensitive explosive HNS– IV for slapper detonator is in nanometer scale, the technology is matched equally with the foreign advanced level. The critical detonation diameter of booster charge used in explosive logic network has been able to meet the requirements for reliable and stable detonation wave propagation in the small size explosive logic network.

The following suggestions were proposed in this report, that is, to pay attention to the development of new eco–friendly insensitive safety primary explosives in order to replace lead azide and lead styphnate; to focus on the primary explosives with characteristic sensitivities as well as special primary explosives and micro–nano primary explosives for use in the nonlinear advanced initiating explosive devices and new concept initiating explosive devices respectively; to attach importance to the development of high energy, low vulnerability booster charges and new formulations with the characteristic of taking micro–nano superfine powders as their key component; to emphasize the strengthening of the basic theory and fundamental research in the field of pyrotechnics. While paying attention to fast tracking, carefully studying and simulating the advanced overseas technology, great effort should be made to developing self–innovated pyrotechnic materials and devices for new concept weapons.

Written by Jiao Qingjie, Pan Gongpei, Zhu Shunguan, Sheng Dilun,
Zhu Chenguang, Qiao Xiaojing, Wang Jingyu, Chu Enyi, Yang Li

缩 写 表

662、Keto-RDX、K-6：1, 3, 5- 三硝基 - 六氢化 -1, 3, 5- 三嗪 -2（1H）- 酮

3, 4-DNP：3, 4- 二硝基吡唑

2, 4-DNI：2, 4- 二硝基咪唑

2, 4, 5-TNI：2, 4, 5- 三硝基咪唑

7201：2, 4, 6, 8, 10, 12- 六硝基 -2, 4, 6, 8, 10, 12- 六氮杂三环［7, 3, 0, $0^{3,7}$］十二烷二酮 -5, 11

797、TEX：4, 10- 二硝基 -2, 6, 8, 12- 四氧杂 -4, 10- 二氮杂四环十二烷

A

ANPyO：2, 6- 二 3, 5- 二硝基吡啶 -1- 氧化物

ANTA：5- 氨基 -3- 硝基 -1, 2, 4- 三唑

ANTZ：4- 氨基 -5- 硝基 -1, 2, 3- 三唑

ANTA-TNB：1- 苦基 -3- 氨基 -5- 硝基 -1, 2, 4- 三唑

ANTA-TCT：2, 4, 6- 三（3- 氨基 -5- 硝基 -1, 2, 4- 三唑）-1, 3, 5- 均三嗪

APX：1, 7- 二氨基 -1, 7- 二硝胺基 -2, 4, 6- 三硝基 -2, 4, 6- 三氮杂庚烷

ADNG：1, 2- 二硝基胍铵

ATA：4- 氨基 -1, 2, 4- 三氮唑

ANPZ：2, 6- 二氨基 -3, 5- 二硝基吡嗪

AP：高氯酸铵

ADN：二硝酰胺铵

AMMO：3- 甲基 -3- 叠氮甲基氧杂丁烷

AND：二硝酰胺铵

B

BFFO：双呋咱并［3, 4-b：3′, 4′ -f］氧化呋咱并［3″, 4″ -d］氧杂环庚三烯

BNTF：3, 4- 双（3′ - 硝基呋咱 -4′ - 基）呋咱

BTTN：丁三醇三硝酸酯

BTATz：3, 6- 双（1- 氢 -1, 2, 3, 4- 四唑 -5- 氨基）-1, 2, 4, 5- 四嗪

BAMO-THF：3, 3- 双（叠氮甲基）环氧丁烷 - 四氢呋喃共聚醚
BuNENA：N- 正丁基 -2- 硝酸乙基硝基胺
BAMO：3, 3- 双（叠氮甲基）氧杂丁烷
BDP：四苯基双酚 A 二磷酸酯
BNCP：高氯酸・四氨・双（5- 硝基四唑）合钴（Ⅲ）
BFNA：双呋咱硝基苯甲醚

C

CuNT：5- 硝基四唑亚铜
CMDB：复合改性双基推进剂
Cl-20、HNIW：六硝基六氮杂异戊兹烷

D

DAAT：3, 3′ - 偶氮二（6- 氨基 -1, 2, 3, 5 四嗪）
DFT：密度泛函理论
DNTF：3, 4- 双（4′ - 硝基呋咱 -3′ - 基）氧化呋咱
DNAFO：3, 3′ - 二硝基 -4, 4′ - 偶氮二氧化呋咱
DANBF：3, 4- 二（4′ - 氨基 -3′ , 5′ - 二硝基苯基）氧化呋咱
DNFP：1, 4- 二硝基呋咱并［3, 4-b］哌嗪
DNPP：3, 6- 二硝基吡唑［4, 3-c］并吡唑
DANTNP：6- 双（5- 氨基 -3- 硝基 -1, 2, 4- 三唑基）-5- 硝基嘧啶
DNAT：5, 5′ - 二硝基 -3, 3′ - 偶氮 -1H-1, 2, 4- 三唑
DNU：二硝基脲
DADN：1, 5- 二乙酰基一 3, 7- 二硝基 -1, 3, 5, 7- 四氮杂环辛烷
DANNO：1, 5- 二乙酰基 -3- 硝基 -7- 亚硝基 -1, 3, 5, 7- 四氮杂环辛烷
DAPT：二乙酰基五亚甲基四胺
DPT：3, 7- 二硝基 -1, 3, 5, 7- 四氮杂双环［3.3.1］壬烷
DNGU：二硝基甘脲
DNAN：二硝基苯甲醚
DMSO：二甲亚砜
DCA：二氯苯甲醚
DNTF：3, 4- 二硝基呋咱基氧化呋咱
DINA：N- 硝基 - 二乙醇胺二硝酸酯
DNT：二硝基甲苯
DSC：差示扫描量热法
DB：双基推进剂

DACP：高氯酸·四氨·双叠氮基合钴（Ⅲ）（[$Co(NH_3)_4(N_3)_2$] ClO_4）

DVST：动态真空安定性实验方法

D-RDX，钝 -RDX：钝感黑索金

F

FOX-7、DADNE：1, 1- 二氨基 -2, 2- 二硝基乙烯

FOX-12：N- 咪基脲二硝酰胺盐

FTDO：呋咱并［3, 4-e］-1, 2, 3, 4- 四嗪 -1, 3- 二氧化物

FOF-1：4, 4′ - 二硝基双呋咱醚

FOX-12：N- 脒基脲二硝酰胺盐

FOX-7：1, 1- 二氨基 -2, 2- 二硝基乙烯

FOX-12：N- 咪基脲二硝酰胺盐

FOI：瑞典国防研究所

G

GTG：高氯酸三碳酰肼合镉

GZT：偶氮四唑呱盐

GA：结合遗传算法

GTX：高氯酸三碳酰肼合锌

GAP：聚叠氮缩水甘油醚

GAMBIT：GAMBIT 软件

GPU：图形处理器

GATo：改铵铜推进剂

GAL：含没食子酸盐推进剂

H

HNF：硝仿肼

HNS：六硝基芪，六硝基二苯基乙烯

HNEC：富氮含能化合物

HOF：生成焓

HNIW：六硝基六氮杂异伍兹烷

HBD-NQ：高堆积密度硝基胍

HEDC：High Energy Density Compound，高能量密度化合物

HMX：奥克托今，1, 3, 5, 7- 四硝基 -1, 3, 5, 7- 四氮杂环辛烷

HTPB：端羟基聚丁二烯

HA：乌洛托品

HTPE：嵌段端羟基聚醚

HTPE：端羟基聚醚推进剂

I

I-HMX：不敏感奥克托今

IM：不敏感弹药

I-RDX：不敏感黑索今

IMX-101：Insensitive Munitions explosives: DNAN + NTO + NQ

IMX-104：Insensitive Munitions explosives: DNAN + NTO + RDX

K

KG：KPA-$KClO_4$

KBFNP：4- 硝基 -5- 氧 - 苯并双呋咱钾

KDNBF：4, 6- 二硝基苯并氧化呋咱钾

L

LLM-105：2, 6- 二氨基 3, 5- 二硝基吡嗪 -1- 氧化物

LAX-112：3, 6- 二氨基均四嗪 -1, 4 二氧化物

LLM-119：1, 4- 二氨基 -3, 6- 二硝基吡唑［4, 3-c］并吡唑

LLM-116：4- 氨基 -3, 5- 二硝基吡唑

LS：低特征信号

M

MNOTO：N，N′ - 二硝基 - N，N′ - 二（3-（［1, 2, 3］- 三唑并［4, 5-c］呋咱 -4, 5- 内盐 -5- 基）呋

MBNMF：亚甲基 - 双 -（3- 硝氨基 -4- 甲基呋咱）

MTNI：1- 甲基 -2, 4, 5- 三硝基咪唑

MDNI：1- 甲基 -4, 5- 二硝基咪唑

MIC：亚稳态分子间复合物（Metastable Intermolecular Composite）

MDNT：1- 甲基 -3, 5- 二硝基 -1, 2, 4- 三唑

N

NTO：3- 硝基 -1, 2, 4- 三唑酮 -5

NN：神经网络法

NBO：自然成键轨道

NIHT · HCl：2- 硝亚胺基 - 六氢化 -1, 3, 5- 三嗪盐酸盐

NOTO：5-［4- 硝基呋咱基］-5H-［1, 2, 3］三唑并［4, 5-c］［1, 2, 5］呋咱

NOG：3- 硝基 -5- 胍基 -1, 2, 4- 噁二唑

NOA：3- 硝基 -5- 氨基 -1, 2, 4- 噁二唑

NON：3- 硝基 -5- 硝胺基 -1, 2, 4- 噁二唑

NNHT：2- 硝亚胺基 -5- 硝基 - 六氢化 -1, 3, 5- 三嗪

NQ：硝基胍

NTO-CF：高品质四氧化二氮

NC：硝化棉，硝化纤维素

NG：硝化甘油

NGEC：纤维素甘油醚

NEPE：硝酸酯增塑聚醚推进剂

N-15D：N-15D 高能低特征信号推进剂

NHN：硝酸肼镍起爆药（$[Ni(N_2H_4)_3](NO_3)_2$）

NHA：叠氮肼镍（$[Ni(N_2H_4)_2](N_3)_2$）

NNHT：2- 硝亚胺基 -5- 硝基 - 六氢化 -1, 3, 5- 三嗪

O

ONC：八硝基立方烷

P

PYX：二苦氨基二硝基吡啶

PADNP：1- 苦基 -4- 氨基 -3, 5 二硝基吡唑

PDSC：高压差示扫描量热

PSAN：相稳定性硝酸铵

PL-1：2, 4, 6- 三（3′, 5′ - 二氨基 -2′, 4′, 6′ - 三硝基苯胺基）-1, 3, 5- 均三嗪

Q

QSPR：定量结构 - 性质关系

R

RDX：黑索金，1, 3, 5- 三硝基 -1, 3, 5 - 三氮杂环己烷

S

SNPE：国营火炸药集团公司（法国）

T

TNT：2, 4, 6– 三硝基甲苯

TATB：1, 3, 5– 三氨基 –2, 4, 6– 三硝基苯

TANPyO：2, 4, 6– 三氨基 –3, 5– 二硝基吡啶 –1– 氧化物

TFO：三呋咱并氧杂环庚三烯

TNP：3, 4, 5– 三硝基吡唑

TAAT：4, 4′, 6, 6′ – 四叠氮基偶氮 –1, 3, 5– 三嗪

TAT：1, 3, 5, 7– 四乙酰基 –1, 3, 5, 7– 四氮杂环

TRAT：1, 3, 5– 三乙酰基六氢均三嗪

TADB：四乙酰基二苄基六氮杂异伍兹烷

TADF：四乙酰基二甲酰基六氮杂异伍兹烷

TAIW：四乙酰基六氮杂异伍兹烷

TADBIW：四乙酰基二苄基六氮杂异伍兹烷

TNB：三硝基苯

TCB：三氯苯

TNA：2, 4, 6– 三硝基苯胺

TNAZ：1, 3, 3– 三硝基氮杂环丁烷

TEGDN：二缩三乙二醇二硝酸酯

TPU：聚氨酯弹性体

TMETN：三羟甲基乙烷三硝酸酯

TEGDN：二缩三乙二醇二硝酸酯

TG–DTG：热重分析

TDI：甲苯二异氰酸酯

V

VNS：氢亲核取代法

X

XLDB：交联改性双基推进剂

Z

ZnATZ：偶氮四唑锌

索引

J

K

L

M

N

P

Q

R

S

W

X

Y

Z